Mathematik à la Carte

Franz Lemmermeyer

Mathematik à la Carte

Quadratische Gleichungen mit
Schnitten von Kegeln

 Springer Spektrum

Franz Lemmermeyer
Jagstzell, Deutschland

ISBN 978-3-662-50340-9   ISBN 978-3-662-50341-6 (eBook)
DOI 10.1007/978-3-662-50341-6

Die Deutsche Nationalbibliothek verzeichnet diese Publikation in der Deutschen Nationalbibliografie; detaillierte bibliografische Daten sind im Internet über http://dnb.d-nb.de abrufbar.

Springer Spektrum

Planung: Dr. Andreas Rüdinger

Gedruckt auf säurefreiem und chlorfrei gebleichtem Papier

Springer Spektrum ist Teil von Springer Nature
Die eingetragene Gesellschaft ist Springer-Verlag GmbH Berlin Heidelberg

Vorwort

Dies ist der zweite Band der Reihe „Mathematik à la Carte". Im ersten Band haben wir uns vor allem mit Aspekten der elementaren euklidischen Geometrie beschäftigt; hier wird es in erster Linie um quadratische Gleichungen gehen. Wir beginnen mit Techniken zum Lösen quadratischer Gleichungen, befassen uns mit der Arithmetik von Polynomen, und besprechen dann eine ganze Reihe von Gleichungen, die sich auf quadratische zurückführen lassen, insbesondere Bruchgleichungen und Wurzelgleichungen. Darauf folgt die geometrische Interpretation quadratischer Gleichungen in zwei Variablen durch Kegelschnitte, sowie deren Anwendungen in der Physik und in der Zahlentheorie. Dagegen mussten komplexe Zahlen und die Lösungsformeln für kubische und biquadratische Gleichungen aus Platzgründen auf später verschoben werden.

Klagen über mangelnde Studierfähigkeit der Abiturienten in Mathematik und Naturwissenschaften haben sich in den letzten Jahren gehäuft: Beim Umformen von Rechenausdrücken und beim Rechnen selbst haben sich große Lücken aufgetan. Viele Beobachter mag das überraschen, aber wer die didaktische Literatur der letzten 30 Jahre verfolgt hat, weiß, dass die Abschaffung der Rechenfertigkeiten eine zentrale Forderung der Mathematikdidaktik gewesen ist, die etwa im Bildungsplan 2004 von Baden-Württemberg (und nicht nur dort) wie folgt verankert worden ist:

> *Die verstärkte Forderung nach verstehendem Lernen und Verbalisieren von mathematischen Sachverhalten wird begleitet von reduzierten Anforderungen im Bereich der Rechenfertigkeiten. Dies wird ermöglicht durch die angemessene, reflektierte Verwendung eines geeigneten Taschenrechners.*

Diese didaktische Vorgabe hat die massive Vermehrung von Fehlern wie den folgenden nach sich gezogen (von denen kein einziger erfunden ist), die von einer fast schon willkürlichen Wahl der Klammersetzung unter Missachtung algebraischer Regeln herrühren und nicht nur von schwächeren Schüler gemacht werden:

- $2 + 3 \cdot 5 = 10 + 3 = 13$,

- $3\sqrt{7} = 3\sqrt{4 \cdot 3} = 5\sqrt{3}$,

- $a^2 + 6ab + 9b^2 = a^2 + 6ab + 3^2 b^2 = a^2 + 6ab + 3b^4$,

- $f(x) = (2x + 1)^3 + x$, $f'(x) = 3(2x + 1)^2 + 1 \cdot 2 = 6(2x + 1)^2 + 1$.

Die dadurch entstandenen Freiräume im Unterricht haben Platz geschaffen für Anwendungen der Mathematik, die der Erfahrungswelt der Schüler entnommen sind und diese unmittelbar vom Sinn der Mathematik überzeugen wie etwa die folgende Aufgabe, die man auf Hunderten amerikanischer Webseiten findet, angeblich auf „Design with Climate" zurückgeht, und die sich problemlos durch Aufgaben aus deutschen Lehrbüchern und Reifeprüfungen ersetzen ließe:

> *Forscher untersuchten in einem Experiment die Temperatur, bei der sich Menschen wohlfühlen. Der Prozentsatz y von Probanden, die sich bei der Temperatur x (in Grad Fahrenheit) wohlfühlten, kann durch die quadratische Funktion*
>
> $$y = -3{,}678x^2 + 527{,}3x - 18807$$
>
> *modelliert werden.*
>
> *a) Skizziere den Graph der Funktion.*
>
> *b) Bei welcher Temperatur fühlten sich die größte Prozentzahl der Probanden wohl?*

In der schulischen Praxis führen solche Aufgaben allerdings nur dazu, Schüler davon zu überzeugen, wie vollkommen sinn- und bedeutungslos Mathematik sein muss. Wer möchte ihnen bei derartigen Aufgaben widersprechen außer Angehörigen einer Berufsgruppe, die sich sowohl vom Inhalt, als auch von der Weitergabe der Mathematik vollkommen entfremdet hat?

Der Anwendungszwang, den die moderne Didaktik auf den Mathematikunterricht losgelassen hat, und der jegliche Art von Mathematik, die sich nicht fünf Minuten nach ihrer Einführung auf irgendetwas „anwenden" lässt, aus dem Lehrplan verdrängt hat, trägt eine Hauptschuld an der heutigen Misere. Andere Fächer haben diesen Anwendungszwang nicht: Weder Musik, noch Bildende Kunst haben sich gegen den Vorwurf verteidigen müssen, für das tägliche Leben nutzlos zu sein, und weder das Spielen eines Instruments noch das Malen eines Bildes wurden abgeschafft mit der Begründung, es gebe CDs und Digitalkameras. Latein ist eine tote Sprache und wird immer noch unterrichtet, und selbst in Englisch beschränkt man sich nicht darauf zu lernen, wie man ein Bier bestellt oder einen Flug bucht. Auch die Physik bespricht im Unterricht zumindest in Ansätzen die großen Theorien des 20. Jahrhunderts, wenngleich relativistische und quantenmechanische Effekte im täglichen Leben eher eine kleine Rolle spielen. Allein in der Mathematik werden Fertigkeiten beim schriftlichen Rechnen, egal ob es dabei um Subtraktion, Multiplikation und Division ganzer Zahlen, Bruchrechnen, binomische Formeln oder um das Lösen quadratischer Gleichungen geht, für veraltet erklärt, weil es für so etwas Taschenrechner gibt, und quadratische Gleichungen werden nicht untersucht, weil man dabei etwas über die Mathematik lernt, sondern um hanebüchene Aufgaben wie die oben zitierte zu lösen.

Im Kern ist die Kritik am Modellierungswahn ein Plädoyer für Schönheit in der Mathematik. Sokrates, den wir bereits in [75] ausführlich zitiert haben, erklärt seinem Gesprächspartner Protarchos in Platons Dialog *Philebos*:

Ich versuche dir also als Schönheit der Formen nicht, was wohl die meisten glauben möchten, die der lebenden Körper oder die gewisser Gemälde anzuführen, sondern nenne als Beispiele das Gerade und das Runde, und davon wiederum die Flächen und Körper, welche durch Drehungen entstehen, oder durch Zirkel und Lineal bestimmt sind, wenn Du verstehst, was ich meine. Denn diese, behaupte ich, sind nicht in bezug auf etwas schön wie andere Dinge, sondern sie sind ihrer Natur nach schön.

Lionnais zitiert in seinem Artikel [82, S. 437–465] über die Schönheit der Mathematik den französischen Schriftsteller und Historiker Edgar Quinet (1803–1875):

Die Idee, die Möglichkeit, eine Gerade oder eine Kurve durch algebraische Terme, durch eine Gleichung auszudrücken, erscheint mir so schön wie die Ilias.

Natürlich muss man, um die Tragweite dieser Idee der Algebraisierung der Geometrie sehen zu können, den Berg der koordinatenfreien Geometrie von Euklid erklimmen, und auch die Schönheit der *Ilias* ist vermutlich eine, die sich im 21. Jahrhundert nur noch einem ganz kleinen Personenkreis offenbart.

Selbst für Beispiele der Schönheit in der Mathematik, die Lionnais in diesem Artikel angibt, ist heute auf der Schule kein Platz mehr: Der komplette Stoff ab der ersten Klasse Grundschule ist auf Anwendbarkeit (oder genauer Pseudoanwendbarkeit) ausgerichtet, und alles, was sich nicht in das Korsett der von der Didaktik vielgeliebten Modellierungsaufgaben zwängen lässt, wird als unwichtig deklariert und entsorgt. Dies betrifft nicht nur die Algebra, sondern vor allem die klassische Geometrie: Daniel Perrin, ein französischer Mathematiker „der alten Schule"[1], spricht in diesem Zusammenhang von „Geozid". Seine Bemühungen um eine Wiederbelebung der Geometrie in den Lehrplan vergleicht er an einer anderen Stelle mit „Angeln in der Wüste".

Zum Schluss sei aus dem Vorwort der *Geometrie* [76] des schottischen Mathematikers John Leslie zitiert:

Was man zuerst für Objekte der reinen Neugierde hält, wird mit der Zeit den wichtigsten Interessen dienen. Die Theorie lässt sich bald dazu herab, Operationen aus der Praxis zu leiten und ihnen behilflich zu sein. Den ganzen Fortschritt, den die Moderne in Mechanik, Navigation und anderen schwierigen Künsten des täglichen Lebens erzielt hat, können wir bis zu den geometrischen Spekulationen der Griechen zurückverfolgen. Eine verfeinerte Untersuchung hat die Harmonie der Himmelsmechanik entstehen lassen und die Wissenschaftler durch ein Labyrinth verzwickter Phänomene zu den großen Gesetzen geführt, die unser Universum leiten.

---

[1] Im Vorwort seines Buchs [103] schreibt er:

Ich gehöre zu einer Generation, der letzten vielleicht, welche mit der Milch der euklidischen Geometrie aufgezogen wurde.

Diese Worte, mit denen Leslie die Leser seiner Geometrie vor 200 Jahren am 1. März 1817 begrüßt hat, seien hiermit allen denjenigen als Fehdehandschuh vor die Füße geworfen, die mit ihrem Anwendungs-, Modellierungs- und Kompetenzwahn die Schulmathematik zugrunde gerichtet haben.

Schließlich möchte ich mich an dieser Stelle bedanken bei

- dem House of Commons für die Erlaubnis, die Rede Tony McWalters hier aufzunehmen;

- Astrid Baumann für wertvolle Hinweise und für die Einladung zum 19. Forum für Begabtenförderung in Mathematik im März 2016 und allen Teilnehmern, die diese Tagung mit ihren Beiträgen bereichert haben; sowie

- Herrn Rüdinger vom Spektrum-Verlag für seine Hinweise und Verbesserungsvorschläge.

Franz Lemmermeyer   Jagstzell, Mai 2016

Inhaltsverzeichnis

1. Quadratische Gleichungen

Wir beginnen das Kapitel über quadratische Gleichungen mit der Übersetzung einer Rede, die Tony McWalter [85] im britischen House of Commons am 26. März 2003 gehalten hat. In dieser Rede wendet sich McWalter vehement gegen die Entfernung von Themen (im vorliegenden Fall waren dies quadratische Gleichungen) aus dem Unterricht, nur weil es Schüler gibt, denen diese Schwierigkeiten bereiten; im Gegenteil empfindet er das Überwinden von Problemen als den eigentlichen Kern einer Erziehung, die diesen Namen verdient. William McCallum hat in seinem Vortrag auf dem Tucson Teachers' Circle 2008 und noch einmal auf dem International Congress of Mathematicians (ICM) 2010 auf McWalters Rede hingewiesen und die Bedeutung der quadratischen Gleichung aus Sicht eines Mathematikers klargestellt.

1.1 House of Commons Debate

Tony McWalter wurde am 20. März 1945 geboren. Er studierte Mathematik und Philosophie und unterrichtete nach seinem Abschluss im Schuljahr 1963/64 an einer weiterführenden katholischen Schule. Danach hat er zeitweise als Lkw-Fahrer gearbeitet. Vom 1. Mai 1997 bis zum 5. Mai 2005 saß er im Britischen Unterhaus als Vertreter des Bezirks Hemel Hempstead. Berühmt wurde er mit seiner Frage vom 27.02.2002 an Tony Blair nach der politischen Philosophie hinter seiner Politik, auf die Bushs Vasall nur eine halbgare Antwort hervorstammeln konnte. McWalter war auch einer von 139 Labour-Abgeordneten, die am 20. März 2003 gegen die Irak-Resolution stimmten, mit der Großbritannien Mitglied der „Koalition der Willigen" wurde und damit seinen Beitrag zur Entstehung des Islamischen Staates leistete.

McWalters Rede

Ich habe diese Angelegenheit heute auf die Tagesordnung gesetzt, weil ich beunruhigt war durch die Äußerung des Präsidenten des Lehrerverbands vor einigen Monaten, wonach Mathematik bei Schülern ab 14 Jahren als Pflichtfach abgeschafft werden sollte. Mr. Bladen vom Nationalen Verband der Schulrektoren und der Gewerkschaft der weiblichen Lehrer erhielt eine längere Redezeit in der Sendung „Today", um seine Vorstellungen zu präsentieren. Er nannte die quadratische

Gleichung als Beispiel für ein irrelevantes Thema, das Schüler lernen müssten. Ich hatte gehofft, dass die Regierung dieser Äußerung vehement widersprechen würde, aber es kam zu keiner Verteidigung der Mathematik im Allgemeinen oder der quadratischen Gleichung im Besonderen.

Wenn solche Behauptungen unwidersprochen bleiben, dann kann aus einer ignoranten Äußerung in sehr kurzer Zeit eine überlieferte Weisheit und wenig später ein didaktischer Glaubensartikel werden. Ich möchte diesen Prozess kurzschließen und eine Widerlegung der Äußerung des Gewerkschaftspräsidenten vorlegen. Ich stelle fest, dass er ein Mathematiklehrer war, aber ich betrachte den Wunsch nach Veränderungen, die den Lehrerberuf leichter machen, nicht als einen Vorschlag in der besten Tradition der Gewerkschaften. Er hat gerne Mathematik unterrichtet bei den Schülern, die es genossen haben, aber er möchte diejenigen, die dies nicht tun, nicht weiter unterrichten.

Durch die Verteidigung der zentralen Rolle der quadratischen Gleichung in der mathematischen Erziehung hoffe ich, einige Gedanken darüber zu unterbreiten, was wir verlieren würden, wenn wir erlaubten, dass die Mathematik als ein Thema angesehen wird, das nicht mehr wert ist als irgend ein anderes Fach im Lehrplan. [...]

Ich hoffe Sie werden mir verzeihen, Madam Deputy Speaker, wenn ich das Haus daran erinnere, was eine Gleichung ist, und dann, was eine quadratische Gleichung ist. Selbstverständlich wissen wir alle, dass es einen großen Appetit auf Gleichungen in diesem Haus gibt – man sehe sich nur die große Versammlung in dieser Kammer an, sowie die große Zahl von Abgeordneten, welche sich den mathematischen Inhalt einschließlich der Differentialrechnung in den 18 Bänden von Hintergrundmaterial für die jüngste Äußerung des Kanzlers bezüglich des Euro erarbeitet haben –, aber es wird die ehrwürdigen Mitglieder, die sich dafür interessieren, überraschen zu hören, dass nicht jeder diese Dinge goutieren kann. In der Tat ist es bekannt, dass man Sir Stephen Hawking geraten hat, nicht eine einzige Gleichung in die erste Hälfte seines populärwissenschaftlichen Buchs zu stellen, weil jede Gleichung die Anzahl der Leser sofort halbieren würde. Anscheinend würde ein Gelegenheitsleser, der in einer Buchhandlung kurz durch das Buch blättert, dieses sofort wieder ins Regal stellen, wenn er oder sie diese schrecklichen Gleichungen gedruckt sähe.

Was sind diese Gleichungen? In unseren frühen Grundschuljahren wurden uns Probleme der Form „Wenn $x + 5 = 7$ ist, was ist dann x?" gestellt. Sie werden bemerken, Madam Deputy Speaker, dass ich die Probleme an dieser Stelle nicht zu schwierig mache. Seit der Zeit von Descartes hat es sich eingebürgert, Buchstaben vom Ende des Alphabets für solche unbekannten Größen zu benutzen. Später, etwa mit 11 Jahren, hatten wir mit sogenannten Gleichungssystemen zu kämpfen, in welchen es zwei oder mehr unbekannte Größen und zwei oder mehr Gleichungen gibt.

Sogar auf dieser Stufe fühlen sich viele Leute, seien sie alt oder jung, etwas verwirrt, wenn solche Probleme gestellt werden, und wenn die Sache dann etwas komplizierter wird, dann werden Schüler, die nicht über diese Hürde springen wollen, vermutlich fragen, wozu das gut sei. Wenn das Erziehungssystem eines ist, welches den Kindern sagt, sie sollten nur das lernen, was sie interessiert, dann wird es den Schülern, weil die x und die y etwa so langweilig und realitätsfremd erscheinen wie es nur geht, mehr als gefallen wenn ein Lehrer sagt: „Wenn du keine Lust hast, diese Dinge zu lernen, dann brauchst du das nicht zu tun." Ich glaube, dass es eine Art Spannung in unserer Haltung gegenüber der Erziehung gibt, und dass das vorherrschende Modell sagt, dass jemand, der etwas schwierig oder uninteressant findet, herzlichst eingeladen ist, das Thema zu überspringen und etwas anderes zu machen, was ihm leichter fällt und von dem er in seinem jugendlichen Leichtsinn glaubt, es hätte eine praktischere und direktere Bedeutung für sein Leben.

In diesem Sinne behaupte ich, dass unser Erziehungssystem sich zu sehr auf die derzeit gültigen Thesen und die Begeisterung der Schüler konzentriert und nicht genügend auf deren Ignoranz. Es ist die Aufgabe der Erziehung, Ignoranz zu vertreiben (und für uns alle ist es eine harte Arbeit, unseren eigenen Hang zur Ignoranz einzusehen und ihn zu überwinden), und ein Erziehungsmodell, welches in der Spur der Vorlieben von Schülern läuft, muss als zu weich angesehen werden. Ich behaupte, dass das weiche Modell abgelehnt werden muss, und dass unser Erziehungsmodell explizit erklären sollte, wie wichtig es für Schüler und Studenten ist, Fähigkeiten zu erwerben, die auf den ersten Blick seltsam und unsympathisch aussehen mögen. Tatsächlich möchte ich das in einer stärkeren Form sagen. Eine Idee oder ein Buch, das unattraktiv oder schwierig erscheint, kann, wenn das Thema wichtig ist, diese tiefgehenden Wechsel in der Einstellung bewirken, welche Erziehung im besten Sinne herbeiführen kann. Erziehung dreht sich um das Besteigen von Bergen, nicht um das Hüpfen über Maulwurfshügel.

Warum sollte irgend jemand eine Leidenschaft für die x und y in Gleichungssystemen entwickeln? Eine Antwort ist diese: Wenn man sich nicht die Mühe macht herauszufinden, was diese x und y verbergen, dann ist man von einem wirklichen Verständnis der Wissenschaft abgeschnitten. Meine Leidenschaft kommt von der Einsicht, dass unsere Gesellschaft erzieherische Schwierigkeiten zu vermeiden versucht, und dadurch Menschen kulturell von den Wissenschaften entfremdet. Was das bedeutet – hier liegt die Quelle meiner Leidenschaft – ist, dass in meinem Bezirk Hemel Hempstead Frauen 18 Wochen darauf warten müssen, dass ein Labor ihren Test auf Gebärmutterhalskrebs auswertet, weil viel mehr junge Leute für das Fernsehen arbeiten wollen als in der Wissenschaft, und es daher nicht genügend Leute gibt, die im Labor arbeiten. Wir leben in einer Gesellschaft, die auf Wissenschaft aufbaut, aber wir stellen an Universitäten ein Bildungssystem bereit, das ein viel breiteres Spektrum an Ausbildungsmöglichkeiten in einem Medienstudium anbietet als in einem Studium der Physik. Ich möchte nicht das Studium der Medien oder der Betriebswirtschaft schlechtreden, da es viele hervorragende Kurse unter diesen Namen gibt, aber wo eine Gesellschaft eine große Zahl von Möglichkeiten bereitstellt, diese Dinge zu studieren, und die Möglichkeiten für ein Ingenieurstudium und die wichtigsten Wissenschaften rapide abnehmen, da ist es sinnvoll zu fragen, wie wir an diesem Punkt angelangt sind.

Wenn wir über diesen Punkt nachdenken [...], dann können wir feststellen, dass eine Gesellschaft sich durchaus von einer wissenschaftlichen und technischen

Hochkultur aus zurückentwickeln kann. Wer im Rom des 9. Jahrhunderts Metall zu irgendeinem Zweck benutzen wollte, musste Metall finden, das diejenigen zurückgelassen hatten, die lebten, als das römische Imperium in seinem Zenit stand. Die technischen Spezialisten im alten Rom wussten, welche Steine Metall enthielten und entwickelten eine Schmelztechnologie, um das Metall von dem restlichen Material zu lösen. 800 Jahre später war dieses Wissen vollständig verloren.

Wir leben in einer Gesellschaft, die einen außergewöhnlichen Reichtum an Wissen über unsere Welte geerbt hat. Dieser Reichtum wirkt jedoch auf Schüler und Studenten bisweilen entmutigend. Um ein Wissenschaftler zu werden, scheint man nicht nur eine große Menge Wissen anhäufen zu müssen, sondern muss auch Ideen begreifen, die auf den ersten Blick schwierig, verwirrend und realitätsfern zu sein und jenseits seines eigenen geistigen Horizonts zu liegen scheinen. Wie David Hume beobachtet hat, hat die Mehrzahl der Menschen einen hinreichend großen Hang zur Faulheit, um schwere Arbeit wenn irgend möglich zu vermeiden. Daher frischt unsere wissenschaftsabhängige Kultur die wissenschaftliche Basis nicht auf, die für ihre Existenz notwendig ist. Diese Vernachlässigung hat furchtbare Folgen, nicht nur im Hemel Hempstead Hospital.

Was haben quadratische Gleichungen mit all dem zu tun? Nun, erst einmal sind sie ein bisschen komplizierter als die linearen Gleichungssysteme, die ich oben erwähnt habe. Sie haben nur eine Unbekannte, aber sie taucht in der zweiten Potenz auf, zum Beispiel in $x^2 = 4$. Selbstverständlich bedeutet x^2, dass x mit sich selbst multipliziert wird. Ein anderes Beispiel ist $3x^2 + x - 10 = 0$. Es ist vermutlich schockierend, dass das Lösen dieser Gleichungen etwas Mühe erfordert. Sogar die erste – $x \cdot x = 4$ – was ist x? – ist nicht so einfach, wie sie scheint. Es gibt zwei Lösungen: $x = 2$ und $x = -2$. Die meisten Schüler lernen eine allgemeine Formel auswendig, um mit etwas komplizierteren Aufgaben fertig zu werden. Dies wird oft genug ohne Verständnis gemacht, und es scheint als wäre die Welt eingeteilt in Schafe, die nichts dagegen haben, solche Dinge zu tun, und Ziegen, die es als sinnloses und wenig einträgliches Spiel betrachten.

Warum sollte irgendjemand versuchen, quadratische Gleichungen und die hinter ihrer Lösung liegenden Prinzipien zu verstehen? Diese untermauern die moderne Wissenschaft in derselben Weise wie die Schmelzverfahren der Römer der Schlüssel zum Aufbau ihrer Kultur war. Die moderne Wissenschaft hat ihren Ursprung in den Experimenten von Galilei. Er wusste von Kepler, dass er, um zu beschreiben, wie Körper fallen, die Präzision der Mathematik benötigte und nicht die schwammige Sprache von Aristoteles. Die Gleichung, die er für die grundlegendsten Gesetze der Bewegung benutzte, war quadratisch in der Zeit: $s = vt + \frac{1}{2}at^2$, wo s die zurückgelegte Strecke, v die Anfangsgeschwindigkeit, a die Beschleunigung – im Allgemeinen die Erdbeschleunigung – und t die Zeit bedeutet.

Wenn man Schülern erklärt, dass quadratische Gleichungen zu hoch für sie sind, dass sie überflüssig sind und dass gebildete Menschen keinen Schimmer davon zu haben brauchen, dann ist das dasselbe wie ihnen zu sagen, dass es in Ordnung ist, keine Ahnung von den Grundlagen der modernen Wissenschaft zu haben, und dass sie sogar zu dumm dazu sind, deren Ursprung zu verstehen. Diejenigen, die uns weismachen wollen, dass wir uns nicht mit quadratischen Gleichungen vertraut machen müssen, erzählen uns, wir sollten 4000 Jahre intellektueller, wissenschaftlicher und technologischer Entwicklung ignorieren. Wenn Lehrer uns sagen, dass wir das tun sollten, dann erwidere ich, dass sie eine seltsame Einstellung zur Erziehung haben, und ich möchte, dass die Regierung dies ablehnt.

Der zweite Gesichtspunkt quadratischer Ausdrücke ist, dass sie uns das einfachste Beispiel eines Graphen mit Ausnahme von Geraden liefern. Alle geben zu, dass diese Methode, Information zu präsentieren, nützlich und wichtig ist. Wenn ich mir den einfachsten quadratischen Ausdruck ansehe, x^2, und ich frage, welchen Wert er annimmt, wenn x verschiedene Werte durchläuft – ist $x = 1$, dann ist $x^2 = 1$; ist $x = 2$, dann ist $x^2 = 4$ und so weiter – dann erhalte ich eine schöne elementare Kurve, nämlich die Parabel. Galilei benutzte die Eigenschaften der Parabel, um die Bewegung eines fallenden Objekts zu analysieren. Er konnte das tun, weil lange vor ihm Archimedes die wichtigsten Eigenschaften der Parabel entdeckt hatte. Er wusste zum Beispiel, dass es unmöglich war, die lange Seite eines gleichschenkligen rechtwinkligen Dreiecks mit Katheten der Länge 1 genau zu messen. Es ist jedoch eine außergewöhnliche Tatsache, dass wenn solch ein Dreieck eine Parabel als gekrümmte Seite hat, die Fläche genau bestimmt werden kann. Wenn die Parabel beispielsweise durch x^2 definiert ist, und x von Null bis 6 geht, dann werden die beiden geraden Strecken und die gekrümmte Seite eine Fläche von genau 72 Einheiten bilden.

Das mathematische Fundament der modernen Wissenschaft und Technik wurde von den alten Griechen gelegt, und wenn man Schülern erzählt, sie müssten sich mit diesen Ideen nicht befassen, bedeutet das nicht nur, sie der Ideen zu berauben, mit denen schon Galilei gearbeitet hat, sondern auch, dass man ihnen eine Erziehung angedeihen lässt, welche das ganze nach-hellenistische Gebäude der menschlichen wissenschaftlichen Kultur vernachlässigt. Die Griechen unterteilten die Menschen in solche, die zumindest Euklids Elemente *bis zur Proposition 47 im ersten Buch verstehen konnten[, und die anderen]. Wer über diesen Schritt hinauskam war kein Esel. Sie nannten diese Proposition die* pons asinorum *– die Eselsbrücke. Man könnte quadratische Gleichungen die Eselsbrücke der modernen Wissenschaft nennen.*

Ich habe zwei weitere Beobachtungen über quadratische Gleichungen zu machen. Erstens ist es eine wirksame erzieherische Medizin zu verstehen, dass etwas, das man sehr einfach ausdrücken kann, außerordentlich schwer zu lösen ist. Ein Großteil der modernen Kultur zeigt in die andere Richtung. Den Menschen werden enorm schwere Probleme vorgeführt, in der Politik oder Wirtschaft zum Beispiel (ie Euro-Debatte habe ich bereits erwähnt), und diese nehmen an, dass solche Probleme eine einfache und verständliche Lösung besitzen. Die quadratische Gleichung kann uns etwas Demut lehren.

Zweitens habe ich gesagt, dass man zur Lösung solcher Probleme gewisse Schritte machen muss. In der Schule lernen Kinder, diese Schritte zu tun, ohne viel davon zu verstehen, was dahinter liegt. Dies ist nicht der Ort, um diese Schritte zu beschreiben, obwohl ich erwarte, dass der Herr Minister in der Lage ist, uns daran zu erinnern, wie die Lösungsformel der quadratischen Gleichung aussieht, weil ich sicher bin, dass jemand aus seinem Team ihn dahingehend in-

struiert hat. Er wird es vermutlich ohnehin aus seinen Schultagen noch wissen; es ist die Art von Dingen, die für gewöhnlich hängenbleiben. Ich bin nicht sicher, wie er auf diese Idee reagiert, aber ich werde diesen Gedanken fortspinnen.

Es ist ziemlich außergewöhnlich, dass eines der Ergebnisse unserer Anstrengungen, diese Gleichungen zu lösen, die Einsicht war, dass wir unser Zahlensystem erweitern müssen. Zum Beispiel scheint die Lösung der bescheiden aussehenden Gleichung $2x^2 + 2x + 1 = 0$, einer sehr einfachen quadratischen Gleichung ohne schwierige Zahlen, es zu erfordern, dass es eine Quadratwurzel aus -1 gibt. Denn wenn wir eine negative Zahl mit einer negativen multiplizieren, erhalten wir eine positive, und es ist schwer zu sehen, wie eine negative Zahl eine Quadratwurzel haben soll; aber die bescheidene quadratische Gleichung zeigt uns, dass es solche Zahlen geben sollte.

Die meisten Leute meinen zu wissen, was „Zahl" bedeutet; in Wirklichkeit aber ist ein wesentlicher Strang der intellektuellen Entwicklung des Menschen das Nachdenken darüber gewesen, wie man die Grenzen der elementaren Idee von „Zahl", mit der wir begonnen haben, überwinden kann, und dieses reiche Erbe war definitiv eine Leistung der gesamten Welt, ob sie nun im Irak, in Indien oder in China stattgefunden hat. Dieses Wissen macht Menschen weniger anglozentrisch als sie es sonst wohl wären.

In jüngster Zeit, seit der Arbeit von de Broglie aus dem Jahre 1923, hat diese bizarre Zahl – die Quadratwurzel aus -1 – eine Schlüsselrolle in den Gleichungen gespielt, die die Quantentheorie definieren, und die uns helfen, die Mikrostruktur unserer Welt zu verstehen. Ich möchte hinzufügen, dass die Strukturen, die uns die andere Art von Gleichungen – lineare Gleichungssysteme – zu verstehen helfen, genau diejenigen sind, welche auch für die Wellengleichung der Quantenmechanik gebraucht werden, welche Schrödinger ebenfalls Mitte der 1920er Jahre entwickelt hat. Wenn wir beispielsweise Nanotechnologie entwickeln wollen, dann ist es wichtig, dass unsere Studenten mit diesen Ideen vertraut sind. Nanotechnologie basiert auf Quanteneffekten.

Ich habe die Ehre, im Wissenschafts- und Technologie-Ausschuss hier im Haus zu dienen – das werden Sie, Madam Deputy Speaker, sich mittlerweile gedacht haben – und ein wichtiges Ziel dieses Ausschusses war es, die Regierung zu bitten, ihre Bildungsstrategie noch einmal zu hinterfragen. Einige der Kompetenzen und Fähigkeiten, deren Entwicklung wir von unseren Kindern und Universitätsstudenten erwarten, werden als „schwer" angesehen. Mathematik gehört dazu, aber auch andere Aktivitäten wie das Erlernen von Fremdsprachen, die Beherrschung des Kontrapunkts, und die Fähigkeit, sich biochemische Strukturen in drei Dimensionen vorstellen zu können. Ich behaupte, dass solche Fertigkeiten, welche von unseren Studenten eine wirkliche Anstrengung abverlangen, um ihren Horizont zu erweitern, das Herz der Erziehung sind: Erziehung als Bergsteigen und nicht als Hüpfen über Maulwurfshügel.

Schülern und Studenten wird zu oft gesagt, dass sie einen hohen Bildungsabschluss erreichen können, obwohl sie anspruchsvollen Stoff vermeiden dürfen, wenn sie die Ideen dahinter zu schwierig finden. Mit solchen Aussagen schadet man diesen Schülern. Ein zentraler Punkt der Erziehung ist es, Schülern zu helfen, die

Welt, die sie geerbt haben, in ihrem Reichtum und ihrer ganzen Komplexität zu verstehen, und vielleicht ist es ebenfalls wichtig, dass sie verstehen, was sie vorangehenden Generationen aus vielen Nationen und Kulturen verdanken.

Eine zweite Schlüsselrolle der Erziehung in einer Kultur, die auf der Wissenschaft aufbaut, ist es, einen signifikanten Anteil der Bevölkerung mit der Fähigkeit auszustatten, diese Kultur voranzubringen. Eine Regierung, die anstrebt, 50 % der Schulabgänger mit einem höheren Bildungsabschluss zu versehen, die aber zufrieden damit ist, dass die meisten dieser Studenten keine Ahnung von der Wissenschaft und der Technologie haben, auf die unsere Gesellschaft aufgebaut ist, ist eine Regierung, die gewillt ist, einem Niedergang von Kultur und Bildung zuzusehen, egal was die Statistiken sagen. [. . .]

Jemand der denkt, dass die quadratische Gleichung eine leere Manipulation ohne jede Bedeutung ist, ist jemand, der damit zufrieden ist, diese vielen Leute unwissend zu lassen. Ich glaube auch, dass er oder sie der Senkung der Standards das Wort redet. Eine quadratische Gleichung ist nicht wie ein kahler Raum ohne Möbel, in welchem man gebeten wird, sich zu setzen. Es ist eine Tür voller einmaliger Reichtümer, welche die menschliche Intelligenz erschaffen hat. Wer nicht durch diese Tür geht (oder wenn ihm gesagt wird, dass es uninteressant wäre, hindurchzugehen), dem wird vieles für immer verweigert, was als menschliche Weisheit gilt.

In der Geschichte der Menschheit war diese Tür für die Arbeiterklasse verschlossen, ebenso für Frauen oder Menschen, die aus versklavten Ländern stammten. Jetzt haben wir endlich eine Gesellschaft und eine Kultur, die es Menschen aus allen Schichten ermöglicht, die Kultur, die sie ererbt haben und das, was sie ihren Vorfahren verdanken, auf einem fundamentalen Niveau zu verstehen. Jetzt haben wir eine Gesellschaft, welche viele Bürger befähigt, die Natur zu verstehen.

Die Stimmen der Sirenen behaupten immer noch, dass viele nicht mit quadratischen Gleichungen und ähnlichen Strukturen umgehen können und mit den Welten, die sie aufschließen. Es ist die Aufgabe der Regierung, denjenigen gegenüber Widerstand zu leisten, welche die Währung der Bildung auf diese Art abwerten möchten. Ein Bildungsplan, der zu wenig fordert, betrügt diejenigen, die diese Dinge hätten verstehen können, und denen die Gelegenheit dazu verweigert wird. Leider wissen diejenigen, die man so betrogen hat, nicht einmal, was genau sie nicht wissen. Wenn wahre Erziehung geistig anstrengend und mühsam ist, dann ist das etwas von größtem Wert. Diejenigen, die davon profitiert haben, werden ihr Leben lang denjenigen dankbar sein, die ihnen dabei geholfen haben. Vielen Menschen wahre Erziehung zu verweigern aus dem fragwürdigen Grund, dass sie mit Schwierigkeiten nicht umgehen können, bedeutet zu versäumen, eine historische Gelegenheit für die Befreiung der Menschheit beim Schopf zu packen.

Wenn wir an die Bemerkung von Stephen Hawking denken, dann wird es eines Tages vielleicht so sein, dass Bücher, die Gleichungen enthalten, sich dadurch besser verkaufen. Vielleicht werden wir dann wissen, dass wir gebildete Bürger haben.

Amen.

McWalters Antwort auf die Frage, wozu quadratische Gleichungen gut sind, ist vielleicht die längste, sicherlich aber nicht die erste. Populisten jedweder Couleur haben schon immer versucht, Bildung lächerlich zu machen. 1992 hat etwa ein gewisser Gerald W. Bracey Leute befragt, wann sie zum letzten Mal eine quadratische Gleichung gelöst hätten, und aus den immer gleichen Antworten („verlegenes Kichern") die Forderung abgeleitet, man solle diese abschaffen. In der Washington Post vom 20. Juni 1992 hat ihm Milton P. Eisner geantwortet. Zum einen könnte man, fragte man nach dem letzten Mal, wann jemand Hamlets „Sein oder nicht sein" zitiert habe, auch die Literatur abschaffen. Und dann gibt er im Wesentlichen dieselbe Antwort wie McWalter:

> *Es gibt diese Leute, die sich darüber beklagen,*[1] *dass sie Dinge lernen müssen, die sie nicht mögen. Dies ist die Mehrheit unter unseren Studenten. Sie kommen zu uns von einer Kultur, welche die Idee des Lernens um des Lernens willen entwertet. „Wenn Sie so schlau sind, warum sind Sie dann nicht reich?" ist eine im Kern typisch amerikanische Bemerkung. Lehrer und Professoren müssen das Konzept einer humanistischen Bildung gegen konstanten Druck seitens derjenigen verteidigen, die unsere akademischen Einrichtungen in Berufsausbildungsstätten verwandeln möchten.*

1.2 Lineare Gleichungen

Bevor wir uns dem eigentlichen Thema dieses Kapitels, den quadratischen Gleichungen, widmen, wollen wir uns ein wenig mit den einfacheren linearen Gleichungen beschäftigen.

Die Methode des falschen Ansatzes

Probleme, die auf lineare Gleichungen führen, konnte man schon lösen, bevor die heutige Algebra entwickelt worden ist. Eine vor langer Zeit allgemein bekannte Technik ist heute vollkommen in Vergessenheit geraten, weil auch hier das Bessere der Feind des Guten ist: Unsere heutigen algebraischen Techniken sind bei den meisten Aufgaben der *regula falsi* überlegen.

Diese regula falsi, die Methode des falschen Ansatzes, taucht bereits im Rhind-Papyrus auf (vgl. Heeffer [52]), einer fast 4000 Jahre alten Aufgabensammlung aus Ägypten, und zeigt, dass sie bereits bei den Erbauern der Pyramiden gebräuchlich war. In diesem Papyrus wird folgende Aufgabe gelöst:

> *Addiert man zu einem Betrag ein Siebtel davon, erhält man 19.*

Wir übersetzen heute solche Probleme sofort in eine algebraische Gleichung $x + \frac{x}{7} = 19$, was uns die Lösung $x = \frac{133}{8} = 16\frac{5}{8}$ liefert.

---

[1] Im Original steht hier „whine", was ich mit „beklagen" nur unzureichend übersetzt habe, weil es das weinerliche Selbstmitleid von „whining" nicht transportiert.

Die Lösung der Ägypter ist vollkommen anders. Sie beginnen damit, der gesuchten Zahl irgendeinen Wert zuzuordnen. Damit man die Addition von einem Siebtel ohne Probleme ausrechnen kann, nehmen sie dazu ein Vielfaches von 7, im vorliegenden Fall 7 selbst. Addiert man dazu ein Siebtel, erhält man 8. Damit man das richtige Ergebnis erhält, muss man die Ausgangszahl 7 mit demjenigen Faktor multiplizieren, der aus der 8 eine 19 macht, also mit $\frac{19}{8}$, und in der Tat ist $7 \cdot \frac{19}{8} = \frac{133}{8}$ die richtige Lösung.

Diese Lösungsmethode, die bei allen Gleichungen funktioniert, welche die Form $ax = b$ haben, erscheint uns auf den ersten Blick viel komplizierter zu sein als die unsere; dieser Eindruck täuscht aber, wie wir gleich sehen werden.

Lineare Gleichungen bei den Babyloniern

Betrachtet man nämlich die Gleichung (1.1) aus einem babylonischen Problem, dann erkennt man, dass die Methode des falschen Ansatzes durchaus ihre Vorteile haben kann.

Die Babylonier konnten diese Gleichung mangels einer algebraischen Sprache natürlich nicht einmal so hinschreiben, geschweige denn auf diese Art lösen. Mit dem falschen Ansatz geht man so vor: Man wählt $x = 7 \cdot 11 \cdot 13 = 1001$, um Brüche zu vermeiden, und erhält

$$1001 - \frac{1001}{7} + \frac{1}{11}\left(1001 - \frac{1001}{7}\right) - \frac{1}{13}\left[1001 - \frac{1001}{7} + \frac{1}{11}\left(1001 - \frac{1001}{7}\right)\right]$$
$$= 1001 - 11 \cdot 13 + 7 \cdot 13 - 13 - [7 \cdot 11 - 11 + 7 - 1]$$
$$= 6 \cdot 11 \cdot 13 + 6 \cdot 13 - 6 \cdot 11 - 6 = 6(11 \cdot 13 + 13 - 11 - 1)$$
$$= 6 \cdot 144 = 864,$$

also das Ergebnis

$$x = \frac{1001}{864}.$$

Dabei haben wir wiederholt $1001 = 7 \cdot 11 \cdot 13$ benutzt (wir hätten das Produkt also gar nicht ausrechnen müssen), und ganz zum Schluss haben wir

$$11 \cdot 13 + 13 - 11 - 1 = (11 + 1)(13 - 1) = 12^2$$

gerechnet. Wer sagt, dass Rechnen keinen Spaß machen kann?

Die Methode des falschen Ansatzes funktioniert für alle Gleichungen vom Typ $ax = b$ (und „Verschachtelungen" solcher Gleichungen), bei welchen auf der linken Seite ein Vielfaches der Unbekannten steht. Für Gleichungen der Form $ax + b = c$ kann man diesen Ansatz dagegen nicht verwenden: Hier ist die Methode des „doppelten falschen Ansatzes" anzuwenden. Mit der Methode des doppelten falschen Ansatzes lassen sich sogar quadratische Gleichungen lösen, wenn auch nur mit Mühe. Diese Methode taucht in einem Buch des (heute vollkommen unbekannten) Holländers Elcius Edouardus Leon Mellema (1544–1622) aus dem Jahre 1582 auf; bevor sie sich aber verbreiten konnte, wurde sie von der damals aufkommenden Algebra verdrängt, die quadratische Gleichungen auf eine viel einfachere Art zu lösen erlaubte.

Ein babylonisches Problem von YBC 4652

Auf der Keilschrifttafel YBC 4652 findet man folgendes Problem:

> *Ich habe einen Stein gefunden und nicht gewogen. Ein Siebtel davon habe ich abgeschlagen, ein Elftel vom Rest hinzugefügt, und davon ein Dreizehntel wieder weggenommen; dann wog er 1 Mina. Wie viel wog der ganze Stein?*

Wenn wir dies in eine algebraische Gleichung übersetzen, erhalten wir

$$x - \frac{1}{7}x + \frac{1}{11}\left(x - \frac{1}{7}x\right) - \frac{1}{13}\left[x - \frac{1}{7}x + \frac{1}{11}\left(x - \frac{1}{7}x\right)\right] = 1. \tag{1.1}$$

Wie würden wir diese Gleichung lösen? Eine Möglichkeit ist sicherlich, die ganzen Klammern aufzulösen. Etwas weniger mühsam wird die Sache, wenn man beobachtet, dass der Term $u = x - \frac{1}{7}x$ sehr oft auftaucht. Mit dieser Abkürzung verwandelt sich die Gleichung in

$$u + \frac{1}{11}u - \frac{1}{13}\left(u + \frac{1}{11}u\right) = 1.$$

Mit der nächsten Substitution $z = u + \frac{1}{11}u$ wird daraus

$$z - \frac{1}{13}z = 1,$$

was nacheinander $z = \frac{13}{12}$, $u = \frac{11 \cdot 13}{12 \cdot 12}$ und endlich fast ohne Rechnung

$$x = \frac{7 \cdot 11 \cdot 13}{6 \cdot 12 \cdot 12} = \frac{1001}{864}$$

ergibt.

Eine andere Möglichkeit besteht darin, Terme geschickt auszuklammern. Beispielsweise erhält man durch Ausklammern des halben Ausdrucks

$$\left(1 - \frac{1}{13}\right)\left(x - \frac{1}{7}x + \frac{1}{11}\left(x - \frac{1}{7}x\right)\right) = 1.$$

Aufgabe 1.1. *Fahre mit dem Ausklammern so lange fort, bis sich die Gleichung fast von selbst löst.*

Diese Art der Lösung zeigt uns auch, wie man die Aufgabe viel schneller hätte lösen können: Das Wegnehmen von einem Siebtel entspricht der Multiplikation mit $\frac{6}{7}$; das Hinzufügen von einem Elftel entspricht einer Multiplikation mit $\frac{12}{11}$, und das Abziehen eines Dreizehntels noch einmal einer Multiplikation mit $\frac{12}{13}$. Die Aufgabe lautet also

$$\frac{6}{7} \cdot \frac{12}{11} \cdot \frac{12}{13} \cdot x = 1, \quad \text{was sofort auf} \quad x = \frac{7 \cdot 11 \cdot 13}{6 \cdot 12 \cdot 12} = \frac{1001}{864}$$

führt.

Man beachte, dass die Aufgabe so formuliert ist, dass der Nenner des Resultats sich im Sexagesimalsystem problemlos darstellen lässt.

1.3 Vier Jahrtausende quadratische Gleichungen

Von der Art und Weise, wie man in früheren Zeiten an Probleme herangegangen ist, die wir als quadratische Gleichungen schreiben würden, kann man eine ganze Menge darüber lernen, wie verschiedene Kulturen ein und dieselbe Art von Aufgaben zu lösen versucht haben.

Wenn man in der Geschichte etwas zurückgeht, stellt man fest, dass bis ins 16. Jahrhundert verschiedene Formen quadratischer Gleichungen gelöst wurden: Bevor man negative Zahlen akzeptiert hatte, wurden Gleichungen der Form $x^2 + ax = b$ und $x^2 + b = ax$ mit *positiven* Koeffizienten a, b als zwei verschiedene Formen behandelt. Die Zusammenfassung in eine einzige Lösungsformel wurde erst durch die Einführung der negativen Zahlen möglich.

Geht man noch weiter zurück, dann verschwinden auch Gleichungen und Lösungsformeln, und man findet in Worten ausgedrückte Probleme, die mithilfe eines bekannten Rezepts gelöst wurden.

Wir beginnen unsere Reise in der nahen Vergangenheit, in der die Lösungsformel für quadratische Gleichungen noch einen wichtigen Platz im Mathematikunterricht eingenommen hat.

Die Lösungsformel für quadratische Gleichungen

Beim Stichwort quadratische Gleichungen haben die meisten Leser wohl die Gleichung

$$ax^2 + bx + c = 0 \tag{1.2}$$

vor Augen, sowie die Lösungsformel

$$x_{1,2} = \frac{-b \pm \sqrt{b^2 - 4ac}}{2a}. \tag{1.3}$$

Für den Großteil der Schüler ist diese Formel, von ihrer Herleitung ganz zu schweigen, kein Quell der Inspiration. Es gibt aber Ausnahmen; so berichtet Anthony O'Farrell [14, S. 184]:

> *Ein Tag, der sich in meinem Gedächtnis eingebrannt hat, war in der 6ten Klasse, als ich 11 Jahre alt war. Damals erklärte Bruder Skehan die quadratische Ergänzung und wie man damit die Lösungsformel für die quadratische Gleichung*
>
> $$ax^2 + bx + c = 0$$
>
> *herleitet. Dies war eine Offenbarung – die ganze Art zu denken war vollkommen anders als alles, was ich bis dahin erfahren hatte. Ich habe diesen eleganten kleinen Beweis nie vergessen.*
>
> *Vor etwa 5 Jahren habe ich Bruder Skehan wieder getroffen und habe diesen Vorfall erwähnt. Er erinnerte sich ebenfalls daran. Er erzählte mir, dass er das nicht hätte machen müssen, dass es nicht im Lehrplan stand, aber es sei ein schleppender Tag gewesen und er wollte etwas anderes*

ausprobieren. Er bemerkte, dass der Großteil der Klasse ihn mit blankem Unverständnis angesehen habe, aber dass ich aufgemerkt und die Sache mit leuchtenden Augen verschlungen hätte.

Aus Sicht der modernen Didaktik hat Bruder Skehan alles falsch gemacht: Frontalunterricht, bei dem bis auf einen Schüler niemand viel verstanden hat, und das ganz ohne methodische Vielfalt. Aber ein Schüler hat dabei etwas Bleibendes mitgenommen.

Der oben angesprochene „elegante kleine Beweis" funktioniert so: Multipliziert man die Ausgangsgleichung mit $4a$, so folgt

$$4a^2x^2 + 4abx + 4ac = 0 \qquad\qquad \text{binomische Formel}$$
$$(2ax + b)^2 - b^2 + 4ac = 0 \qquad\qquad \big| + b^2 - 4ac$$
$$(2ax + b)^2 = b^2 - 4ac \qquad\qquad \big| \sqrt{}$$
$$2ax + b = \pm\sqrt{b^2 - 4ac}, \qquad\qquad \big| - b$$
$$2ax = -b \pm \sqrt{b^2 - 4ac}, \qquad\qquad \big| : 2a$$
$$x = \frac{-b \pm \sqrt{b^2 - 4ac}}{2a}.$$

Bei der Herleitung der Lösungsformel haben wir zwei Annahmen machen müssen:

- Die Division durch $2a$ ist nur dann möglich, wenn $a \neq 0$ ist. In diesem Fall ist aber die Ausgangsgleichung $bx + c$ linear und kann (im Falle $b \neq 0$) leicht gelöst werden.

- Für das Ziehen der Quadratwurzel mussten wir annehmen, dass $b^2 - 4ac \geq 0$ ist. Ist dies nicht der Fall, hat die quadratische Gleichung keine reellen Lösungen.

Diesen Ausdruck

$$\Delta = b^2 - 4ac$$

unter der Wurzel in der Lösungsformel nennt man die **Diskriminante** der Gleichung $ax^2 + bx + c = 0$. An ihr kann man ablesen, ob die quadratische Gleichung keine, eine oder zwei Lösungen hat:

Satz 1.1. *Die quadratische Gleichung $ax^2 + bx + c = 0$ mit Diskriminante*

$$\Delta = b^2 - 4ac \quad \text{hat} \quad \begin{cases} \text{keine reelle Lösung} & \text{falls } \Delta < 0, \\ \text{eine reelle Lösung} & \text{falls } \Delta = 0, \\ \text{zwei reelle Lösungen} & \text{falls } \Delta > 0. \end{cases}$$

Aufgabe 1.2. *Für welche Werte von a hat die Gleichung*

$$x^2 + ax + 1 = 0$$

keine, eine bzw. zwei verschiedene reelle Lösungen?

Quadratische Gleichungen bei den Babyloniern

Die ersten quadratischen Gleichungen wurden, soweit wir das wissen, von den Babyloniern behandelt. Der Unterricht für die „Schreiber" glich in weiten Teilen unserem Schulunterricht, auch wenn wir wissen, dass die Schreiberlehrlinge sich der Tatsache bewusst waren, dass sie das große Los gezogen hatten: Der Beruf des Schreibers war einer der angesehensten überhaupt, und wer sich mit Fleiß und Hingabe dem Erlernen der Sprachen und der Mathematik hingab, hatte ausgesorgt.

Die Babylonier besaßen weder negative Zahlen, noch eine algebraische Zeichensprache, sodass an eine „Lösungsformel" nicht zu denken war. Was sie hatten, waren „Rezepte", mit deren Hilfe man einen ganz bestimmten Typ von Aufgaben lösen konnte, die wir durch quadratische Gleichungen ausdrücken. Die Standardgleichung war auch nicht die unsere; vielmehr führten sie ihre Probleme auf Gleichungssysteme der Form

$$xy = a, \quad x + y = b \tag{1.4}$$

zurück. Das Ausgangsproblem auf diesem Gebiet war also offenkundig geometrischer Natur: Wie kann man aus der Summe von Breite und Länge, sowie aus dem Flächeninhalt eines Rechtecks die Seitenlängen errechnen?

Um z.B. das System

$$xy = 210, \quad x + y = 29$$

zu lösen, hatten die Babylonier folgendes Rezept: Man nehme den Mittelwert der beiden Unbekannten, nämlich $a = \frac{1}{2}(x + y) = 14{,}5$, und schreibe $x = a + d$ und $y = a - d$. Damit ist

$$210 = xy = (a + d)(a - d) = a^2 - d^2$$

(eine binomische Formel, die bereits bei den alten Kulturen zum kleinen Einmaleins gehörte); da man a kannte, konnte man daraus d bestimmen:

$$d^2 = 14{,}5^2 - 210 = 0{,}25$$

liefert $d = 0{,}5$ und damit $x = 15$ und $y = 14$.

Tatsächlich lieferten die Rezepte der Babylonier nur eine Lösung quadratischer Gleichungen (im obigen Fall ist das belanglos: Ist (x, y) eine Lösung des Systems, dann ist (y, x) die andere); unsere Darstellung der babylonischen Methode oben ist etwas „modernisiert".

So wie man heute quadratische Gleichungen in die Standardform $ax^2 + bx + c = 0$ bringt und darauf die Lösungsformel anwendet, so verwandelten babylonische Schüler ihre Probleme in die Form (1.4) und wendeten ihr Rezept darauf an.

Aufgabe 1.3. *Löse das babylonische Gleichungssystem*

$$xy = a, \quad x + y = b \tag{1.5}$$

durch Einsetzen der Gleichung $y = b - x$ in die erste Gleichung und die Lösungsformel für quadratische Gleichungen.

Quadratische Gleichungen bei den Babyloniern

Die Lösung einer „quadratischen Gleichung" findet man auf dem Tontäfelchen AO 8862, das vor etwa 3700 Jahren angefertigt wurde (vgl. Neugebauer [98, Bd. II]). Das Problem lautete:

Ich habe Länge und Breite multipliziert; das gibt die Fläche. Zur Fläche habe ich addiert, was Länge größer ist als Breite, was 183 ergibt. Die Summe von Länge und Breite ist 27. Finde Länge, Breite und Fläche.

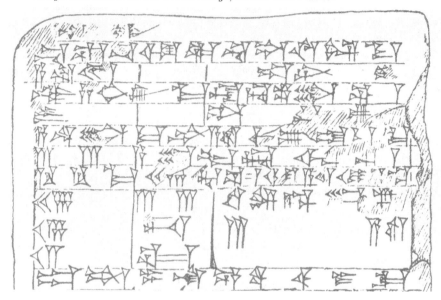

Die Keilschrifttafel AO 8862

In moderner algebraischer Schreibweise lautet dieses Problem

$$lw + l - w = 183, \quad l + w = 27.$$

Das gegebene Rezept zur Verwandlung in die Standardform (1.4) verlangte die Addition der beiden Gleichungen, und die Addition von 2 auf beiden Seiten der zweiten Gleichung:

$$lw + 2l = 210, \quad l + w + 2 = 29.$$

Die erste Gleichung kann man in der Form $l(w + 2) = 210$, die zweite in der Form $l + (w + 2) = 29$ schreiben; die Einführung der neuen Unbekannten $z = w + 2$ liefert also das Gleichungssystem

$$lz = 210, \quad l + z = 29,$$

das wir oben gelöst haben.

Eine andere Möglichkeit, dieses Gleichungssystem zu lösen, ist die folgende: Da wir $x + y$ kennen, müssen wir nur noch $x - y$ bestimmen (Addition der beiden Gleichungen liefert dann x). Dies folgt aber aus der Gleichung

$$(x - y)^2 = (x + y)^2 - 4xy,$$

die man aus den binomischen Formeln erhält.

Aufgabe 1.4. *Löse das babylonische Gleichungssystem (1.5) auf dem zweiten Weg.*

Die Ägypter haben ebenfalls Probleme behandelt, die auf quadratische Gleichungen führen. Im Berlin-Papyrus steht beispielsweise ein Problem, das auf das Gleichungssystem

$$3x = 4y, \qquad x^2 + y^2 = 100$$

hinausläuft.

Aufgabe 1.5. *Löse dieses Gleichungssystem.*

Wenn man Koordinatensysteme kennt (die Ägypter kannten keine), dann lässt sich die Gleichung $3x = 4y$ als die Gerade $y = \frac{3}{4}x$ interpretieren, und $x^2 + y^2 = 10^2$ als die Gleichung eines Kreises mit Radius 10 und dem Ursprung als Mittelpunkt. Die Lösungen des Gleichungssystems entsprechen dann den beiden Schnittpunkten von Gerade und Kreis.

Quadratische Gleichungen bei den Griechen

Das geometrische Handwerkszeug zum Lösen von Problemen, die wir als quadratische Gleichungen auffassen würden, stellt Euklids Proposition 11 aus dem zweiten Buch [33] der *Elemente* bereit. Die geometrische Interpretation Euklids ist für uns, die wir mit der algebraischen Lösung vollkommen vertraut sind, nur mit Mühe nachzuvollziehen. Dennoch lohnt es sich, einen Blick in diese für uns fremde Welt zu werfen, denn am Ende erwarten uns Veranschaulichungen der Lösungsformel, die deutlich leichter nachzuvollziehen sind.

Bei Euklid jedenfalls sieht die Sache so aus:

> *II.11 Eine gegebene Strecke ist so zu teilen, dass das Rechteck aus der ganzen Strecke und dem einen Abschnitt dem Quadrat über dem anderen Abschnitt gleich ist.*

Gegeben sei die Strecke AB; gesucht ist ein Punkt H auf dieser Strecke mit der Eigenschaft, dass das Quadrat über AH gleich dem Rechteck aus AB und BH wird:

$$\overline{AH}^2 = \overline{AB} \cdot \overline{BH}.$$

Zur Lösung dieses Problems errichtet Euklid
das Quadrat $ABCD$ über der Strecke AB;
den Mittelpunkt der Strecke AC nennt er E.
Verlängert man die Strecke AC bis F so, dass
$\overline{EF} = \overline{EB}$ wird, und errichtet auf AF das
Quadrat $AFGH$, dann ist H der gesuchte
Punkt.

Wir wollen jetzt Euklids Problem und seine
Lösung in die uns geläufige Algebra übersetzen. Euklid hat eine Strecke AB der Länge
$a = \overline{AB}$ gegeben und will sie so in zwei Stücke
$p = \overline{AH}$ und $q = \overline{HB}$ teilen, dass das Quadrat
über AH gleich dem Rechteck aus der ganzen
Strecke und dem zweiten Teil wird:

$$p^2 = aq.$$

Euklids Proposition II.11

Wegen $p + q = a$ bedeutet dies nichts anderes als $p^2 = a(a - p)$, wobei a eine
vorgegebene und p die gesuchte Größe ist. Die Gleichung $p^2 = a(a - p)$ ist aber
nichts anderes als die quadratische Gleichung $p^2 = a^2 - ap$, also $p^2 + ap = a^2$.
Lösen wir diese quadratische Gleichung, so erhalten wir die positive Lösung

$$p = \sqrt{\left(\frac{a}{2}\right)^2 + a^2} - \frac{a}{2}.$$

Um dies mit der euklidischen Lösung zu vergleichen, gehen wir von $\overline{AB} = a$ aus.
Nach Konstruktion ist $\overline{AE} = \frac{a}{2}$, während $\overline{EB}$ sich nach dem Satz des Pythagoras
zu

$$\overline{EB} = \sqrt{\left(\frac{a}{2}\right)^2 + a^2}$$

ergibt. Damit erhalten wir schließlich

$$\overline{AH} = \overline{AF} = \overline{EF} - \overline{EA} = \sqrt{\left(\frac{a}{2}\right)^2 + a^2} - \frac{a}{2}$$

genau wie oben.

Warum, so wird man sich fragen, begnügt sich Euklid hier mit einem Spezialfall
$p^2 + ap = a^2$ der quadratischen Gleichung? Die Antwort gibt der in der Lösung
auftretende Ausdruck

$$\sqrt{\left(\frac{a}{2}\right)^2 + a^2} = \frac{a}{2}\sqrt{5};$$

dieser Spezialfall hat mit der Konstruktion des regelmäßigen Fünfecks zu tun.

Die geometrische Lösung der allgemeinen quadratischen Gleichung taucht erst
im sechsten Buch der *Elemente* auf; die Propositionen VI.28 und VI.29 sind sogar
allgemeiner, als sie zum Lösen quadratischer Gleichungen notwendig wären. Wir
begnügen uns daher mit Spezialfällen dieser Aussagen (sh. [36, S. 98]), in denen es
statt um beliebige Parallelogramme um einfache Rechtecke geht. Bevor wir diese

besprechen, müssen wir Euklids Sprache der Flächenanlegungen erläutern (vgl. [2, Abschn. 2.3.2]). Das einfachste Problem der Flächenanlegung, die parabolische Anlegung, besteht darin, an eine Strecke AB ein Parallelogramm mit einem gegebenen Flächeninhalt anzulegen, wobei man zusätzlich noch verlangen darf, dass das gesuchte Parallelogramm einem gegebenen ähnlich sein soll. Bei der elliptischen Flächenanlegung wird an eine Strecke AB ein Parallelogramm AB'C'D gegebener Fläche so angelegt, dass ein Parallelogramm B'BCC' von ebenfalls gegebener Fläche „fehlt"; bei der hyperbolischen Flächenanlegung soll das Parallelogramm „überschießen".

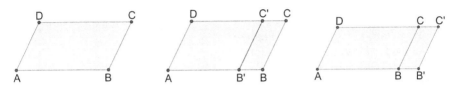

Abb. 1.1. Parabolische, elliptische und hyperbolische Flächenanlegung

Jetzt kommen wir zu den von Euklid im sechsten Buch der *Elemente* behandelten Flächenanlegungen:

VI.28 *An eine gegebene Strecke AD der Länge s ist ein Rechteck ABXY mit dem Flächeninhalt m^2 so anzulegen, dass das fehlende Flächenstück YXCD ein Quadrat wird.*

Setzt man in diesem elliptischen Fall $\overline{AD} = a$, sowie $\overline{AY} = x$, dann ist $\overline{YD} = a - x$, und es ist x so zu bestimmen, dass der Flächeninhalt $x(a - x)$ des Rechtecks ABXY gleich der vorgegebenen Fläche m^2 wird: Algebraisch läuft dies auf die Lösung der Gleichung $x(a - x) = m^2$ hinaus, also auf die quadratische Gleichung $x^2 - ax + m^2 = 0$.

VI.29 *An eine gegebene Strecke AD der Länge s ist ein Rechteck ABXY mit dem Flächeninhalt m^2 so anzulegen, dass das überschießende Flächenstück YXCD ein Quadrat wird.*

Statt der euklidischen Lösung wollen wir hier diejenige vorstellen, welche der schottische Mathematiker John Leslie (1766–1832) in seinem Buch über die *Elemente der Geometrie* [76, S. 176] angegeben hat. Wie er auf S. 340 schreibt, stammt diese Lösung aber nicht von ihm selbst:

Die Lösung dieses wichtigen Problems, die jetzt in den Text eingefügt worden ist, wurde mir von Herrn Thomas Carlyle vorgeschlagen, einem genialen jungen Mathematiker, ehemals mein Schüler.

Thomas Carlyle (1795–1881) ist heute eher als Schriftsteller und Historiker denn als Mathematiker bekannt. Er hat im englischen Sprachraum Werbung für Novalis, Goethe, Schiller und Heine gemacht und Biografien von Oliver Cromwell und Friedrich dem Großen verfasst.

Leslie formuliert die euklidische Aufgabe so um:

Eine Strecke AB ist so zu teilen, dass das aus ihren Segmenten gebildete Rechteck gleich dem Flächeninhalt eines gegebenen Rechtecks wird.

Setzt man $\overline{AB} = a$ und haben die Seiten des gesuchten Rechtecks die Längen p und q, so läuft diese Frage auf die Gleichung $x(a-x) = pq$ hinaus, wo x die Länge des einen Teils der Strecke $\overline{AB}$ und $x - a$ die des anderen Teils bezeichnet.

Carlyle löst das Problem wie folgt: Man errichtet auf AB die Senkrechten AD und BE so, dass $\overline{AD} = p$ und $\overline{BE} = q$ wird. Der Kreis mit Durchmesser DE schneidet AB in den Punkten C und C'; die gesuchten Seiten sind AC und CB.
In der Tat: Nach dem Satz des Thales ist der Winkel $\sphericalangle DCE$ ein rechter, folglich auch $\sphericalangle ACD + \sphericalangle BCE = 90°$. Weil auch $\sphericalangle ACD + \sphericalangle CDA = 90°$ ist, muss $\sphericalangle BCE = \sphericalangle CDA$ sein.

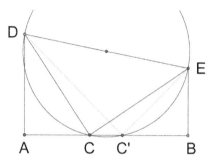

Also sind die Dreiecke CBE und CAD ähnlich, und der Strahlensatz liefert

$$\overline{AC} : \overline{AD} = \overline{BE} : \overline{CB},$$

oder auch

$$\overline{AC} \cdot \overline{CB} = \overline{AD} \cdot \overline{BE}.$$

Dieser schöne Beweis hat zur Methode von Carlyle und Lill (vgl. den folgenden Kasten) zur Lösung von Gleichungen zweiten und höheren Grades geführt.

Das euklidische Beispiel II.11 der geometrischen Lösung quadratischer Gleichungen wird in dem sehr lesenswerten Buch *Pour une culture mathématique accessible à tous* von Ballieu & Guissard [6] behandelt, dessen Untertitel *Élaboration d'outils pédagogiques pour développer des compétences citoyennes* zeigt, dass im Belgien des Erscheinungsjahrs 2004 dieses Bandes Kompetenzen und Inhalte noch miteinander verträglich waren. Eine weitere vorzügliche Darstellung dieser Thematik findet man bei Fladt [36, S. 96–105].

Die Methode von Carlyle und Lill geht ihrem Wesen nach auf die *Geometrie* von René Descartes zurück. Wir wollen uns kurz ansehen, wie Descartes die Lösungen der Gleichungen $z^2 = az \pm b^2$ geometrisch interpretiert hat.

Im Falle der Gleichung $z^2 = az + b^2$ zeichnet er ein rechtwinkliges Dreieck NLM mit $\overline{NL} = \frac{a}{2}$ und $\overline{LM} = b$ und erhält die positive Lösung

$$z = \frac{a}{2} + \sqrt{\frac{a^2}{4} + b^2}$$

als Länge der Strecke OM.

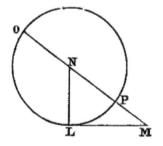

Die Methode von Carlyle und Lill

Auf den Schotten Thomas Carlyle geht eine Methode zur graphischen Lösung quadratischer Gleichungen zurück. Benannt ist die Methode vor allem nach dem Hauptmann in der österreichischen Armee, Eduard Lill [81], der diese Methode 1867 wiederentdeckte und sie auf Gleichungen höheren Grades verallgemeinerte. Im einfachsten Falle quadratischer Gleichungen der Form $x^2 - px + q = 0$ geht man dabei so vor:

1. Bestimme den Mittelpunkt M von $A(0|1)$ und $B(p|q)$.

2. Zeichne den Kreis mit Mittelpunkt M durch A.

3. Die Schnittpunkte des Kreises mit der x-Achse sind die Lösungen der Gleichung.

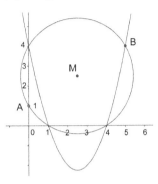

Die nebenstehende Abbildung zeigt das Beispiel $x^2 - 5x + 4 = 0$.

Aufgabe 1.6. *Zeige durch Rechnung, dass die Methode von Carlyle und Lill funktioniert.*

Einen etwas durchsichtigeren Beweis erhält man mithilfe des Strahlensatzes: Bezeichnet man die beiden Nullstellen des Kreises mit x_1 und x_2, so folgt:

1. Zeige, dass das Dreieck ABN rechtwinklig ist (Thales-Kreis).

2. Zeige, dass die beiden Dreiecke AON und NFB ähnlich sind.

3. Zeige, dass aus dem Strahlensatz folgt:

$$1 : x_2 = (p - x_2) : q.$$

4. Zeige, dass die letzte Gleichung äquivalent ist mit

$$x_2^2 - px_2 + q = 0.$$

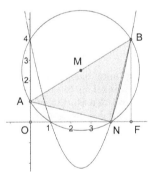

Ein ähnlicher Beweis benutzt den Satz von Vieta:

1. Zeige $x_1 + x_2 = p$ durch Berechnung der x-Koordinate von M auf zwei Arten.
2. Zeige, dass mit $\overline{ON} = x_2$ auch $\overline{NF} = x_1$ gilt.
3. Zeige, dass der Strahlensatz jetzt $1 : x_2 = x_1 : q$ liefert, also $x_1 x_2 = q$.
4. Beende den Beweis mit dem Satz von Vieta.

Noch einfacher wird die Sache, wenn man den Sehnensatz ([75, Satz 5.11]) benutzt, der sofort $x_1 x_2 = q$ zeigt. Weitere Darstellungen, auch für Gleichungen höheren Grades, findet man bei Dickson [25, S. 31], Kaenders & Schmidt [61, S. 46ff.], und bei Kalman [62, S. 13]. Bei Darnell [24] kann man nachlesen, dass sogar der Göttinger Mathematiker Carl Runge diese Methode in Vorträgen vorgestellt habe.

Weitere graphische Lösungen quadratischer Gleichungen

Gleichungen der Form $x(s-x) = m^2$ lassen sich geometrisch so interpretieren: Ein gegebenes Quadrat der Kantenlänge m soll in ein Rechteck verwandelt werden, bei dem die Summe aus Länge und Breite gleich s ist. Solche Aufgaben lassen sich geometrisch auch mit dem Höhensatz (vgl. [75]) lösen.

Dazu errichte man auf der Strecke s einen Halbkreis (der Thales-Kreis) und konstruiere dann eine Höhe der Länge m, indem man durch einen Punkt mit Abstand m vom Durchmesser des Halbkreises eine Parallele zum Durchmesser zieht.

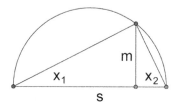

Der Fußpunkt der Höhe teilt s in zwei Teile der Länge x_1 und x_2, für die offenbar $x_1 + x_2 = s$ und, nach dem Höhensatz, $x_1 x_2 = m^2$ gilt. Der Höhensatz bedeutet also, wenn man $x_2 = s - x_1$ einsetzt, gerade $x_1(s - x_1) = m^2$.

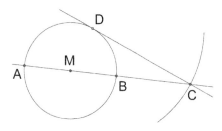

Schlechter [113, S. 21] gibt folgende Konstruktion zur graphischen Lösung der Gleichung $x^2 + px - q^2 = 0$. Man zeichne einen Kreis mit Mittelpunkt M und Durchmesser p und trage auf einer Tangente an den Kreis im Punkt D eine Strecke der Länge $\overline{CD} = q$ ab. Ein Schnittpunkt B der Geraden CM teilt die Strecke CS in zwei Teile, von denen $x = \overline{BC}$ die positive Lösung der quadratischen Gleichung ist.

Zum Beweis beachte man, dass die Dreiecke ADC und CBD ähnlich sind: Beide Dreiecke haben den Winkel in C gemein, und es ist $\sphericalangle CDM = 90°$, weil einerseits Tangenten senkrecht auf den Radius stehen, und weil andererseits $\sphericalangle ADB = 90°$ gilt wegen des Satzes von Thales.

Der Beweis ist eigentlich ein Beweis des Tangenten-Sekanten-Satzes ([75, Satz 5.10]), mit dessen Hilfe man den Zusammenhang mit der quadratischen Gleichung sofort sieht: Es gilt ja
$$q^2 = \overline{CD}^2 = \overline{BC} \cdot \overline{AC} = x \cdot (x + p).$$
Daraus folgt auch, dass $x_2 = -\overline{AC}$ die zweite (aber negative) Lösung der Ausgangsgleichung ist.

Dies folgt offenbar sofort aus $\overline{ON} = \overline{NL} = \frac{a}{2}$ und dem Satz des Pythagoras, wonach $\overline{NM} = \sqrt{\frac{a^2}{4} + b^2}$ gilt.

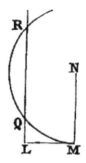

Ist dagegen $z^2 = az - b^2$, so setzt er $\overline{NM} = \frac{a}{2}$ und $\overline{LM} = b$. Die Parallele zu NM durch L schneidet den Kreis mit Zentrum N durch M in Q und R, und die beiden Lösungen der quadratischen Gleichung sind in diesem Falle

$$z_1 = \overline{LR} = \frac{a}{2} + \sqrt{\frac{a^2}{4} - b^2},$$

$$z_2 = \overline{LQ} = \frac{a}{2} - \sqrt{\frac{a^2}{4} - b^2}.$$

Auch hier liefert Pythagoras die Beziehung

$$(\tfrac{1}{2}\overline{QR})^2 + \overline{LM}^2 = \overline{NQ}^2 = \overline{NM}^2, \quad \text{also} \quad \frac{\overline{QR}}{2} = \sqrt{\frac{a^2}{4} - b^2},$$

woraus dann leicht etwa

$$\overline{LQ} = \overline{NM} - \frac{\overline{QR}}{2} = \frac{a}{2} - \sqrt{\frac{a^2}{4} - b^2}$$

und damit die eine Hälfte der Behauptung folgt.

1.4 Der Satz von Vieta

Den Satz von Vieta sucht man in heutigen Schulbüchern vergeblich. In diesem Abschnitt wollen wir erklären, wie viel man damit machen kann, und warum er für ein tieferes Verständnis von Gleichungen unerlässlich ist. Zuerst wollen wir die Gelegenheit aber nutzen, uns die Biographie von Vieta etwas näher anzusehen.

Quadratische Gleichungen in der arabischen Mathematik

Auch wenn Vieta selbst dies vielleicht abgestritten hätte, hat seine Algebra doch ihren Ursprung bei einem der bekanntesten arabischen Mathematiker, nämlich bei Mohammed Ibn Musa Al-Khwarismi (die Schreibweisen seines Namens variieren beträchtlich), der um 800 n. Chr. in Bagdad tätig war. Sein Name stand Pate für das Wort „Algorithmus", und in seiner „Algebra" (wie die Silbe al andeutet, ist auch dieses Wort Algebra – ebenso wie Algorithmus und Alkohol – arabischen Ursprungs) zeigt er, wie man quadratische Gleichungen löst. Im Laufe der Jahrhunderte hat sich dann die „Lösungsformel" entwickelt, mit der wir heutzutage quadratische Gleichungen zu lösen pflegen.

Quadratische Gleichungen bei Al-Khwarismi

Al-Khwarismi führt jede quadratische Gleichung auf eine der folgenden Typen zurück: Die binomischen Gleichungen $ax^2 = bx$, $ax^2 = c$ und $bx = c$, sowie die trinomischen Gleichungen $ax^2 + bx = c$, $ax^2 + c = bx$ und $ax^2 = bx + c$. Diese Unterscheidungen waren notwendig, weil Al-Khwarismi keine negativen Zahlen kannte. Zur Lösung dieser quadratischen Gleichungen verwendet er noch die geometrische Sprache Euklids.

Eines seiner Beispiele ist die Gleichung $x^2 + 10x = 39$. Eine solche „Gleichung" wird man allerdings bei Al-Khwarismi vergeblich suchen: Die entsprechende Aufgabe heißt bei ihm:

Ein Betrag und das Zehnfache seiner Wurzel ergeben 39.

Dies entspricht eher unserer Gleichung $a + 10\sqrt{a} = 39$, woraus die angegebene quadratische Gleichung durch die Substitution $a = x^2$ folgt. Damit ist x die Seitenlänge eines Quadrats mit Flächeninhalt a, aus dem er durch Anlegen zweier Rechtecke mit den Seitenlängen x und $\frac{10}{2} = 5$ ein größeres Quadrat erhält.

Das kleine Quadrat und die beiden Rechtecke haben zusammen einen Flächeninhalt von $x^2 + 10x$, was wegen der zu lösenden Gleichung gleich 39 ist. Ergänzt man die Figur zu einem Quadrat, so stellt man fest, dass $39 + \left(\frac{p}{2}\right)^2 = 39 + 25 = 64$ ist. Dies ist der Flächeninhalt eines Quadrats mit Kantenlänge 8; also ist $x + \frac{p}{2} = 8$, was auf die Lösung $x = 3$ führt.

Für die Gleichung $x^2 + px = q$ erhält man analog $\left(x + \frac{p}{2}\right)^2 = \frac{p^2}{4} + q$, was nach Wurzelziehen auf $x = -\frac{p}{2} + \sqrt{\frac{p^2}{4} + q}$ führt.

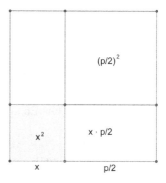

Im Westen werden diese Methoden durch Leonardo von Pisa (auch Fibonacci genannt) bekannt, der die arabischen Quellen unter anderem in seinem berühmten Werk *Liber Abaci* (Buch des Abakus) verarbeitet und dort auch gleich die „arabischen" Ziffern eingeführt hat.

Da negative Seitenlängen nicht sinnvoll erscheinen, läuft diese geometrische Methode zum Lösen quadratischer Gleichungen darauf hinaus, dass man nur positive Lösungen zulässt. Ebenso macht die geometrische Interpretation eine Betrachtung vieler Fälle notwendig: Beispielsweise kann man $x^2 - 10x = -21$ nicht wie oben behandeln, sondern muss die Gleichung in der Form $x^2 + 21 = 10x$ schreiben und eine neue Methode dafür erfinden.

Diese geometrische Behandlung quadratischer Probleme lässt sich bis zu den Babyloniern zurückverfolgen; die Araber kannten sie aus dem genauen Studium der griechischen Quellen, insbesondere aus Euklids zweitem Buch. Cardano hat später sogar bei der Lösung von Gleichungen dritten Grades auf diese geometrische Interpretation zurückgegriffen.

Das Leben des François Viète

Die Einführung der algebraischen Notation, also die Erfindung der Buchstaben-rechnung, verdanken wir im Wesentlichen François Viète, den man, als auf dem Gymnasium noch Algebra unterrichtet wurde, in Deutschland vor allem unter seinem lateinisierten Namen Vieta gekannt hat. Viète wurde 1540 in Fontenay-le-Comte im Westen Frankreichs geboren. Er studierte Jura in Poitiers und prak-tizierte eine Weile als Anwalt; zur Mathematik kam er 1564 als Privatlehrer von Katharina von Parthenay, der damals 11-jährigen Tochter von Jean de Parthenay. Die Auseinandersetzung zwischen den französischen Katholiken und den Hugenot-ten führt in der Bartholomäusnacht vom 23. auf den 24. August 1572 zu einem Massaker an den Führern der Hugenotten, mit Billigung oder sogar auf Anord-nung von Karl IX. Im Jahre 1585 wird Vieta, selbst ein Hugenotte, auf Druck der Katholischen Liga aus seinem Amt entlassen; in den nächsten vier Jahren widmet er sich vor allem der Mathematik. Nach der Ermordung von Henri III. durch einen jakobinischen Mönch arbeitet Vieta für dessen Nachfolger Henri IV; die Katholi-ken hatten den spanischen König Philip II. um Hilfe gebeten, und als eine seiner kodierten Nachrichten abgefangen wurde, bat Henri Vieta um Hilfe. Dieser konn-te die Nachricht tatsächlich entschlüsseln, woraufhin Philip II. sich beim Papst darüber beschwerte, dass Vieta dieses Kunststück nur durch schwarze Magie habe bewerkstelligen können.

1593 stellt Adriaan van Roomen eine Aufgabe, zu welcher der niederländische Botschafter bemerkte, dass es keinen französischen Mathematiker gebe, der diese Aufgabe lösen könne. Der König ließ Vieta rufen und legte ihm das Problem vor, nämlich die Lösung der Gleichung

$$x^{45} - 45x^{43} + 945x^{41} - 12\,300x^{39} + 111\,150x^{37} - 740\,259x^{35} + 3\,764\,565x^{33}$$
$$- 14\,945\,040x^{31} + 46\,955\,700x^{29} - 117\,679\,100x^{27} + 236\,030\,652x^{25}$$
$$- 378\,658\,800x^{23} + 483\,841\,800x^{21} - 488\,494\,125x^{19} + 384\,942\,375x^{17}$$
$$- 232\,676\,280x^{15} + 105\,306\,075x^{13} - 34\,512\,075x^{11} + 7\,811\,375x^{9} - 1\,138\,500x^{7}$$
$$+ 95\,634x^{5} - 3\,795x^{3} + 45x = \sqrt{\frac{7}{4} - \sqrt{\frac{5}{16}} - \sqrt{\frac{15}{8} - \sqrt{\frac{45}{64}}}}.$$

Vietas Lösung (*ut legi ut solvi* – wie gelesen, so gelöst – soll Vieta seine schnelle Lösung kommentiert haben) begeisterte van Roomen dermaßen, dass dieser von Würzburg aus nach Frankreich reiste, um Vieta kennenzulernen. Gestorben ist Vieta 1603 in Paris.

Vietas Hauptleistung war die Einführung einer algebraischen Notation, die sehr viel flexibler war als das, was griechische und arabische Mathematiker bis dahin er-funden hatten. Tatsächlich finden sich bereits in den Büchern Diophants Symbole für die Unbekannte sowie für ihre kleinen Potenzen (Quadrate, Kuben usw.). Da-durch wurde es möglich, die Rezepte für das Lösen z.B. quadratischer Gleichungen in Formeln zu gießen.

Der Satz von Vieta

Der „Satz von Vieta" im Falle quadratischer Gleichungen ist, bei Licht betrachtet, eine Trivialität: Um eine quadratische Gleichung zu finden, die etwa die Lösungen $x_1 = -2$ und $x_2 = 3$ besitzt, genügt es,

$$(x - x_1)(x - x_2) = (x + 2)(x - 3) = x^2 - x - 6 = 0$$

hinzuschreiben, denn die Faktorisierung auf der linken Seite zeigt, dass x_1 und x_2 Lösungen dieser quadratischen Gleichung sind.

Beim Satz des Vieta geht es umgekehrt darum, aus der gegebenen quadratischen Gleichung $x^2 + px + q$ die Lösungen x_1 und x_2 abzulesen oder zumindest Informationen über sie zu gewinnen. Weil beide Gleichungen $x^2 + px + q$ und $(x - x_1)(x - x_2) = 0$ die Lösungen x_1 und x_2 haben, müssen diese auch Lösungen der Gleichung sein, die man erhält, wenn man die gegebenen Gleichungen voneinander subtrahiert:

$$0 = x^2 + px + q - (x - x_1)(x - x_2) = (p + x_1 + x_2)x + q - x_1 x_2.$$

Damit eine Gleichung vom Grad 2 zwei verschiedene Lösungen haben kann, müssen beide Koeffizienten verschwinden, d.h. es muss gelten

$$p = -x_1 - x_2 \quad \text{und} \quad q = x_1 x_2.$$

Dasselbe Ergebnis erhält man auch, sollten die beiden Lösungen $x_1 = x_2$ zusammenfallen. Ist nämlich $x = x_1$ Nullstelle von $x^2 + px + q$, also $x_1^2 + px_1 + q = 0$, dann folgt

$$x^2 + px + q = x^2 + px + q - (x_1^2 + px_1 + q) = x^2 - x_1^2 + px - px_1$$
$$= (x - x_1)(x + x_1) + p(x - x_1) = (x - x_1)(x + x_1 + p).$$

Wenn daher $x = x_1$ Nullstelle von $x^2 + px + q$ ist, dann kann man $x^2 + px + q$ in Faktoren zerlegen, wovon einer $x - x_1$ ist. Aus dem Nullproduktsatz folgt, dass $x_2 = -x_1 - p$ (diese Nullstelle erhält man durch Nullsetzen des zweiten Faktors $x + x_1 + p$) die zweite Nullstelle des quadratischen Polynoms ist. Das kann man auch nachrechnen:

$$(-x_1 - p)^2 + p(-x_1 - p) + q = x_1^2 + 2x_1 p + p^2 - x_1 p - p^2 + q = x_1^2 + px_1 + q = 0.$$

Damit ist

$$x_1 + x_2 = x_1 + (-x_1 - p) = -p,$$
$$x_1 x_2 = x_1(-x_1 - p) = -x_1^2 - px_1 = -x_1^2 - px_1 - q + q = q,$$

und wir haben den

Satz 1.2 (Satz von Vieta). *Sind x_1 und x_2 die beiden Lösungen der quadratischen Gleichung $x^2 + px + q = 0$, dann ist*

$$x_1 + x_2 = -p \quad \text{und} \quad x_1 x_2 = q.$$

Bei Vieta wird der Satz übrigens so ausgesprochen (sh. Abb. 1.2):

Si B + D in A − A quad. aequetur B in D: A explicabilis est de qualibet illarum duarum B et D.

Dabei bezeichnet Vieta mit „A in B" das Produkt AB. Statt A^2 schreibt Vieta A quad., und die Gleichheit wird in Worten (aequetur) ausgedrückt. In unsere Sprache übersetzt lautet Vietas Satz so:

Ist $A(B + D) − A^2 = BD$, dann ist $A = B$ oder $A = D$.

Wir würden die Gleichung heute eher in der Form $A^2 − A(B + D) + BD = 0$ schreiben. Vieta gibt auch ein Beispiel, das er in der Form $3N − 1Q = 2$ (wieder mit „aequetur" statt dem modernen Gleichheitszeichen) schreibt; hierbei steht N für die Unbekannte und Q für deren Quadrat. Vieta gibt dann die Lösungen $N = 1$ bzw. $N = 2$.

PROPOSITIO I.

Si B ─+ D in A ⎱ æquetur B in D.
 ──A quad.   ⎰
    A explicabilis eſt de qualibet illarum duarum B vel D.
 3 N. ──1 Q. æquetur 2. fit 1 N. 1. vel 2.

Abb. 1.2. Vietas Formulierung seines Satzes

Anwendung 1: Erraten von Lösungen

Hat eine quadratische Gleichung ganzzahlige Lösungen, kann man diese mit dem Satz von Vieta erraten: Es ist

$$x^2 − 5x + 6 = (x − 2)(x − 3),$$

da $2 + 3 = 5$ und $2 \cdot 3 = 6$. Bei einer Gleichung wie

$$x^2 − 19x + 90 = 0$$

hat man also nur die Zerlegungen der 90 in zwei Faktoren durchzugehen und zu prüfen, in welcher solchen Zerlegung die Summe der Faktoren gleich 19 ist; hier kommt man schneller auf die Zerlegung $(x − 9)(x − 10)$ als man die Gleichung in den Taschenrechner eintippen kann.

Das Lösen quadratischer Gleichungen mit dem Satz von Vieta ist eine hervorragende Übung des kleinen Einmaleins, und es ist daher kein Wunder, dass Vieta

heute aus dem Schulunterricht verschwunden ist: Die Verminderung der Rechenfertigkeiten der Schüler war das erklärte Ziel der Didaktik[2] der letzten 25 Jahre.

Aufgabe 1.7 (Kreisolympiade der DDR 1966, Klassenstufe 10). *Man ermittle
alle reellen Zahlen a, für die eine der Wurzeln der Gleichung*

$$x^2 - \frac{15}{4}x + a = 0$$

das Quadrat der anderen Wurzel ist.

Anwendung 2: Die Lösungsformel

Mit dem Satz von Vieta lässt sich die Lösungsformel für quadratische Gleichungen
$x^2 + px + q = 0$ relativ einfach herleiten. Eine direkte Anwendung des Satzes von
Vieta auf eine quadratische Gleichung $x^2 + px + q = 0$ liefert nichts Brauchbares:
Aus $x_1 + x_2 = -p$ und $x_1 x_2 = q$ folgt, wenn man $x_2 = -p - x_1$ in die zweite
Gleichung einsetzt, $x_1(-p - x_1) = q$ (das haben wir oben schon vorgerechnet),
also nach Auflösen der Klammer $x_1^2 + px_1 + q = 0$, was zwar richtig ist, aber nichts
Neues bringt.

Dagegen erhält man die Lösung der quadratischen Gleichung, wenn man stattdessen $x_1 - x_2$, oder genauer das Quadrat hiervon, betrachtet:

$$(x_1 - x_2)^2 = x_1^2 - 2x_1 x_2 + x_2^2 = x_1^2 + 2x_1 x_2 + x_2^2 - 4x_1 x_2$$
$$= (x_1 + x_2)^2 - 4x_1 x_2 = p^2 - 4q.$$

Also muss $x_1 - x_2 = \sqrt{p^2 - 4q}$ sein (bis auf das Vorzeichen), und addiert man dies
zu $x_1 + x_2 = -p$, erhält man

$$2x_1 = -p + \sqrt{p^2 - 4q}, \quad \text{also} \quad x_1 = \frac{-p + \sqrt{p^2 - 4q}}{2} = -\frac{p}{2} + \sqrt{\frac{p^2}{4} - q}.$$

Entsprechend erhält man

$$x_2 = \frac{-p - \sqrt{p^2 - 4q}}{2} = -\frac{p}{2} - \sqrt{\frac{p^2}{4} - q},$$

wenn man die beiden Gleichungen subtrahiert.

Die Tatsache, dass man $(x_1 - x_2)^2$ mithilfe von $x_1 + x_2$ und $x_1 x_2$ ausdrücken
kann, hat eine tiefere Bedeutung: Jedes Polynom in zwei Variablen x_1 und x_2,
welches sich bei Vertauschen von x_1 und x_2 nicht ändert (und das Polynom $(x_1 -$

---

[2] Krauthausen [71] kämpft seit Jahrzehnten gegen das Unterrichten schriftlicher Verfahren für die Grundrechenarten, und auch Herget et al. erklären in [55], dass das Vereinfachen von komplizierten Ausdrücken wie $2a - \frac{a}{3} + \frac{a}{7}$ ebenso dem Rechner überlassen
werden sollte wie das Lösen schwieriger Gleichungen wie $9x^2 = 4$, eine konsequente
Fortsetzung der Hergetschen Überzeugung, das Lösen quadratischer Gleichungen von
Hand sei ein „aussterbendes Rezept".

$x_2)^2$ ist so eines, während $x_1 - x_2$ bei Vertauschung von x_1 und x_2 das Vorzeichen wechselt), lässt sich durch die beiden „elementarsymmetrischen" Polynome $x_1 + x_2$ und $x_1 x_2$ ausdrücken. Wir werden auf diese Dinge bei einer anderen Gelegenheit näher einzugehen haben.

Beim Lösen quadratischer Gleichungen mit der Lösungsformel lassen sich hin und wieder binomische Formeln gewinnbringend anwenden: Um $3x^2 + 13x + 12 = 0$ zu lösen, muss man $b^2 - 4ac = 13^2 - 4 \cdot 3 \cdot 12$ ausrechnen:

$$13^2 - 4 \cdot 3 \cdot 12 = 13^2 - 12^2 = (13 - 12)(13 + 12) = 25.$$

Derselbe Trick funktioniert, wenn in der Diskriminante $\Delta = b^2 - 4ac$ der quadratischen Gleichung $ax^2 + bx + c = 0$ das Produkt $ac = m^2$ ein Quadrat ist. Dann ist nämlich $b^2 - 4ac = b^2 - 4m^2 = (b - 2m)(b + 2m)$. Damit man die Wurzel (im Kopf) ziehen kann, muss auch $b^2 - 4m^2 = (b - 2m)(b + 2m)$ ein Quadrat sein. Setzt man z.B. $b - 2m = 9$ und $b + 2m = 25$ an, so findet man (durch Addition der beiden Gleichungen) $b = 17$, und dann nacheinander $m = 4$, also $ac = 16$ und z.B. $a = 2$ und $c = 8$. Damit haben wir die Gleichung $2x^2 + 17x + 8 = 0$, die man mit obigem Trick einfach und fast ohne Rechnung lösen kann.

Aufgabe 1.8. *Erfinde fünf weitere quadratische Gleichungen, bei denen man die dritte binomische Formel wie eben einsetzen kann.*

Anwendung 3: Tangenten an Parabeln

Um die Tangente an eine durch die Funktion $f(x) = ax^2 + bx + c$ dargestellte Parabel in einem Punkt $P(x_0 | f(x_0))$ zu bestimmen, gehen wir von einer Geraden $y = mx + d$ aus und fordern, dass diese die Parabel berührt, dass also die Gleichung $ax^2 + bx + c = mx + d$ eine *doppelte* Lösung besitzt, die notwendig gleich x_0 ist, weil die beiden Schaubilder sich in diesem Punkt berühren sollen. Algebraisch bedeutet dies, dass

$$ax^2 + (b - m)x + c - d = a(x - x_0)^2$$

ist. Weil diese Gleichung für alle x gelten soll, müssen die Koeffizienten von x^2, x und der konstante Term auf beiden Seiten die gleichen sein, was auf

$$b - m = -2ax_0 \quad \text{und} \quad c - d = ax_0^2$$

führt. Die erste Gleichung liefert die Steigung der Tangente:

Satz 1.3. *Die Steigung der Tangente an das Schaubild von $f(x) = ax^2 + bx + c$ in $x = x_0$ ist gegeben durch*

$$m = 2ax_0 + b.$$

In der Differentialrechnung lernt man, wie man die Steigung der Tangente durch die Ableitung ausdrücken kann: Bekanntlich gilt ja $m = f'(x_0) = 2ax_0 + b$. Die Gleichung der Tangente ergibt sich damit zu $y = (2ax_0 + b)x + c - ax_0^2$, was, wovon man sich schnell überzeugt, auf $y = f'(x_0)(x - x_0) + f(x_0)$ hinausläuft.

Der falsche Vieta

Während man die Lösungen der quadratischen Gleichung $x^2 - 7x + 12 = 0$ sehr leicht erraten kann, ist dies bei der Gleichung $3x^2 - 7x + 4 = 0$ nicht mehr der Fall.

$3x^2 - 7x + 4$: Zerlege das Produkt $3 \cdot 4$ in Faktoren, deren Summe -7 ist; offenbar sind die Faktoren -3 und -4. Die Zerlegung ist dann gegeben durch

$$3x^2 - 7x + 4 = \frac{(3x + 3)(3x + 4)}{3} = (x + 1)(3x + 4).$$

Eine andere Variante ist die „Methode des falschen Vieta" (vgl. [9, S. 38–39]):

1. Der Koeffizient $a = 3$ von x^2 wird durch 1 ersetzt, der konstante Term $c = 4$ damit multipliziert: Aus $3x^2 - 7x + 4 = 0$ wird so $x^2 - 7x + 12 = 0$.

2. Die so erhaltene Gleichung wird mit Vieta zerlegt:

$$0 = x^2 - 7x + 12 = (x - 3)(x - 4).$$

3. Man teilt jede der beiden Wurzeln durch $a = 3$ und kürzt die entstehenden Brüche so weit wie möglich: $0 = (x - \frac{3}{3})(x - \frac{4}{3}) = (x - 1)(x - \frac{4}{3})$.

4. Die Nenner der Brüche werden jetzt in beiden Klammern vor das x geschoben: $0 = (x - 1)(3x - 4)$.

5. Die so erhaltene Zerlegung ist die gesuchte Zerlegung des ursprünglichen Polynoms: $3x^2 - 7x + 4 = (x - 1)(3x - 4)$.

Aufgabe 1.9. *Löse die Gleichung $6x^2 - 7x - 3 = 0$ mit dem falschen Vieta.*

Aufgabe 1.10. *Beschreibe die Methode des falschen Vieta am allgemeinen Beispiel $ax^2 + bx + c = 0$ und bestätige, dass sie immer richtige Ergebnisse liefert.*

Beziehungen zwischen Wurzeln

Betrachten wir einmal folgende Aufgabe:

> *Für welche $a \in \mathbb{R}$ hat die Summe der Quadrate aus den Wurzeln der Gleichung $x^2 - (a - 2)x - a - 1 = 0$ den kleinsten Wert?*

Im Prinzip kann man die Sache so angehen: Wir berechnen die Wurzeln x_1 und x_2 und minimieren die Quadratsumme $f(a) = x_1^2 + x_2^2$, indem wir die Ableitung gleich 0 setzen. Das sieht dann so aus:

$$x_{1,2} = \frac{a - 2 \pm \sqrt{(a - 2)^2 + 4(a + 1)}}{2} = \frac{a - 2 \pm \sqrt{a^2 + 4}}{2},$$

also

Sam Loyds Truthähne

Betrachten wir jetzt eine Aufgabe von Sam Loyd:

„Diese beiden Truthähne wiegen zusammen 20 Pfund", sagte der Metzger. „Der kleine kostet pro Pfund 2 Cent mehr als der große." Mrs. Smith kaufte den kleineren für insgesamt 82 Cent, Mrs. Brown zahlte für den großen 2 Dollar und 96 Cent. Wie viel haben die beiden Truthähne gewogen?

Wenn der große Truthahn x Cent pro Pfund kostet, dann kostet der kleine $x + 2$ Cent pro Pfund. Bei einem Gewicht von m bzw. M Pfund des kleinen und großen Truthahns erhalten wir also folgende Gleichungen:

$$296 = xM, \quad 82 = (x+2)m, \quad m + M = 20.$$

Das sind drei Gleichungen für die drei Unbekannten m, M und x. Addition der ersten beiden ergibt

$$378 = xM + (x+2)m = xM + xm + 2m = x(M+m) + 2m = 20x + 2m,$$

also

$$189 = 10x + m \quad \text{und} \quad 82 = (x+2)m.$$

Löst man die erste Gleichung nach m auf und setzt sie in die zweite ein, erhält man

$$10x^2 - 169x + 296 = 0.$$

Jetzt sollte es ein Leichtes sein, die Aufgabe von Hand zu lösen; um aus der Diskriminante 40401 die Wurzel zu ziehen, ist es hilfreich, sich an die binomische Formel zu erinnern.

Das Puzzle von den Truthähnen kann man in verschiedenen Büchern finden; wer Schachprobleme mag, ist mit [105] hervorragend bedient. Für die eher mathematisch angehauchten Probleme sei auf die von Martin Gardner zusammengestellten Sammlungen [39] verwiesen. Eine nahezu vollständige Sammlung der Puzzles von Sam Loyd wurde 1914 von seinem Sohn unter dem Titel *Cyclopedia of Puzzles* herausgegeben.

Hier ist noch ein Puzzle, bei dem eine quadratische Gleichung zu lösen ist:

Aufgabe 1.11. *„Ich habe dem Händler 12 Cent für die Eier bezahlt", sagte der Koch, „aber ich ließ ihn zwei Eier extra dazulegen, weil sie so klein waren. Dadurch sank der Preis um einen Cent pro Dutzend."*
Wie viele Eier hat der Koch gekauft?

Diese Aufgabe hat auch mich ziemlich geärgert – wenn man nicht ganz arg aufpasst, erwischt man einen falschen Ansatz. Ohne quadratische Gleichung kommt man beim nächsten Loydschen Problem aus:

Aufgabe 1.12. *Zwei Boote fahren über den Hudson River. Eines davon ist schneller als das andere. Das erste Mal treffen sie sich 720 Yards von dem einen Flussufer entfernt; 10 Minuten nach dem Erreichen des Ufers fahren die Schiffe zurück und treffen sich 400 Yards vom anderen Flussufer entfernt. Wie breit ist der Fluss?*

$$f(a) = x_1^2 + x_2^2 = \left(\frac{a - 2 + \sqrt{a^2 + 4}}{2}\right)^2 + \left(\frac{a - 2 + \sqrt{a^2 + 4}}{2}\right)^2.$$

Jetzt nur noch $f'(a) = 0$ setzen, die entsprechende Gleichung lösen, und wir sind fertig: Es ergibt sich $a = 1$.

Solch einfache Ergebnisse sollten sich doch aber auch auf einem einfacheren Weg herleiten lassen. Nach dem Satz von Vieta ist

$$x_1 + x_2 = a - 2, \quad x_1 x_2 = -(a + 1),$$

also

$$x_1^2 + x_2^2 = (x_1 + x_2)^2 - 2x_1 x_2 = (a - 2)^2 + 2a + 2 = a^2 - 2a + 6 = (a - 1)^2 + 5.$$

Der Ausdruck $(a - 1)^2 + 5$ wird offensichtlich minimal, wenn $a = 1$ ist.

Aufgabe 1.13. *Für welchen Wert von m ist die Summe der Quadrate der Wurzeln von*

$$x^2 + (m - 2)x - (m + 3)$$

minimal?

Aufgabe 1.14. *Ist $x + y = 4$ und $xy = 2$, was ist dann $x^2 + y^2$?*

Aufgabe 1.15. *Die Gleichung $x^2 + px + q = 0$ habe die beiden Lösungen $x_1 = \alpha$ und $x_2 = \beta$. Welche quadratische Gleichung hat die Lösungen $x_1 = \alpha^2$ und $x_2 = \beta^2$?*

Zeige auch, dass die Diskriminante des gesuchten Polynoms durch diejenige des Ausgangspolynoms teilbar ist.

1.5 Maxima und Minima

Den Scheitel S einer Parabel $y = ax^2 + bx + c$ kann man einerseits dadurch berechnen, dass man die Gleichung in die Scheitelform $y = a(x - e)^2 + f$ bringt und dann den Scheitelpunkt $S(e|f)$ abliest: Dieser wird der Tiefpunkt der Parabel sein, wenn $a > 0$ ist (Parabel nach oben offen), und der Hochpunkt, wenn $a < 0$ ist. Andererseits kann man den Scheitelpunkt auch mittels der Differentialrechnung bestimmen, indem man die Ableitung $y' = 2ax + b$ gleich 0 setzt; in diesem Fall hängt die Entscheidung, ob es sich um einen Hoch- oder Tiefpunkt handelt, von der zweiten Ableitung ab – wegen $f''(x) = 2a$ fällt das Ergebnis aber mit dem obigen zusammen.

Eine dritte eher algebraische Lösung sieht so aus: Der Scheitel der obigen Parabel liegt in $S(e|f)$, wenn die Gleichung

$$ax^2 + bx + c = f$$

eine doppelte Lösung hat, und zwar in $x = e$.

Beispiel 1. Scheitel von Parabeln. Zur Bestimmung des Scheitels von $y = x^2 + 2x - 3$ setzen wir also

$$x^2 + 2x - 3 = f, \quad \text{d.h.} \quad x^2 + 2x - 3 - f = 0,$$

und diese Gleichung hat eine doppelte Lösung, wenn ihre Diskriminante 0 ist, wenn also

$$2^2 - 4(-3 - f) = 16 + 4f = 0$$

ist. Das ist für $f = -4$ der Fall, und in diesem Fall hat die Gleichung $x^2 + 2x - 3 = -4$ in der Tat die einzige Lösung $x = -1$. Also hat die Parabel den Scheitel $S(-1| -4)$.

Aufgabe 1.16. *Bestimme den Scheitel von S der allgemeinen Parabel* $y = ax^2 + bx + c$ *mit dieser Methode.*

Beispiel 2. Maximum mit Nebenbedingung. Ein weiteres häufiges Beispiel ist die Aufgabe, ein Produkt xy zu maximieren, wenn die Summe $x + y = a$ gegeben ist (z.B. wenn man eine rechteckige Fläche maximieren muss, die von einem Zaun gegebener Länge umgeben sein soll). Löst man $x + y = a$ nach y auf und setzt dies in die erste Gleichung ein, so erhält man $xy = x(a - x) = ax - ax^2$. Diese Funktion nimmt ihr Maximum im Scheitelpunkt an, den man wie eben bestimmen kann.

Eine elegante Methode (vgl. [90, S. 5]) benutzt die binomischen Formeln: Es ist ja

$$(x + y)^2 - (x - y)^2 = 4xy,$$

und diese Funktion von x und y wird maximal, wenn $(x - y)^2 = 0$ ist, wenn also $x = y$ ist. Dieses Argument liefert nicht nur die Lösung, sondern zeigt eindrücklich, warum das Maximum dort angenommen wird, wo $x = y$ ist.

Dieselbe Gleichung löst auch das verwandte Problem, in welchem xy gegeben ist, aber $x + y$ zu einem Minimum gemacht werden soll.

Aufgabe 1.19. *Bestimme das Maximum des Produkts* xy *unter der Nebenbedingung* $px + qy = a$.

Hat man mehrere Variablen, so ist das Produkt $x_1 x_2 \cdots x_n$ maximal unter der Nebenbedingung, dass die Summe $x_1 + x_2 + \ldots + x_n = a$ konstant ist, wenn alle x_i gleich groß sind, also für $x_1 = \ldots = x_n = \frac{a}{n}$.

Sind nämlich zwei der x_i, sagen wir x_1 und x_2, verschieden, dann betrachten wir folgendes Problem: Maximiere das Produkt $x_1 x_2 \cdot x_3 \cdots x_n$ unter der Nebenbedingung $x_1 + x_2 = a - x_3 - \ldots - x_n$. Wir wir aus dem Falle von zwei Variablen wissen, ist das Produkt maximal, wenn $x_1 = x_2$ ist. Dieser Widerspruch zeigt, dass es untern den x_i keine zwei verschiedenen geben kann, wenn das Produkt maximal sein soll.

Aufgabe 1.20. *Zeige, dass das Produkt* $x_1 x_2 \cdots x_n$ *unter der Nebenbedingung* $p_1 x_1 + p_2 x_2 + \ldots + p_n q_n = a$ *genau dann maximal wird, wenn* $p_1 x_1 = p_2 x_2 = \ldots = p_n x_n$ *ist.*

Arithmetisches, geometrisches und harmonisches Mittel

Auch die *Ungleichung von arithmetischem und geometrischem Mittel* folgt leicht aus dieser Beobachtung: Wenn eine quadratische Gleichung die Lösungen $x_1 = a$ und $x_2 = b$ hat, muss ihre Diskriminante $\Delta \geq 0$ sein. Die quadratische Gleichung mit diesen Lösungen ist nach Vieta $x^2 - (a+b)x + ab = 0$; ihre Diskriminante ist $\Delta = (a+b)^2 - 4ab$, und da $\Delta \geq 0$ sein muss, folgt $(a+b)^2 \geq 4ab$ oder, wenn wir annehmen, dass a und b positiv sind, $a + b \geq 2\sqrt{ab}$, was auf

$$\sqrt{ab} \leq \frac{a+b}{2}$$

führt: Die Ungleichung von arithmetischem und geometrischem Mittel.

Neben dem arithmetischen Mittel $A = \frac{a+b}{2}$ zweier positiver Zahlen a und b, sowie dem geometrischen Mittel $G = \sqrt{ab}$ kannten die Griechen eine ganze Reihe weiterer Mittelwerte, von denen das harmonische Mittel $H = \frac{2ab}{a+b} = \frac{2}{\frac{1}{a}+\frac{1}{b}}$ die wichtigste Rolle spielt.

Bereits Pappos kannte die geometrische Interpretation dieser Mittelwerte, an der sich die Ungleichungskette $H \leq G \leq A$ ablesen lässt; ist wie in der Skizze $a \leq b$, hat man sogar

$$a \leq \frac{2ab}{a+b} \leq \sqrt{ab} \leq \frac{a+b}{2} \leq b : \qquad (1.6)$$

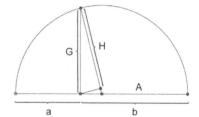

Zum Nachweis, dass G und H hier das geometrische bzw. das harmonische Mittel von a und b darstellen, benötigt man lediglich den Höhensatz und den Satz des Pythagoras (vgl. [75]).

Aufgabe 1.17. *Beweise die Ungleichungskette (1.6) durch Rechnung. Zeige, dass in den Ungleichungen genau dann Gleichheit herrscht, wenn $a = b$ ist.*

Die Ungleichungskette vom arithmetischen, geometrischen und harmonischen Mittel lässt sich auf beliebig viele Zahlen ausdehnen; den Lesern sei die Frage überlassen, wie man diese Kette im Falle $n = 3$ geometrisch interpretieren kann.

Das harmonische Mittel taucht an einigen Stellen in der Physik auf, so etwa als Mittelwert von Geschwindigkeiten:

Aufgabe 1.18. *Ein Bus fährt von A nach B mit der konstanten Geschwindigkeit v_1 und auf dem Rückweg mit v_2. Bestimme seine mittlere Geschwindigkeit.*

In seinem lesenswerten Plädoyer [7] für einen Neuaufbau der Schulmathematik geht Hans-Jürgen Bandelt detailliert auf Mittelwerte und ihre Querverbindungen zu Geometrie und Analysis ein.

Dieselbe Methode kann man auch bei Quotienten quadratischer Funktionen anwenden: Zur Bestimmung des Minimums von

$$f(x) = \frac{x^2 + 1}{x}$$

untersuchen wir, wann die Gleichung $f(x) = m$ eine doppelte Lösung hat. Diese Gleichung ist gleichbedeutend mit $x^2 + 1 = mx$, also $x^2 - mx + 1 = 0$. Diese Gleichung hat eine doppelte Lösung, wenn $\Delta = m^2 - 4 = 0$ ist, also für $m_1 = -2$ und $m_2 = +2$.

Der Fall $m_1 = -2$ führt auf $x^2 + 1 = -2x$, also $(x + 1)^2 = 0$ und damit auf $x_1 = -1$, entsprechend muss $x_2 = +1$ im Falle $m_2 = +2$ sein.

Die Entscheidung, welcher der beiden Funktionswerte ein Maximum bzw. ein Minimum ist, erfordert etwas mehr Technik. Eine Möglichkeit besteht darin, die Beobachtung auszunutzen, dass $f(x) = x + \frac{1}{x}$ sowohl für kleine positive Werte von x, als auch für große positive Werte von x sehr groß wird. Also sollte rechts von $x = 0$ ein Minimum vorliegen; ganz entsprechend findet man, dass bei $x = -2$ ein Maximum vorliegen muss.

Eleganter geht es durch den Nachweis, dass $x + \frac{1}{x} \geq 2$ für alle positiven Werte von x gilt. Dies liegt an der binomischen Formel: Es gilt ja

$$x + \frac{1}{x} - 2 = \left(\sqrt{x} - \frac{1}{\sqrt{x}} \right)^2 \geq 0,$$

denn Quadrate sind von Haus aus nicht negativ.

Man kann die Frage, ob ein Maximum oder Minimum vorliegt, aber auch mit etwas Algebra entscheiden.

Dazu zeigen wir, dass die Gleichung $f(x) = 2 - h$ für kleine *positive* Werte von h keine Lösung hat; dann muss nämlich $f(x) \geq 2$ sein. Nun ist $f(x) = 2 - h$ gleichbedeutend mit $x^2 - (2 - h)x + 1 = 0$, die Diskriminante dieser Gleichung also

$$\Delta = (2 - h)^2 - 4 = 4 - 4h + h^2 - 4$$
$$= -4h + h^2 = h(-4 + h).$$

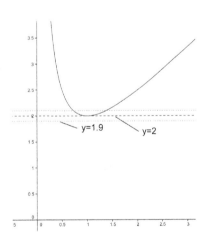

Für kleine positive Werte von h ist der erste Faktor h positiv, der zweite Faktor $-4 + h$ dagegen negativ, deren Produkt Δ also ebenfalls negativ. Die dazugehörige Gleichung $f(x) = 2 - h$ hat also für kleine positive Werte von h keine Lösung.

Aufgabe 1.21 (Dörrie [27]). *Bestimme Maximum und Minimum der Funktion*

$$f(x) = \frac{x^2 - 3x + 4}{x^2 + 3x + 4}.$$

1.6 Übungen

1.1 Ein babylonisches Problem: Die Summe der Flächen zweier Quadrate ist 1000. Die Seite des einen ist zwei Drittel des anderen vermindert um 10. Wie groß sind die Seiten der beiden Quadrate?

1.2 Ein weiteres babylonisches Problem: Ich habe die Fläche eines Quadrats und zwei Drittel seiner Seite addiert; das Ergebnis ist $\frac{35}{60}$. Wie groß ist die Seite des Quadrats?

1.3 Die quadratische Gleichung $\frac{(x-1)(x-2)}{2} + \frac{(x-2)(x-3)}{2} - (x-1)(x-3) = 1$ hat die drei Lösungen $x_1 = 1$, $x_2 = 2$ und $x_3 = 3$. Wie ist das möglich?

1.4 Mit Vieta lässt sich das Problem, eine quadratische Gleichung mit den Lösungen $x_1 = 2$ und $x_2 = 3$ hinzuschreiben, sofort lösen. Wie muss man vorgehen, wenn man eine solche Gleichung konstruiert, indem man die Lösungsformeln rückwärts durchläuft?

1.5 Zeige, dass man mit der Methode von Carlyle und Lill auch Gleichungen der Form $ax^2 - bx + c = 0$ lösen kann, wenn man den Punkt $A(0|a)$ verwendet.

1.6 Eine weitere graphische Methode zum Lösen quadratischer Gleichungen (Hornsby [59]) stammt von Karl Georg Christian von Staudt (1798–1867), einem heute fast vergessenen Mathematiker und Vertreter der projektiven Geometrie. Um die Gleichung $x^2 - px + q = 0$ zu lösen, schneide man die Gerade durch die beiden Punkte $\left(\frac{p}{q}|0\right)$ und $\left(\frac{4}{p}|2\right)$ mit dem Einheitskreis um $M(0|1)$ und nenne die Schnittpunkte R und S. Die x-Koordinaten der Schnittpunkte der Geraden durch $(0|2)$ und R bzw. S mit der x-Achse sind die Lösungen der quadratischen Gleichung.

Man zeige, dass die von Staudtsche Methode funktioniert.

1.7 Außer mit der bekannten Formel (1.3) könnte man die quadratische Gleichung (1.2) auch mit

$$x_{1,2} = \frac{2c}{-b \pm \sqrt{b^2 - 4ac}} \tag{1.7}$$

lösen. Zeige dazu:

$$\frac{-b + \sqrt{b^2 - 4ac}}{2a} = \frac{2c}{-b - \sqrt{b^2 - 4ac}}.$$

1.8 (NCIML 1961–62) Vereinfache den Ausdruck

$$(2^{2^0} + 1)(2^{2^1} + 1)(2^{2^2} + 1) \cdots (2^{2^n} + 1).$$

1.9 (NCIML 1961–62) Vereinfache den Ausdruck

$$\frac{2^{n+2} - 2^n + 3}{2^n + 1}.$$

1.10 (NCIML 1962–63) Es sei $ax + by = m$, $bx - ay = n$ und $a^2 + b^2 = 1$. Drücke $x^2 + y^2$ durch m und n aus.

1.11 (NCIML 1962–63) Es seien x und y reelle Zahlen mit $3 \cdot 2^x = 16y$ und $3^x = 27y$. Bestimme x und y.

1.12 (NCIML 1964–65) Für welche Werte von a und b ist $x^4 + 8x^3 + 8x^2 + ax + b$ ein Quadrat?

1.13 (NCIML 1964–65) Die beiden quadratischen Polynome $x^2 - (c - 3)x - 3c$ und $x^2 + 2cx + c^2 - 1$ haben einen gemeinsamen Faktor der Form $x + a$ für ein rationales a. Bestimme alle möglichen Werte von c.

1.14 (NCIML 1959–60) Löse das Gleichungssystem

$$\frac{x - 1}{x - 2} + \frac{y - 2}{y - 3} = 4, \quad \frac{y - 2}{y - 3} + \frac{z - 3}{z - 4} = 4, \quad \frac{1}{z - 4} + \frac{1}{x - 2} = 2.$$

1.15 (NCIML 1959–60) Seien a, b, c Zahlen mit $(a + c)(b + c)(a + b) \neq 0$ und mit $b^2 - a^2 = c^2 - b^2$. Bestimme den Wert von

$$\frac{2}{a + c} - \frac{1}{b + c} - \frac{1}{a + b} .$$

1.16 (NCIML 1963–64) Die beiden Wurzeln von $mx^2 + 5x - 6$ haben Abstand 1 voneinander. Bestimme m.

1.17 (Math. Teacher, May 1993) Sei $f(2x + 1) = 4x^2 + 2x - 6$; bestimme die Nullstellen von $f(x)$.

1.18 Sei $a + b = 3$ und $ab = 1$. Berechne $a^2 + b^2$. Hinweis: Binomische Formeln!

1.19 Sei $a - b = 2$ und $ab = 2$. Berechne $a^2 + b^2$.

1.20 Sei $x^2 + y^2 = 4$ und $x^4 + y^4 = 16$. Berechne x und y.

1.21 (Kreisolympiade DDR, 7.12.1966, Klassenstufe 10) Bestimme alle Werte von a, für welche die Gleichung

$$x^2 - \frac{15}{4}x + a$$

zwei Lösungen hat, deren eine das Quadrat der andern ist.

1.22 (Alpha Wettbewerb, Alpha **5** (1967), W(10) 164). Für welche reellen Werte von a haben die Gleichungen

$$x^2 + ax + 1 = 0 \quad \text{und} \quad x^2 + x + a = 0$$

mindestens eine gemeinsame Lösung?

1.23 Löse die folgenden Gleichungen mit dem Satz von Vieta, und mache die Probe durch Ausmultiplizieren:

$$x^2 - 8x + 15 = 0; \qquad x^2 - 10x + 24 = 0;$$
$$x^2 - 11x + 18 = 0; \qquad x^2 - 9x + 18 = 0;$$
$$x^2 + x - 6 = 0; \qquad x^2 - x - 6 = 0;$$
$$x^2 + 7x + 6 = 0; \qquad x^2 + 8x + 15 = 0.$$

1.24 Zeige, dass die Gleichung $x^2 + px + q = 0$, bei der p und q ganze Zahlen sind, genau dann zwei ganzzahlige Lösungen hat, wenn die Diskriminante $\Delta = p^2 - 4q$ eine Quadratzahl ist.

1.25 Löse folgende quadratischen Gleichungen (aus [83]):

$$(m - n)x^2 - nx = m;$$
$$(x - a)(x - b) = (a - b)^2;$$
$$(x - a)(x - b) = 2(a - b)^2.$$

1.26 (5. Spezialistenlager Junger Mathematiker, DDR 1966, Klassenstufe 10) Für welche Werte von p hat die Gleichung

$$x^2 - px + 36 = 0$$

Lösungen x_1, x_2, welche die Bedingung $x_1^2 + x_2^2 = 153$ erfüllen?

1.27 Bestimme das Maximum der Funktion $f(x) = \dfrac{x - 1}{x^2}$.

1.28 Bestimme das Minimum der Funktion $f(x) = \dfrac{x^2 - 3}{x + 2}$.

1.29 Bestimme die Extremwerte der Funktion $f(x) = \dfrac{x^2 - x}{x^2 + x + 1}$.

1.30 Löse die Gleichung
$$2m(1 + x^2) - (1 + m^2)(x + m) = 0.$$

Hinweis: Eine Lösung lässt sich ablesen, die andere bestimmt man mit Vieta. Natürlich kann man auch die Lösungsformel benutzen ...

1.31 Seien r und s die Wurzeln der Gleichung $x^2 + 3x - 5 = 0$. Bestimme $(r - 1)(s - 1)$.

1.32 Die Wurzeln von $x^2 - 5x + 3 = 0$ seien r und s. Bestimme den Wert von $r^3 s^3$.

1.33 (NCIML 1964–65) Die Wurzeln von $x^2 - 5x + 3 = 0$ seien r und s. Bestimme den Wert von $\frac{1}{r^3} + \frac{1}{s^3}$.

1.34 Seien x_1, x_2 die Wurzeln der Gleichung $x^2 + ax + bc = 0$, x_2, x_3 die Wurzeln der Gleichung $x^2 + bx + ac = 0$, und $ac \neq bc$. Zeige, dass x_1 und x_3 die Wurzeln der Gleichung $x^2 + cx + ab = 0$ sind.

Was passiert im Falle $a = b$, was für $c = 0$?

1.35 (Bundeswettbewerb Mathematik 1990, 1. Runde) Es sei $f(x) = x^2 + 2bx + c$ mit $b, c \in \mathbb{Z}$. Beweise: Ist $f(n) \geq 0$ für alle ganzen Zahlen n, dann gilt $f(x) \geq 0$ für alle rationalen Zahlen x.

1.36 (NCIML 1967–68) Löse das Gleichungssystem

$$x(x + y) + z(x - y) = 4, \quad y(y + z) + x(y - z) = -4, \quad z(z + x) + y(z - x) = 5.$$

1.37 (NCIML 1968–69) Löse die Gleichung $4^x + 4 = 17 \cdot 2^{x-1}$.

1.38 [57, § 1, 10] Das Produkt von vier aufeinanderfolgenden Zahlen einer arithmetischen Reihe, vermehrt um die vierte Potenz der Differenz der Reihe, ist ein vollständiges Quadrat.

Hinweis: Ist die Reihe gegeben durch a, $a + n$, $a + 2n$, $a + 3n$, so muss man

$$a(a + n)(a + 2n)(a + 3n) + n^4$$

als Quadrat schreiben.

1.39 Zeige, dass das Produkt P von vier aufeinanderfolgenden ganzen Zahlen um 1 kleiner ist als eine Quadratzahl.

Hinweis: Zusammenfassen der äußeren Terme ergibt $P = (n^2 + 3n)(n^2 + 3n + 2)$. Jetzt setze $m = n^2 + 3n + 1$ und benutze eine binomische Formel.

1.40 Zeige, dass man mit demselben Trick quadratische Gleichungen lösen kann (sh. Netto [97]): Schreibe $ax^2 + bx + c = 0$ in der form $x(x + \frac{b}{a}) = -fracca$ und setze $z = x + \frac{b}{2a}$.

1.41 Löse das Gleichungssystem $x + y = a, \quad x^2 - y^2 = b$.

1.42 Löse das Gleichungssystem $x + y = a, \quad x^2 + y^2 + cxy = b$.

1.43 Löse das Gleichungssystem $x + y = a, \quad x^3 + y^3 = b$.

1.44 Löse das Gleichungssystem $x^2 + y^2 = a, \quad x^4 + y^4 = b$.

1.45 Löse das Gleichungssystem $x + y = a, \quad x^5 + y^5 = b$.

1.46 (Aus dem Abitur von Felix Klein) Löse das Gleichungssystem

$$x - y = 2, \quad x^5 - y^5 = 2882.$$

1.47 (MO 2000, 3. Runde; sh. [91]) Man bestimme alle Tripel (x, y, z) ganzer Zahlen mit

$$x + y^2 + z^2 = yz \quad \text{und} \quad x^2 + y^3 + z^3 = 0.$$

1.48 (MO 1997, 3. Runde; sh. [91]) Man bestimme alle Paare (x, y) reller Zahlen mit

$$xy(x + y) = 30 \quad \text{und} \quad x^3 + y^3 = 35.$$

1.49 (MO 2001, 2. Runde) Löse das Gleichungssystem $x^3 = y^2 - 1, \quad x^2 = y + 1$.

1.50 (38. Mathematik-Olympiade 1998, 2. Runde, Klassenstufe 11–13) Löse das Gleichungssystem $x - 2 = (x + 2)(y - 2), \quad x^2 = 4(y^2 - 4y + x + 3)$.

1.51 Faktorisiere das Polynom $f(x) = 4x^3 + 6x^2 + 4x + 1$.

Hinweis: Es ist $(x + 1)^4 = x^4 + 4x^3 + 6x^2 + 4x + 1$.

1.52 High School Mathematics Contest Nov. 1982 ([21])

Löse das Gleichungssystem $x^2 + xy + y^2 = 7, \quad x - xy + y = -1$.

1.53 Welche Beziehung muss zwischen den Zahlen a und b bestehen, damit sich die Schaubilder von $f(x) = \frac{1}{x}$ und $g(x) = \frac{1}{x-a} + b$ berühren?

1.54 (33. Spanische Mathematikolympiade 2001, 2. Runde; sh. Crux Math. **29**, no. 4 (2003), 223).

Betrachte Parabeln $y = x^2 + px + q$, welche die Koordinatenachsen in drei verschiedenen Punkten schneiden. Durch diese drei Schnittpunkte wird ein Kreis gezogen. Zeige, dass diese Kreise, wenn p und q variieren, alle einen gemeinsamen Punkt haben, und bestimme diesen Punkt.

Hinweis: Carlyle und Lill.

1.55 Löse das Gleichungssystem

$$x^2 + xy + y^2 = 4, \quad x + xy + y = 2.$$

Hinweis: Binomische Formel, Substitution, Vieta

1.56 Löse die quadratische Gleichung $x^2 - 12x + 288 = 0$ geschickt.

Hinweis. Um das Rechnen mit großen Zahlen zu vermeiden, kann man die Substitution $x = 12z$ verwenden: Da 12 durch 12 und 288 durch 12^2 teilbar ist, kann man die Gleichung in z durch 12^2 teilen und erhält eine Gleichung mit viel kleineren Koeffizienten.

1.57 (Alexis Claude Clairaut [20, S. 42]) Zeige: die Konstruktion in Abb. 1.3 verwandelt ein Rechteck ABCD in ein flächengleiches Rechteck BFEG.

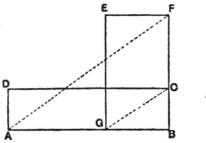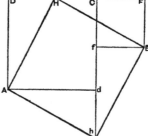

Abb. 1.3. Übungen 1.57 und KQG,58.

1.58 (Alexis Claude Clairaut [20, S. 47]) Zeige: Wählt man H in der rechten Zeichnung von Abb. 1.3 so, dass $\overline{DH} = \overline{CF}$ ist, dann ist der Flächeninhalt des Quadrats über AH gleich der Summe der Flächeninhalte der Quadrate AdCD und CfEF.

2. Polynomarithmetik

In Kap. 1 haben wir uns mit quadratischen Gleichungen befasst; in Kap. 3 wird es um Gleichungen gehen, die sich auf quadratische Gleichungen zurückführen lassen. Das dazu notwendige Handwerkszeug zum Umgang mit Polynomen, also Ausdrücken der Form

$$f(x) = a_n x^n + a_{n-1} x^{n-1} + \ldots + a_1 x + a_0, \tag{2.1}$$

deren Koeffizienten a_i wir uns rational ($a_i \in \mathbb{Q}$) oder reell ($a_i \in \mathbb{R}$) vorstellen, werden wir in diesem Kapitel bereitstellen. Wir erinnern daran, dass der größte auftauchende Exponent (in (2.1) ist das n, falls $a_n \neq 0$ ist) der *Grad* von f genannt wird. Der Grad eines Polynoms misst dessen „Größe" auf ähnliche Art, wie die Größe einer Zahl von ihrem Betrag gemessen wird.

2.1 Polynomdivision durch Polynome vom Grad 1

Dass man Polynome addieren, subtrahieren und multiplizieren kann, lernt man schon ziemlich früh. Anders sieht es mit der Division von Polynomen aus, die inzwischen aus baden-württembergischen Schulen verschwunden ist. Wie bei Zahlen ist diese Division von Polynomen nicht unbeschränkt ausführbar: So wie sich bei der Division 11 : 5 in natürlichen Zahlen ein Quotient q und ein Rest r ergibt, nämlich $11 = 5q + r$ mit $q = 2$ und $r = 1$, so bekommt man auch bei der Division zweier Polynome $f(x) : g(x)$ einen Quotienten $q(x)$ und einen Rest $r(x)$, und dann ist $f(x) = g(x)q(x) + r(x)$. Ebenso wie bei der Division von Zahlen verlangt man in der Regel, dass der Rest möglichst klein zu wählen ist; sonst könnte man ja einfach $q(x) = 0$ und $r(x) = f(x)$ setzen – dies liefert das richtige Ergebnis $f(x) = g(x) \cdot 0 + f(x)$, allerdings ist damit keinerlei Erkenntnisgewinn verbunden.

Ebenso wie es verschiedene Methoden gibt, die Division gewöhnlicher Zahlen auszuführen, kann man auch die Division von Polynomen auf verschiedene Arten durchführen. Beispielsweise können wir die Division 130 : 3 so vornehmen, dass wir 130 aufspalten:

$$130 = 120 + 9 + 1 = 3(40 + 3) + 1 = 3 \cdot 43 + 1.$$

Dabei haben wir zuerst die Division von 130 durch 3 durch Abspalten des durch 3 teilbaren Summanden 120 in ein einfacheres Problem verwandelt, nämlich die Division von 10 durch 3.

Hat man nun x^3 durch $x-2$ zu teilen, kann man genauso vorgehen: Wir spalten x^3 auf in einen durch $x - 2$ teilbaren Summanden und ein Polynom niedrigeren Grades:

$$x^3 = x^3 - 2x^2 + 2x^2 = x^2(x - 2) + 2x^2.$$

Damit haben wir das Problem, x^3 durch $x - 2$ zu teilen, auf das einfachere Problem reduziert, $2x^2$ durch $x - 2$ zu teilen (einfacher deswegen, weil der Grad des Dividenden sich um 1 erniedrigt hat). Jetzt haben wir den Bogen raus:

$$2x^2 = 2x^2 - 4x + 4x = 2x(x - 2) + 4x$$

zeigt, dass

$$x^3 = x^3 - 2x^2 + 2x^2 - 4x + 4x = x^2(x - 2) + 2x(x - 2) + 4x = (x^2 + 2x)(x - 2) + 4x$$

ist. Nun kommt der Trick ein letztes Mal dran: $4x = 4x - 8 + 8 = 4(x - 2) + 8$ ergibt

$$x^3 = (x^2 + 2x)(x - 2) + 4x = x^3 = (x^2 + 2x)(x - 2) + 4x - 8 + 8$$
$$= (x^2 + 2x)(x - 2) + 4(x - 2) + 8 = (x^2 + 2x + 4)(x - 2) + 8,$$

und wir haben unser Ergebnis gefunden: Der Quotient von x^3 bei der Teilung durch $x - 2$ ist $x^2 + 2x + 4$, und es bleibt der Rest 8 übrig.

Da sich der Grad des Restpolynoms bei jedem Schritt um (mindestens) 1 erniedrigt, kann man die Division durch $x - 2$ so lange fortsetzen, bis als Rest ein Polynom vom Grad 0, also eine Konstante auftaucht. Diesen Rest kann man genau angeben: Aus $f(x) = (x-a)h(x)+r$ folgt durch Einsetzen von $x = a$ die Gleichung $f(a) = r$. Ist insbesondere $f(a) = 0$, so kann man $f(x)$ ohne Rest durch $x - a$ teilen.

Satz 2.1. *Für jedes Polynom f und jede reelle Zahl a gibt es ein Polynom $h(x)$, sodass*

$$f(x) = (x - a)h(x) + f(a) \qquad (2.2)$$

gilt. Insbesondere ist $f(a) = 0$ genau dann, wenn man $f(x)$ ohne Rest durch $x - a$ teilen kann.

Hierbei sind die Koeffizienten und die Zahl a reell; sind a und die Koeffizienten von f rational, dann auch diejenigen von h.

Aufgabe 2.1. *Seien u und v Polynome mit*

$$u(x) = u(a) + (x - a)r(x) \quad und \quad v(x) = v(a) + (x - a)s(x).$$

Berechne daraus die entsprechenden Darstellungen für die Polynome $u+v$ und uv.

Den Quotienten h in (2.2) kann man explizit hinschreiben, weil es Formeln gibt, welche unsere obige Rechnung

$$x^3 - 8 = (x - 2)(x^2 + 2x + 4)$$

als ganz speziellen Fall enthalten, nämlich eine überaus nützliche Verallgemeinerung der dritten binomischen Formel:

Satz 2.2. *Es gilt*

$$x^2 - a^2 = (x - a)(x + a),$$
$$x^3 - a^3 = (x - a)(x^2 + ax + a^2),$$
$$x^4 - a^4 = (x - a)(x^3 + ax^2 + a^2x + a^3),$$
$$\dots$$
$$x^n - a^n = (x - a)(x^{n-1} + ax^{n-2} + a^2x^{n-3} + \dots + a^{n-2}x + a^{n-1}).$$

Alle diese Formeln sind Spezialfälle der letzten; es genügt also, diese zu beweisen, und das geht einfach durch Ausmultiplizieren:

$$(x - a)(x^{n-1} + ax^{n-2} + a^2x^{n-3} + \dots + a^{n-2}x + a^{n-1})$$
$$= \begin{array}{cccccc} x^n & +ax^{n-1} & + & a^2x^{n-2} & +\dots+ & a^{n-1}x \\ & -ax^{n-1} & - & a^2x^{n-2} & -\dots- & a^{n-1}x & -a^n \end{array}$$
$$= x^n - a^n.$$

Ist nun beispielsweise

$$f(x) = x^5 - 3x^4 + x + 1, \text{ so gilt } f(2) = 2^5 - 3 \cdot 2^4 + 2 + 1 = -13, \quad \text{also}$$

$$\begin{aligned} f(x) - f(2) &= x^5 - 3x^4 + x + 1 - (2^5 - 3 \cdot 2^4 + 2 + 1) \\ &= (x^5 - 2^5) - 3(x^4 - 2^4) + (x - 2) \\ &= (x - 2)(x^4 + 2x^3 + 4x^2 + 8x + 16) \\ &\quad - 3(x - 2)(x^3 + 2x^2 + 4x + 8) + (x - 2) \\ &= (x - 2)(x^4 + 2x^3 + 4x^2 + 8x + 16 - 3(x^3 + 2x^2 + 4x + 8) + 1) \\ &= (x - 2)h(x) \end{aligned}$$

für ein Polynom $h(x)$, dessen Koeffizienten wir aus der vorletzten Zeile errechnen könnten, wenn wir das wollten.

Da wir nun wissen, dass $f(x) = x^3$ bei Teilung durch $x - 2$ den Rest $f(2) = 8$ lässt, können wir den Quotienten auch anders bestimmen: Wir machen den Ansatz

$$x^3 = (x - 2)(ax^2 + bx + c) + 8$$

und sehen durch Vergleich der Koeffizienten von x^3 sofort, dass $a = 1$ sein muss. Weiter folgt, wenn wir $x = 0$ setzen, sofort $-2c + 8 = 0$, also $c = 4$:

$$x^3 = (x - 2)(x^2 + bx + 4) + 8.$$

Wie können wir b bestimmen?

1. Einsetzen eines geeigneten Wertes für x (mit „geeignet" ist gemeint, dass $x \neq 0$ und $x \neq 2$ sein muss, weil sonst b auf der rechten Seite wegfällt). Einsetzen von 1 liefert $1 = -1(1 + b + 4) + 8$, was auf $b = 2$ führt.

2. Man kann auch einfach ausmultiplizieren: Aus

$$x^3 = (x-2)(x^2 + bx + 4) + 8 = x^3 = (b-2)x^2 + (4-2b)x$$

folgt wieder $b = 2$.

3. Die „Schulbuchmethode" ist nicht unbedingt einfacher als die beiden obigen, aber zum tieferen Verständnis der Sachlage wohl unumgänglich. Die Polynomdivision imitiert die den älteren Lesern noch bekannte „schriftliche Division":

$$
\begin{array}{ll}
2512 & = 3 \cdot 837 + 1 \\
\underline{24} & \\
11 & \\
\underline{9} & \\
22 & \\
\underline{22} & \\
1 &
\end{array}
\qquad
\begin{array}{l}
x^3 \\
\underline{x^3 - 2x^2} \\
\quad 2x^2 \\
\quad \underline{2x^2 - 4x} \\
\qquad 4x \\
\qquad \underline{4x - 8} \\
\qquad\quad 8
\end{array}
\qquad = (x-2)(x^2 + 2x + 4) + 8
$$

Bei der Polynomdivision dividiert man den Term mit dem größten Exponenten des Dividenden durch den entsprechenden Term des Divisors (im Beispiel $x^3 : x$), schreibt das Ergebnis x^2 rechts hin, multipliziert den Divisor $x - 2$ mit diesem Term x^2, schreibt das Ergebnis links unter den Dividenden und subtrahiert (aufpassen: $0 - (-2x^2) = 2x^2!$). Dieses Verfahren wiederholt man so lange, bis der Rest einen kleineren Grad hat als der Divisor.

Algorithmen begegnen uns heute überall: Ohne Algorithmen gäbe es keine Wettervorhersage, keinen Stresstest für Bahnen und Banken, keinen Aktienhandel, keine funktionierende Stromversorgung und keine personenbezogene Werbung durch Internetgiganten – auch wenn wir auf manches davon verzichten könnten, wäre unsere Welt ohne Algorithmen doch eine ganz andere. In der heutigen Didaktik sind Algorithmen wie alles, was mit der Beherrschung elementarer Rechentechniken zu tun hat, allerdings verpönt, und so wurden die einfachsten Algorithmen zur Primfaktorzerlegung und zur Bestimmung des größten gemeinsamen Teilers ebenso dem Zeitgeist geopfert wie das Horner-Schema und das Newton-Verfahren.

Satz 2.3. *Ein Polynom vom Grad n hat höchstens n verschiedene Nullstellen oder ist gleich dem Nullpolynom.*

Zu zeigen ist: Hat $f(x) = a_n x^n + \ldots + a_1 x + a_0$ mehr als n verschiedene Nullstellen, dann ist $f = 0$. Seien also $x_1 < x_2 < \ldots < x_n < x_{n+1}$ lauter verschiedene Nullstellen von f. Polynomdivision durch $x - x_1$ liefert $f(x) = (x - x_1)f_1(x)$ für ein Polynom f_1 vom Grad $n - 1$. Wegen $f(x_2) = 0$ muss $(x_2 - x_1)f_1(x_2) = 0$ sein, und wegen $x_1 \neq x_2$ folgt daraus $f_1(x_2) = 0$. Polynomdivision durch $x - x_2$ liefert $f(x) = (x - x_1)(x - x_2)f_2(x)$ für ein Polynom f_1 vom Grad $n - 2$. Wir wiederholen dieses Verfahren so lange, bis wir $f(x) = (x - x_1)(x - x_2) \ldots (x - x_n)f_n(x)$ für ein Polynom f_n vom Grad 0 haben. Also ist $f_n(x) = a$ eine Konstante. Weil es aber noch eine Nullstelle x_{n+1} gibt, die von den anderen verschieden ist, folgt jetzt durch Einsetzen von x_{n+1}, dass $a = 0$ ist, und damit muss dann $f = 0$ sein.

Zählt man Nullstellen mit Vielfachheit, nennt also x_1 eine doppelte Nullstelle, wenn $f(x) = (x - x_1)^2 f_2(x)$ gilt, dann kann man sagen, dass Polynome vom Grad n maximal n Nullstellen besitzen (die jetzt nicht mehr paarweise verschieden sein müssen).

Ein ganz großer Satz der Algebra besagt, dass Polynome vom Grad n immer n Nullstellen (mit Vielfachheit gezählt) besitzen müssen, wenn man komplexe Zahlen zulässt. In den reellen Zahlen haben Polynome wie $f(x) = x^2 + 1$ Grad 2, aber keine Nullstellen.

2.2 Der Satz von Vieta

Im Falle quadratischer Polynome haben wir den Satz von Vieta so formuliert: Sind x_1 und x_2 die Nullstellen des Polynoms $x^2 + px + q$, dann folgen aus der Zerlegung $x^2 + px + q = (x - x_1)(x - x_2)$ die Beziehungen $x_1 + x_2 = -p$ und $x_1 x_2 = q$.

Ganz entsprechend gilt für kubische Polynome:

Satz 2.4 (Satz von Vieta). *Hat die kubische Gleichung*

$$x^3 + px^2 + qx + r = 0 \tag{2.3}$$

die drei Wurzeln x_1, x_2 und x_3, dann gilt

$$x^3 + px^2 + qx + r = (x - x_1)(x - x_2)(x - x_3),$$

und wir haben die Beziehungen

$$x_1 + x_2 + x_3 = -p, \quad x_1 x_2 + x_2 x_3 + x_3 x_1 = q, \quad x_1 x_2 x_3 = -r. \tag{2.4}$$

Der Beweis ist ganz einfach: Ist x_1 Lösung der kubischen Gleichung

$$x^3 + px^2 + qx + r = 0, \quad \text{also} \quad x_1^3 + px_1^2 + qx_1 + r = 0,$$

so findet man ganz wie im Falle quadratischer Gleichungen

$$
\begin{aligned}
x^3 + px^2 + qx + r &= x^3 + px^2 + qx + r - x_1^3 - px_1^2 - qx_1 - r \\
&= x^3 - x_1^3 + p(x^2 - x_1^2) + q(x - x_1) \\
&= (x - x_1)[(x^2 + x_1 x + x_1^2) + p(x + x_1) + q].
\end{aligned}
$$

Also kann man auch hier den Faktor $x - x_1$ abspalten.

Der quadratische Faktor braucht keine Nullstelle zu haben: Es gibt kubische Polynome wie $f(x) = x^3 - 1$, die nur eine reelle Nullstelle besitzen.

Ist aber x_2 eine Nullstelle des quadratischen Faktors, dann muss man auch den Faktor $x - x_2$ abspalten können. Wir wollen dies, auch wenn es sehr technisch aussieht und eigentlich überflüssig ist, weil wir den Satz von Vieta für quadratische Polynome bereits kennen, dennoch durchrechnen. Dass x_2 Nullstelle des quadratischen Faktors

$$q(x) = x^2 + x_1 x + x_1^2 + p(x + x_1) + q$$

ist, bedeutet

$$q(x_2) = x_2^2 + x_1 x_2 + x_1^2 + p(x_2 + x_1) + q = 0.$$

Subtrahiert man beide Gleichungen voneinander, ergibt sich

$$q(x) = q(x) - q(x_2) = x^2 - x_2^2 + x_1(x - x_2) + p(x - x_2) = (x - x_2)(x + x_2 + x_1 + p).$$

Bezeichnet x_3 die zweite Nullstelle des quadratischen Polynoms q, so muss offenbar $x_1 + x_2 + x_3 + p = 0$ sein, was bereits eine der drei Beziehungen des Satzes von Vieta für kubische Polynome darstellt.

Ist also $f(x) = x^3 + px^2 + qx + r$ ein kubisches Polynom mit drei reellen Wurzeln x_1, x_2 und x_3, dann gilt

$$x^3 + px^2 + qx + r = (x - x_1)(x - x_2)(x - x_3),$$

und durch Ausmultiplizieren und Koeffizientenvergleich ergeben sich die Vietaschen Formeln (2.4).

Aufgabe 2.2. *Bestimme die Schnittpunkte der Geraden durch $P(1|1)$ und $Q(2|8)$ mit dem Graphen von $f(x) = x^3$.*

Die Gleichung der Geraden durch P und Q ist $y = 7x - 6$. Gleichsetzen liefert $x^3 = 7x - 6$, also $x^3 - 7x + 6 = 0$. Da P und Q auf dem Schaubild von f liegen, kennen wir zwei Lösungen dieser Gleichung, nämlich $x_1 = 1$ und $x_2 = 2$. Also ist

$$x^3 - 7x + 6 = (x - 1)(x - 2)(x - x_3)$$

für ein x_3; vergleicht man das konstante Glied auf beiden Seiten, so erhält man $6 = (-1) \cdot (-2) \cdot (-x_3)$, also $x_3 = -3$. Der dritte Schnittpunkt ist also $R(-3|-27)$.

Aufgabe 2.3. *Die Tangente an das Schaubild von $f(x) = x^3$ in $x = 1$ schneidet das Schaubild von f in einem zweiten Punkt Q. Bestimme dessen Koordinaten.*

Hier muss man nach dem Gleichsetzen beachten, dass Tangenten das Schaubild berühren; die resultierende Gleichung hat also $x_1 = 1$ als *doppelte* Nullstelle, und wie oben kann man Q aus der Gleichung $x^3 - 3x + 2 = (x - 1)^2(x - x_3)$ ablesen.

Extrema kubischer Parabeln

Eine ganze Reihe von Aufgaben über Polynome, bei denen die meisten Schüler ohne nachzudenken die Differentialrechnung benutzen würden, kann man problemlos ohne den Begriff der Ableitung lösen.

Die Funktion $f(x) = x^3 - ax$ hat ein lokales Maximum oder Minimum an der Stelle, an der die Gerade $y = c$ das Schaubild von f berührt. Um diesen Extrempunkt zu finden, gehen wir also davon aus, dass die Gleichung

$$x^3 - ax = c$$

eine doppelte Lösung $x = r$ besitzt. Ist s die dritte Lösung dieser Gleichung, dann ist also

$$x^3 - ax - c = (x - r)^2(x - s).$$

Der Satz von Vieta liefert die drei Gleichungen

$$2r + s = 0, \quad r^2 + 2rs = -a, \quad \text{und} \quad r^2s = c.$$

Elimination von s aus den beiden ersten Gleichungen ergibt $r = \pm\sqrt{\frac{a}{3}}$, jedenfalls wenn $a \geq 0$ ist. Im Falle $a < 0$ gibt es keine Punkte mit waagrechter Tangente.

Weil $f(x) \to \infty$ für $x \to \infty$ ist, muss bei $x = \sqrt{\frac{a}{3}}$ ein Minimum und bei $x = -\sqrt{\frac{a}{3}}$ ein Maximum vorliegen.

Erraten von Lösungen

Mit dem Satz von Vieta kann man ganzzahlige Lösungen von kubischen Gleichungen erraten, wenn es welche gibt: Eine ganzzahlige Wurzel einer kubischen Gleichung wie in (2.3) ist wegen $x_1x_2x_3 = -r$ immer ein Teiler von r, jedenfalls wenn es drei ganzzahlige Lösungen gibt. Aber auch im Falle einer einzigen solchen Lösung haben wir durch Abspalten des Faktors $x - x_1$ gesehen, dass dann $-r = x_1^3 + x_1^2p + x_1q$ ein Vielfaches von x_1 ist. Wenn es also eine ganzzahlige Lösung x_1 gibt, dann findet man diese unter den Teilern von r. Hat man z.B.

$$x^3 + 4x^2 + x - 6 = 0$$

zu lösen, und hat diese Gleichung eine ganzzahlige Lösung, dann kommen nur $x = \pm 1$, ± 2, ± 3, ± 6 infrage. Durchprobieren liefert $x_1 = 1$, $x_2 = -2$ und $x_3 = -3$, also

$$x^3 + 4x^2 + x - 6 = (x - 1)(x + 2)(x + 3).$$

Das Erraten von ganzzahligen Lösungen bedeutet nicht, wie der Name vielleicht vermuten lässt, ein vollkommenes Tappen im Dunkeln. Vielmehr kann man ganzzahlige Nullstellen von Polynomen durch „systematisches Probieren" finden.

Satz 2.5. *Hat das Polynom*

$$f(x) = x^n + a_{n-1}x^{n-1} + \ldots + a_1x + a_0$$

ganzzahlige Koeffizienten und eine ganzzahlige Nullstelle a, dann ist a ein Teiler des konstanten Glieds a_0.

Dies folgt ganz einfach durch Einsetzen von a: Aus

$$0 = f(a) = a^n + a_{n-1}a^{n-1} + \ldots + a_1a + a_0$$

folgt sofort

$$-a_0 = a(a^{n-1} + a_{n-1}a^{n-2} + \ldots + a_1),$$

und dies zeigt, dass a ein Teiler von $-a_0$ und damit auch von a_0 ist.

Doppeltangenten

Wie kann man die Gerade finden, die gleichzeitig Tangente an das Schaubild der Funktion $f(x) = x^4 - 3x^2 + x$ in zwei verschiedenen Punkten ist?

Mit Differentialrechnung löst man das Problem so: Sind $x = a$ und $x = b$ die beiden Stellen, so muss $f'(a) = f'(b)$ sein, also $4a^3 - 6a + 1 = 4b^3 - 6b + 1$, was auf $4(a^3 - b^3) = 6(a - b)$ führt. Division durch $a - b \neq 0$ ergibt $a^2 + ab + b^2 = \frac{3}{2}$. Weiter muss $f'(a) = f'(b)$ auch gleich der Steigung der Geraden durch $(a|f(a))$ und $(b|f(b))$ sein, also gleich $\frac{f(b)-f(a)}{b-a}$. Dies ergibt

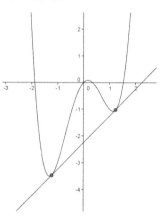

$$a^3 + a^2 b + ab^2 + b^3 - 3a - 3b + 1 = 4a^3 - 6a + 1.$$

Hier scheint man nur weiterzukommen, wenn man sieht, dass beide Seiten gleich werden, wenn $a = b$ ist. Dies legt nahe, den Faktor $a - b$ durch eine Polynomdivision auszuklammern.

Bringt man alles auf eine Seite, wird aus der Gleichung $(a-b)(3a^2 + 2ab + b^2 - 3) = 0$. Wegen $a \neq b$ muss der zweite Faktor $= 0$ sein. Subtrahiert man von diesem die erste Gleichung $2a^2 + 2ab + 2b^2 = 3$, folgt $a^2 = b^2$ und wegen $a \neq b$ daraus $a = -b$, und dann mit $a^2 + ab + b^2 = \frac{3}{2}$ die Lösung $a = \sqrt{\frac{3}{2}}$.

Algebraisch ist der Ansatz der folgende: Schneiden der Funktion mit der Geraden $y = mx + c$ muss zwei doppelte Nullstellen $x = a$ und $x = b$ liefern, d.h. es muss

$$x^4 - 3x^2 + (1 - m)x - c = (x - a)^2 (x - b)^2$$

gelten. Dies liefert nacheinander

$$a + b = 0, \quad a^2 + 4ab + b^2 = -3, \quad 2ab(a + b) = 1 - m, \quad a^2 b^2 = -c.$$

Die erste und die dritte Gleichung geben sofort $m = 1$, die letzte $c = -a^4$. Aus der zweiten erhält man dann $a = \sqrt{\frac{3}{2}}$ wie oben, sowie die Tangentengleichung $y = x - \frac{9}{4}$.

Aufgabe 2.4. *Zeige, dass auch die Gerade durch die beiden Wendepunkte von f die Steigung $m = 1$ besitzt. Lässt sich diese Beobachtung verallgemeinern? Welche Bedingung muss erfüllt sein, damit $f(x) = x^4 + px^3 + qx^2 + rx + s$ überhaupt zwei Wendepunkte besitzt?*

Der Satz von Vieta für Polynome beliebigen Grades

Selbstverständlich gilt der Satz von Vieta nicht nur für quadratische und kubische Polynome, sondern für solche von beliebigem Grad. Sind nämlich x_1, x_2, ..., x_n die Nullstellen des Polynoms $x^n + a_{n-1}x^{n-1} + \ldots + a_1 x + a_0$, dann folgt aus

$$x^n + a_{n-1}x^{n-1} + \ldots + a_1 x + a_0 = (x - x_1)(x - x_2) \cdots (x - x_n)$$

durch Ausmultiplizieren

$$a_{n-1} = -(x_1 + x_2 + \ldots + x_n),$$
$$a_{n-2} = x_1 x_2 + x_1 x_3 + \ldots + x_1 x_{n-1} + x_2 x_3 + \ldots + x_{n-2} x_{n-3},$$

$$\ldots \ldots$$

$$a_1 = (-1)^{n-1}(x_1 x_2 \cdots x_{n-1} + x_1 x_2 \cdots x_{n-2} x_n + \ldots + x_2 x_3 \cdots x_n),$$
$$a_0 = (-1)^n x_1 x_2 \cdots x_n.$$

In der Praxis spielen die Formeln für a_{n-1} und a_0 die größten Rollen.

2.3 Polynomdivision mit dem Horner-Schema

Eine weitere Möglichkeit, eine Polynomdivision durchzuführen, besteht in der Anwendung des Horner-Schemas, das wir schon in [75, S. 56] angesprochen haben. Benannt ist das Horner-Schema nach William George Horner, der das Verfahren 1819 in [58] veröffentlichte. Bereits 15 Jahre vorher war es von Paolo Ruffini publiziert worden, und in der Tat gibt es Beschreibungen ähnlicher Verfahren bereits bei chinesischen und arabischen Mathematikern aus dem 14. Jahrhundert.

Sinn und Zweck dieses Horner-Schemas war die Berechnung von Funktionswerten $f(a)$ von Polynomen

$$f(x) = a_n x^n + a_{n-1}x^{n-1} + \ldots + a_1 x + a_0$$

mit möglichst wenig Aufwand.

Ist beispielsweise $f(x) = 2x^3 - 7x^2 + 7x - 2$, so schreiben wir

$$f(x) = x(2x^2 - 7x + 7) - 2 = x(x(2x - 7) + 7) - 2$$

und kommen nun bei der Berechnung von $f(2)$ mit drei Multiplikationen und drei Additionen aus. Um diese Rechnung auch von Hand ganz einfach ausführen zu können, bedient man sich des folgenden Schemas:

$$
\begin{array}{r|rrrr}
 & 2 & -7 & 7 & -2 \\
 & & 0 & & \\
\hline
2 & & & &
\end{array}
$$

Die erste Zeile enthält die Koeffizienten von f (einschließlich aller Nullen, wenn es welche gibt), die zweite Zeile beginnt mit einer 0, und in der dritten Zeile steht ganz links die Zahl $x_0 = 2$, an der man das Polynom auswerten möchte.

Jetzt addiert man die Zahlen in der ersten Spalte und erhält $2 + 0 = 2$; diese 2 wird mit $x_0 = 2$ multipliziert und in die zweite Spalte der zweiten Zeile geschrieben:

$$
\begin{array}{rrrr}
2 & -7 & 7 & -2 \\
0 & 4 & & \\
\hline
2 & 2 & &
\end{array}
$$

Jetzt rechnet man $-7 + 4 = -3$ und $2 \cdot (-3) = -6$:

$$
\begin{array}{rrrr}
2 & -7 & 7 & -2 \\
0 & 4 & -6 & \\
\hline
2 & 2 & -3 &
\end{array}
$$

Auf diese Art und Weise wird das Schema dann vervollständigt:

$$
\begin{array}{rrrr}
2 & -7 & 7 & -2 \\
0 & 4 & -6 & 2 \\
\hline
2 & 2 & -3 & 1 & 0
\end{array}
$$

Der letzte Wert in der dritten Zeile ist der Funktionswert $f(2) = 0$.

Um dies einzusehen, betrachten wir ein beliebiges kubisches Polynom

$$f(x) = ax^3 + bx^2 + cx + d$$

(alles funktioniert genauso für Polynome höheren Grades); hier ist

$$f(x) = x(x(ax + b) + c) + d,$$

und das Horner-Schema zur Berechnung von $f(x_0)$ ist

$$
\begin{array}{ccccc}
a & b & c & & d \\
0 & ax_0 & ax_0^2 + bx_0 & & ax_0^3 + bx_0^2 + cx_0 \\
\hline
x_0 \quad a & ax_0 + b & (ax_0 + b)x_0 + c & & ((ax_0 + b)x_0 + c)x_0 + d
\end{array}
$$

Also resultiert in der Tat der Funktionswert $f(x_0) = ax_0^3 + bx_0^2 + cx_0 + d$.

Das Horner-Schema hält aber noch eine weitere Überraschung bereit: Wegen $f(2) = 0$ muss f durch $x - 2$ teilbar sein, und Polynomdivision liefert

$$f(x) = (x - 2)(2x^2 - 3x + 1).$$

Die Koeffizienten des Quotienten $f(x) : (x - 2)$ stehen aber im Horner-Schema in der letzten Zeile!

Das kann kein Zufall sein, und es ist auch keiner. Eine schnelle Analyse zeigt, dass man die Polynomdivision tatsächlich mit dem Horner-Schema durchführen kann. Im Falle unseres kubischen Polynoms $f(x) = ax^3 + bx^2 + cx + d$ von oben müssen wir also zeigen, dass

$$f(x) - f(x_0) = (x - x_0)(ax^2 + (ax_0 + b)x + ax_0^2 + bx_0 + c)$$

gilt. Ausmultiplizieren liefert

$$(x - x_0)(ax^2 + (ax_0 + b)x + ax_0^2 + bx_0 + c)$$
$$= ax^3 + (ax_0 + b)x^2 + (ax_0^2 + bx_0 + c)x$$
$$- ax^2 x_0 - (ax_0 + b)xx_0 - (ax_0^2 + bx_0 + c)x_0$$
$$= ax^3 + bx^2 + cx + d - (ax_0^3 + bx_0^2 + cx_0 + d) = f(x) - f(x_0)$$

wie gewünscht.

Quadratische Ergänzung

Eine Gleichung
$$x^4 + ax^3 + bx^2 + cx + d = 0$$

kann mit etwas Glück faktorisiert werden, indem man das Polynom mit

$$\left(x^2 + \frac{a}{2}x\right)^2 = x^4 + ax^3 + \frac{a^2}{4}x^2$$

vergleicht. Ist z.B.
$$x^4 - 6x^3 + 5x^2 + 12x - 60 = 0$$

zu lösen, schreibt man $5x^2 = 9x^2 - 4x^2$ und kann vorne quadratisch ergänzen:

$$x^4 - 6x^3 + 5x^2 + 12x - 60 = x^4 - 6x^3 + 9x^2 - 4x^2 + 12x - 60$$
$$= (x^2 - 3x)^2 - 4(x^2 - 3x) - 60.$$

Die Substitution $z = x^2 - 3x$ verwandelt dies in eine quadratische Gleichung, die man mit Vieta zerlegen kann: $z^2 - 4z - 60 = (z - 10)(z + 6) = 0$. Also ist $z_1 = 10$, $z_2 = -6$, was auf die quadratischen Gleichungen

$$x^2 - 3x - 10 = 0 \quad \text{und} \quad x^2 - 3x + 6 = 0$$

führt. Im ersten Fall liefert Vieta wegen $(x - 5)(x + 2) = 0$ die Lösungen $x_1 = 5$ und $x_2 = -2$, im anderen Fall erhält man keine reellen Lösungen (sondern die beiden komplexen Lösungen $x_{3,4} = \frac{3 \pm \sqrt{15}\,i}{2}$).

Anwendung: Schiefe Asymptoten

Polynomdivision kann dazu verwendet werden, schiefe Asymptoten von gebrochen-rationalen Funktionen zu bestimmen. Das mag banal erscheinen, ist aber eine Anwendung des Grundgedankens der Analysis überhaupt, nämlich der Linearisierung, oder etwas allgemeiner der Approximation komplizierter Funktionen durch möglichst einfache (wie Geraden oder Polynome) unter Kontrolle des dabei gemachten Fehlers.

Die Gerade $y = mx + b$ nennt man dabei eine Asymptote der Funktion $f(x)$, wenn die Differenz $f(x) - mx - b$ für große x gegen 0 geht; mathematisch exakt geschrieben liest sich das so:

$$\lim_{x \to \pm\infty} (f(x) - mx - b) = 0.$$

Ist dies nur für $x \to \infty$ der Fall, spricht man von einer rechtsseitigen Asymptote.

Ist z.B.

$$f(x) = \frac{x^2 - x}{x + 1},$$

so erhalten wir nach Polynomdivision von Zähler durch Nenner

$$f(x) = \frac{x^2 - x}{x + 1} = x - 2 + \frac{2}{x + 1}.$$

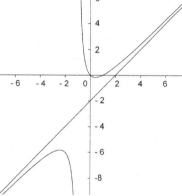

Die Funktion $g(x) = \frac{2}{x+1}$ geht für große x gegen 0; also ist $y = x - 2$ die Asymptote von $f(x)$. In der Tat ist hier

$$f(x) - (x - 2) = \frac{x^2 - x}{x + 1} - x + 2 = \frac{2}{x + 1}$$

und

$$\lim_{x \to \pm\infty} (f(x) - x + 2) = \lim_{x \to \pm\infty} \frac{2}{x + 1} = 0.$$

Die Sache mit den Grenzwerten erfordert natürlich eine ausführliche Diskussion, die wir an einer anderen Stelle führen müssen.

Aufgabe 2.5. *Zeige, dass $y = x + 3$ die Asymptote[1] von*

$$f(x) = \frac{x^3 + x + 1}{x^2 - 1} \tag{2.5}$$

ist.

Schiefe Asymptoten ergeben sich nur dann, wenn der Quotient eine lineare Funktion $y = mx + b$ ist. Dies ist genau dann der Fall, wenn der Grad des Zählers von $f(x) = \frac{p(x)}{q(x)}$ um 1 größer ist als der Grad des Nenners. Ist er um 2 größer, dann repräsentiert der Quotient eine Parabel (die asymptotische Näherungsparabel).

Natürlich funktioniert Polynomdivision auch bei waagrechten Asymptoten; umgekehrt kann man aus

$$\frac{x^2 - x}{x + 1} = \frac{x - 1}{1 + \frac{1}{x}}$$

---

[1] Ich bin mir nicht ganz sicher, vermute aber, dass es in korrektem Schulmathematik-deutsch in etwa so heißen müsste: *Zeige, dass $y = x + 3$ ($x \in \mathbb{R}$) die Gleichung der Asymptote des Schaubilds der Funktion f ist, welche durch (2.5) gegeben ist.*

und der Tatsache, dass der Zähler gegen 1 geht, nicht schließen, dass $y = x - 1$ die Asymptote von $f(x) = \frac{x^2 + x}{x + 1}$ ist.

Bei gebrochen-rationalen Funktionen kann es nicht vorkommen, dass die links- und rechtsseitige Asymptoten verschieden sind:

Satz 2.6. *Ist die Gerade $g : y = mx + b$ rechtsseitige Asymptote von $f(x) = \frac{p(x)}{q(x)}$, wobei p und q Polynome sind, dann ist g auch linksseitige Asymptote von f und umgekehrt.*

Nun ist g nach Definition genau dann rechtsseitige Asymptote von $f(x) = \frac{p(x)}{q(x)}$, wenn

$$\lim_{x \to +\infty} \left(\frac{p(x)}{q(x)} - mx - b \right) = 0$$

ist. Dies bedeutet, dass in

$$\frac{p(x)}{q(x)} - mx - b = \frac{p(x) - mxq(x) - bq(x)}{q(x)}$$

der Zähler einen kleineren Grad hat als der Nenner. Wenn dies aber der Fall ist, wird auch

$$\lim_{x \to -\infty} \left(\frac{p(x)}{q(x)} - mx - b \right) = 0$$

sein.

2.4 Übungen

2.1 Bestimme den Funktionswert $f(\sqrt{2})$ für $f(x) = x^5 - 7x^3 + 4x$ mit dem Horner-Schema.

2.2 ([9, S. 45]) Sei

$$f(x) = \frac{x^2 + 2x + 2}{x + 1}.$$

1. Bestimme die Asymptoten des Schaubilds von f.

2. Zeige, dass die quadratische Gleichung $x^2 + 2x + 2 = k(x+1)$ genau dann reelle Lösungen hat, wenn $k \leq -2$ oder $k \geq 2$ ist. Bestimme damit den Wertebereich von f.

3. Bestimme das (lokale) Maximum und das Minimum von f mit und ohne Differentialrechnung.

4. Bestimme die Vorzeichen von $g(x) = f(x) - 2$ und $h(x) = f(x) + 2$ durch geschickte Darstellung der Funktionsterme.

5. Skizziere das Schaubild von f.

2.3 ([77, S. 24]) Zeige, dass der Ausdruck

$$x^m(a^n - b^n) + a^m(b^n - x^n) + b^m(x^n - a^n)$$

durch $x^2 - (a + b)x + ab$ teilbar ist, wo a und b verschiedene reelle Zahlen sind.

Hinweis: Der Divisor lässt sich zerlegen; ein Polynom $f(x)$ ist genau dann durch $x - a$ teilbar, wenn $f(a) = 0$ ist.

2.4 ([77, S. 24]) Bei der Division eines Polynoms $f(x)$ durch $(x^2 - a^2)$ mit $a \neq 0$ erhält man $f(x) = (x^2 - a^2) + rx + s$. Zeige, dass gilt:

$$r = \frac{f(a) - f(-a)}{2a} \quad \text{und} \quad s = \frac{f(a) + f(-a)}{2}.$$

2.5 Seien a, b, c, d die Lösungen der Gleichung $x^4 - 8x^3 - 21x^2 + 148x - 160 = 0$. Bestimme

$$\frac{1}{abc} + \frac{1}{abd} + \frac{1}{acd} + \frac{1}{bcd}.$$

2.6 Bestimme die folgenden Quotienten:

$$(x^4 + 2x^3 - 5x - 10) : (x + 2) \qquad (x^4 - 2x^2 - 3) : (x^2 + 1)$$
$$(x^5 + x^3 - x^2 - 1) : (x^3 - 1) \qquad (a^3 - b^3) : (a - b)$$
$$(a^3 - a^2b - 2ab^2) : (a + b) \qquad (a^4 - b^4) : (a - b)$$
$$(2x^3 + 3x^2 - 8x + 3) : (2x - 1) \qquad (x^4 - 5x^2 + 4) : (x^2 - x - 2).$$

2.7 ([50, S. 113]) Löse folgende Gleichungen durch Erraten von Wurzeln und anschließender Polynomdivision:

$$x^5 - x^3 + x^2 - 1 = 0, \quad x^5 - 5x^4 + 11x^3 - 19x^2 + 24x - 12 = 0,$$
$$x^5 + 3x^4 - 5x^3 - 15x^2 + 4x + 12 = 0, \quad x^5 - 9x^4 + 28x^3 - 44x^2 + 27x - 35 = 0.$$

Hinweis: Bei der letzten Gleichung erhält man nach Polynomdivision die Gleichung $x^4 - 4x^3 + 8x^2 - 4x + 7 = 0$. Wenn man die komplexe Lösung nicht sieht, kann man sich die beiden Bestandteile $x^4 + 8x^2 + 7$ und $-4x^3 - 4x$ ansehen, bis das Lichtchen aufleuchtet.

2.8 Prüfe, ob man ganz oder teilweise kürzen kann:

$$\frac{x^3 - 2x^2 - 5x + 6}{(x + 2)(x + 3)}; \qquad \frac{u^3 - 4u^2 - 31u + 70}{(u^2 + 3u - 10)(u - 3)}.$$

2.9 Bestimme die Asymptoten der folgenden gebrochen-rationalen Funktionen, und kontrolliere das Ergebnis mit geogebra.

$$f(x) = \frac{x^2 + 1}{x + 1}; \quad f(x) = \frac{x^3 + x^2 + 1}{x^2 - 1}; \quad f(x) = \frac{2x^2 + 1}{x^2 - 1}; \quad f(x) = \frac{3x^2 - x - 1}{x - 2}.$$

2.10 Bestimme die Näherungsparabeln der folgenden gebrochen-rationalen Funktionen, und kontrolliere das Ergebnis mit geogebra.

$$f(x) = \frac{x^3 - x^2 + 1}{x - 2}, \qquad g(x) = \frac{x^4 + x^2 + 1}{x^2 - 1}, \qquad h(x) = \frac{x^4 - 3x^2 + 3x - 1}{x^2 + 1}.$$

2.11 (1981 Alberta High School Prize Examination in Mathematics)

Zeige, dass die beiden Polynome

$$f(x) = x^4 - x^3 + x^2 + 2x - 6 \quad \text{und} \quad g(x) = x^4 + x^3 + 3x^2 + 4x + 6$$

einen quadratischen Faktor gemeinsam haben.

Hinweis: Jeder gemeinsame Faktor zweier Polynome teilt auch deren Summe und Differenz.

2.12 (NCIML 1960–61) Sei $\left(a + \frac{1}{a}\right)^2 = 3$. Bestimme den Wert von $a^3 + \frac{1}{a^3}$.

2.13 (Chinesische Mathematik-Olympiade 2002) Die reellen Zahlen x, y genügen der Gleichung
$$(x + 5)^2 + (y - 12)^2 = 14^2.$$
Bestimme das Minimum von $x^2 + y^2$.

Hinweis: Interpretiere die Gleichungen geometrisch.

2.14 (Polnische Mathematik-Olympiade) Faktorisiere das Polynom $x^8 + x^4 + 1$ in Faktoren vom Grad höchstens 2.

2.15 Löse das Gleichungssystem
$$(x^2 + 1)(y^2 + 1) = 10, \quad (x + y)(xy - 1) = 3.$$

Hinweis: Gleichungssysteme in zwei Variablen x und y, die sich bei Vertauschen von x und y nicht ändern, kann man oft mit der Substitution $xy = v$, $x + y = u$ angreifen.

2.16 Sei $g(x) = x^2 + ax + b$ ein quadratisches Polynom mit zwei verschiedenen Wurzeln $x_1 = \alpha$ und $x_2 = \beta$, und sei f ein Polynom vom Grad ≥ 3. Schreibe $f(x) = g(x)q(x) + rx + s$. Zeige, dass $r = \frac{f(\alpha) - f(\beta)}{\alpha - \beta}$ und $s = \frac{\alpha f(\beta) - \beta f(\alpha)}{\alpha - \beta}$ gilt.

2.17 (General Certificate of Education Oxford und Cambridge 1957; [30]) Seien p und q die Wurzeln der Gleichung $2x^2 - x - 4 = 0$. Bestimme $p^3 + q^3$.

2.18 (GCE Oxford und Cambridge 1957; [30]) Sei $f(x) = x^5 + bx + 4x^2 + cx - 4$, und sei $f(1) = f(-2) = 0$. Bestimme b und c und bestimme die anderen Wurzeln von f.

2.19 (GCE Oxford und Cambridge 1959; [30]) Bestimme k so, dass $x^2 + x + 3 = k(x^2 + 5)$ eine doppelte Wurzel besitzt.

2.20 (GCE Oxford und Cambridge 1961; [30]) Zeige: Ist $x = a$ eine Lösung der Gleichung $x^3 - 6x^2 + 9x - 1$, dann ist $x = (a - 2)^2$ eine weitere Lösung.

2.21 (Mathematik-Olympiade Sofia 1967, Klassenstufe 8) Der folgende Bruch ist so weit wie möglich zu kürzen:
$$\frac{x^4 - 2x^3 - 3x^2 + 8x - 4}{x^4 - 3x^2 + 2x}.$$

2.22 (Mathematik-Olympiade Sofia 1967, Klassenstufe 9) Vereinfache den Ausdruck
$$\frac{\frac{2a\sqrt{x}}{\sqrt{a} + \sqrt{x}} + \frac{a\sqrt{a} - x\sqrt{x}}{\sqrt{a} + \sqrt{x}} - \sqrt{ax}}{\sqrt{a} - \sqrt{x}}$$
so weit wie möglich.

2.23 (Mathematik-Olympiade Sofia 1967, Klassenstufe 10) Beweise die folgende Identität:
$$\frac{\sqrt[3]{a} + \sqrt[3]{b}}{\sqrt[3]{a^2} - \sqrt[3]{ab} + \sqrt[3]{b^2}} - \frac{1}{\sqrt[3]{a} + \sqrt[3]{b}} = \frac{3\sqrt[3]{ab}}{a + b}.$$

2.24 (Aufnahmeprüfung an erweiterten Oberschulen, CSSR 1966). Vereinfache den Ausdruck
$$\left(\frac{a + b}{a - b} - \frac{a - b}{a + b}\right)\left(1 - \frac{a}{b}\right).$$

2.25 (XII. Olympiade Junger Mathematiker der DDR, 22. November 1972, Klassenstufe 11/12) Bestimme alle Paare reeller Zahlen a und b, für die das Polynom $x^2 + ax + b$ ein Teiler des Polynoms $x^4 + ax^2 + b$ ist.

2.26 (Alpha **1** (1967)) Seien a, b, c, d reelle Zahlen mit $b \neq 0$, $d \neq 0$, $a \neq b$ und $c \neq d$. Zeige, dass genau dann

$$\frac{a}{b} = \frac{c}{d} \quad \text{ist, wenn} \quad \frac{a+b}{a-b} = \frac{c+d}{c-d} \quad \text{gilt.}$$

2.27 (Nassau County Interscholastic Math League 1959-60) Für welchen Wert von n ist das Produkt der reellen Wurzeln der Gleichung $x^{2/n} - 12x^{1/n} + 27 = 0$ gleich 3?

2.28 (Britische Mathematik-Olympiade 1966) Bestimme den kleinsten und den größten Wert von
$$\frac{x^4 + x^2 + 5}{(x^2 + 1)^2}$$
für reelle Werte von x.

Warum kann man diese Aufgabe nicht mittels der Substitution $x^2 = z$ lösen?

2.29 Löse die Gleichung
$$(x - a)^4 + (x - b)^4 = (a - b)^4.$$

Diese Gleichung ist so symmetrisch, dass kein Mathematiker auf die Idee käme, diese Symmetrie durch Ausmultiplizieren zu beseitigen, es sei denn, die Lage wäre aussichtslos. In der Tat kann man hier zwei offensichtliche Lösungen angeben und kommt dann mit Polynomdivision zum Ziel,

2.30 (Leningrad Olympiade 1980) Bestimme die gemeinsamen Tangenten an die Parabeln $y = -x^2 + 2x$ und $y = x^2 + \frac{5}{2}$.

2.31 (Journal de Mathématiques spéciales (2) **4** (1885), S. 23) Seien a, b und c die drei Wurzeln der kubischen Gleichung $x^3 + px + q = 0$. Man bestimme

$$\frac{a^2}{(b+1)(c+1)} + \frac{b^2}{(c+1)(a+1)} + \frac{c^2}{(a+1)(b+1)}.$$

Hinweis: Zeige zuerst $(a+1)(b+1)(c+1) = p - q + 1$.

2.32 (Journal de Mathématiques spéciales (2) **4** (1885), S. 69) Seien a, b und c die drei Wurzeln der kubischen Gleichung $x^3 + px + q = 0$. Man bestimme

$$\frac{a}{a+1} + \frac{b}{b+1} + \frac{c}{c+1}.$$

Hinweis für eine alternative Lösung: Setze $y = \frac{x}{x+1}$ und rechne nach, dass gilt:

$$y^3(p - q + 1) + y^2(3q - 2p) + y(p - 3q) + q = 0$$

2.33 (Journal de Mathématiques spéciales (2) **4** (1885), S. 89) Sei f ein Polynom vom Grad n mit den Nullstellen $x_1, \ldots, x_n$. Bestimme

$$\frac{1}{x_1 + 1} + \frac{1}{x_2 + 1} + \ldots + \frac{1}{x_n + 1}.$$

Löse damit auch die vorhergehende Aufgabe.

Hinweis: Die gesuchte Summe ist $-\frac{f'(-1)}{f(-1)}$.

3. Gleichungen höheren Grades

In diesem Kapitel geht es, wie bereits angekündigt, um das Lösen von Gleichungen, die sich mittels verschiedener Techniken auf quadratische Gleichungen zurückführen lassen. Eine der einfachsten und gleichzeitig auch mächtigsten Techniken zur Reduktion des Grades von Gleichungen ist die Substitution. Die allgemeine Auflösung von Gleichungen dritten und vierten Grades benötigt Kenntnisse der komplexen Zahlen und hat in diesem Band keinen Platz mehr gefunden.

3.1 Die Macht der Substitution

Wir haben bereits in Kap. 1 gesehen, dass die Technik der Substitution in einfachsten Fällen (dort $z = w + 2$) schon den Babyloniern geläufig war. Bei biquadratischen Gleichungen

$$ax^4 + bx^2 + c = 0$$

führt die Substitution $x^2 = z$ diese Gleichung auf zwei quadratische Gleichungen (nämlich $az^2 + bz + c = 0$ und $z^2 = x$) zurück. Entsprechendes funktioniert bei Gleichungen der Form

$$ax^6 + bx^3 + c = 0 \qquad \text{und} \qquad a \cdot 2^{2x} + b \cdot 2^x + c = 0,$$

bei denen man $x^3 = z$ bzw. $2^x = z$ zu setzen hat.

Diese Methode wurde, kurz nach dem Erfolg von Al-Khwarismis Algebra, von den arabischen Mathematikern Abu Kamil Soga ibn Aslam (ca. 850–931) und Sinan ibn Al-Fath (Anfang des 10. Jahrhunderts) entwickelt. Später machte sie Leonardo von Pisa (Fibonacci) im westlichen Europa bekannt: In seinem Buch *Liber abaci* (Buch des Abakus) behandelte er ebenfalls einige Gleichungen vom Grad 4, die sich mittels Substitution auf quadratische Gleichungen zurückführen lassen, und übernahm dabei teilweise buchstabengetreu die Aufgaben Abu Kamils. Eine dieser Aufgaben läuft auf die Lösung der Gleichung

$$3x + 4\sqrt{x^2 - 3x} = x^2 + 4 \tag{3.1}$$

hinaus. Beide Autoren lösten die Gleichung, indem sie $z^2 = x^2 - 3x$ als neue Variable einführten.

Aufgabe 3.1. *Löse die Gleichung (3.1) mit Substitution.*

Der deutsche Mathematiker Regiomontanus (dieser lateinische Name bedeutet einfach, dass er aus Königsberg stammt; in diesem Fall ist Königsberg in Franken gemeint, nicht das berühmte Königsberg im ehemaligen Preußen), der von 1436 bis 1476 gelebt hat, behandelt in einem seiner Briefe die Gleichung

$$\frac{x}{10-x} + \frac{10-x}{x} = 25 \tag{3.2}$$

auf zwei Arten: Einmal durch Wegschaffen der Nenner und die Lösung der resultierenden quadratischen Gleichung, und dann durch Einführung der neuen Variable $y = \frac{x}{10-x}$ und Lösung der Gleichung $y + \frac{1}{y} = 25$.

Aufgabe 3.2. *Löse die Gleichung (3.2) auf beide Arten.*

Die Substitution liefert auch eine Möglichkeit, Gleichungssysteme wie

$$x^2 + y^2 = a, \quad xy = b \tag{3.4}$$

zu lösen: Im Falle $b \neq 0$ (der Fall $b = 0$ ist schnell behandelt) findet man nämlich durch Division der beiden Gleichungen

$$\frac{a}{b} = \frac{x^2 + y^2}{xy} = \frac{x}{y} + \frac{y}{x},$$

und diese Gleichung kann man lösen, indem man $\frac{x}{y} = z$ setzt: Aus der Kenntnis von Quotient $\frac{x}{y}$ und Produkt xy lassen sich x und y ebenso einfach bestimmen wie aus ihrer Differenz und ihrer Summe:

Aufgabe 3.4. *Man löse das Gleichungssystem (3.4)*

1. *durch Substitution;*

2. *durch quadratische Ergänzung, indem man das Doppelte der zweiten Gleichung zur ersten addiert bzw. von ihr subtrahiert.*

3.2 Eine Abituraufgabe aus dem Jahre 1891

Abiturienten in Königsberg (dieses Mal ist das preußische Königsberg gemeint) vor 120 Jahren hatten sechs schriftliche Prüfungen abzulegen: einen deutschen und einen lateinischen Aufsatz, eine Übersetzung aus dem Lateinischen, Griechischen und Hebräischen, sowie fünf Aufgaben aus der Mathematik. Hier ist eine solche Aufgabe aus dem Jahre 1891, die ich aus einer Ausgabe der KOPFNUSS[1] habe.

Löse das Gleichungssystem

$$x^3 y^3 = \frac{17xy + 6}{17 - 6xy}, \qquad x - y = 1. \tag{3.5}$$

---

[1] Die KOPFNUSS war eine von Hermann Haungs und seiner Begabten-AG vom Gymnasium Achern herausgegebene Schülerzeitschrift. Die Aufgabe steht auf der letzten Seite des Heftes no. 3 vom Februar 2005.

Liegende Leitern

Die folgende Aufgabe betrifft einen ganz banalen Sachverhalt, führt aber auf eine Gleichung, die ohne einen ganz besonderen Trick nicht einfach zu lösen ist.

Eine Leiter der Länge ℓ wird so an eine Wand angelehnt, dass er einen Würfel der Kantenlänge 1 m berührt. Wie hoch steht die Leiter an der Wand?

Aus dem Strahlensatz erhalten wir

$$x : 1 = 1 : y, \quad \text{also} \quad xy = 1.$$

Der Satz des Pythagoras gibt uns dagegen

$$\ell^2 = (x + 1)^2 + (y + 1)^2.$$

Löst man die erste Gleichung nach y auf und setzt dies in die zweite ein, folgt

$$\ell^2 = (x + 1)^2 + \left(\frac{1}{x} + 1\right)^2. \tag{3.3}$$

Ausmultiplizieren und geschicktes Zusammenfassen liefert

$$\ell^2 = x^2 + 2 + \frac{1}{x^2} + 2\left(x + \frac{1}{x}\right).$$

Aufgabe 3.3. *Löse diese Gleichung mittels der Substitution $x + \frac{1}{x} = z$ zuerst für $\ell = 10$, dann allgemein. Wie lang muss die Leiter mindestens sein, damit es eine Lösung gibt?*

Bemerken möchte ich noch, dass diese Aufgabe nicht deswegen hübsch ist, weil sie aus irgendwelchen Gründen wichtig wäre; der einzige Grund ist, dass die Lösung der Aufgabe eine Technik erfordert, die nicht ganz auf der Hand liegt.

Das Problem erschien in dieser Form wohl erstmals in Cyril Pearsons [101], wurde aber bereits von Newton [99, Problem XIV, S. 112] und Simpson [119, Problem XV, S. 250] behandelt. Auch wir sind in [75, Übung 5.7; 5.20] bereits über dieses Problem gestolpert.

Eine einfacher Lösung dieses Problems ohne Gleichungen 4. Grades erhält man (vgl. Mettler [87, S. 144]), wenn man die Gleichung $\ell^2 = (x + 1)^2 + (y + 1)^2$ in der Form $\ell^2 = (x + y)^2 + 2(x + y)$ schreibt; dabei haben wir $2xy = 2$ benutzt. Die Substitution $x + y = z$ liefert die quadratische Gleichung $z^2 + 2z - \ell^2 = 0$, von welcher nur die positive Lösung z_1 sinnvoll ist. Aus den Gleichungen $x + y = z_1$ und $xy = 1$ kann man x und y dann leicht bestimmen.

Leute von heute lösen die zweite Gleichung nach y auf und setzen das Ergebnis $y = x - 1$ in die erste Gleichung ein; das ergibt

$$x^3(x-1)^3 = \frac{17x(x-1)+6}{17-6x(x-1)}.$$

Nach Wegschaffen des Nenners steht dann

$$x^3(x-1)^3(17-6x(x-1)) = 17x(x-1)+6$$

da; mit $(x-1)^3 = x^3 - 3x^2 + 3x - 1$ wird daraus

$$f(x) = 6x^8 - 24x^7 + 19x^6 + 27x^5 - 45x^4 + 17x^3 + 17x^2 - 17x + 6 = 0.$$

Mithilfe von **geogebra** kann man sehen, dass die Nullstellen von f in der Nähe von $x = -1$ und $x = 2$ liegen müssen.

Weiter ist erkennbar, dass das Schaubild achsensymmetrisch zur Achse $x = \frac{1}{2}$ ist. Verschiebt man das Schaubild um $\frac{1}{2}$ nach links, ersetzt also x durch $u+\frac{1}{2}$, so muss sich ein *gerades* Polynom in der Variablen u ergeben, also eines, in welchem nur gerade Exponenten auftauchen. In der Tat ergibt sich nach Multiplikation mit 128 folgende Gleichung:

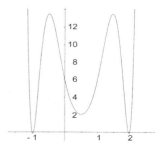

$$g(u) = 768u^8 - 2944u^6 + 1920u^4 + 1720u^2 + 261 = 0.$$

Diese Rechnung habe ich natürlich nicht von Hand gemacht. Mit **pari** (ein in Bordeaux entwickeltes Computeralgebrasystem für gehobene Ansprüche) tippt man

```
f = 6*x^8-24*x^7+19*x^6+27*x^5-45*x^4+17*x^3+17*x^2-17*x+6
```

ein, gefolgt von `g = substpol(f,x,u+1/2)`.

Wenn man erkennt, dass die ersten Koeffizienten von g durch hohe Potenzen von 2 teilbar sind, kommt man auf die Idee, $z = 2u$ zu setzen; mit

$\mathtt{h = substpol(g,u,z/2)}$ findet **pari** $h(z) = 3z^8 - 46z^6 + 120z^4 + 430z^2 + 261.$

Erraten von Nullstellen (es ist $261 = 3^2 \cdot 29$) führt auf $z_1 = -3$ und $z_2 = 3$; also ist

$$h(z) = (z-3)(z+3)(3z^6 - 19z^4 - 51z^2 - 29).$$

Versucht man die Substitution $z^2 = w$, erhält man das kubische Polynom

$$k(w) = 3w^3 - 19w^2 - 51w - 29,$$

und dieses Polynom hat die Lösung $w = -1$, also den Faktor $w + 1$. Also hat das Ausgangspolynom den Faktor $z^2 + 1$, und wir finden

$$h(z) = (z-3)(z+3)(z^2+1)(3z^4 - 22z^2 - 29).$$

Jetzt kann man die Gleichung in z komplett lösen und daraus die Lösungen der Ausgangsgleichung bestimmen.

Mit dem Einsatz moderner Technik kommt man also an die genauen Nullstellen heran. Wie aber haben das Schüler vor 120 Jahren gemacht? Nun, sie haben die Techniken benutzt, die man ihnen auf der Schule beigebracht hat.

Einsetzen von $y = x - 1$ in die erste Gleichung in (3.5) hat uns eine Gleichung vom Grad 8 geliefert, die nicht den Eindruck erweckte, als würde sie sich gerne von Hand lösen lassen. Schaut man die erste Gleichung etwas genauer an, so stellt man fest, dass die Unbekannten dort immer in der Kombination xy vorkommen.

Zwischenbemerkung. *Dies bedeutet insbesondere, dass $f(x)$ gleich bleibt, wenn man x durch $1-x$ ersetzt, denn dadurch geht $x(x-1)$ über in*

$$(1-x)[(1-x)-1] = (1-x)(-x) = (x-1)x.$$

Geometrisch bedeutet diese Invarianz, dass das Schaubild von f symmetrisch bezüglich der Achse $x = \frac{1}{2}$ ist, die denn auch bei der Transformation $x \to 1-x$ fest bleibt.

Wir setzen daher $xy = z$ und finden

$$z^3 = \frac{17z+6}{17-6z}.$$

Wegschaffen des Nenners ergibt

$$17z^3 - 6z^4 = 17z + 6,$$

also

$$6z^4 - 17z^3 + 17z + 6 = 0. \tag{3.6}$$

Das sieht schon freundlicher aus. Gleichungen, in denen die Koeffizienten spiegelverkehrt auftreten, hat Euler „reziproke" Gleichungen genannt; für solche Gleichungen existiert eine Lösungstechnik, die wir nun vorstellen werden. Danach werden wir auf die Abituraufgabe von 1891 zurückkommen.

Reziproke Gleichungen

Der Trick der „Substitution", mit dem die Babylonier Gleichungssysteme der Form $xy + x + a = b$, $x + y = c$ auf ihre Standardform zurückgeführt haben, ist, wie wir bereits gesehen haben, ein mächtiges Hilfsmittel zum Lösen von Gleichungen höheren Grades.

In diesem Abschnitt werden wir die Technik des Substitution benutzen, um „reziproke" Gleichungen zu lösen, das sind solche der Form

$$ax^3 + bx^2 + bx + a = 0,$$
$$ax^4 + bx^3 + cx^2 + bx + a = 0$$

usw., bei denen die Koeffizienten der Potenzen von x „gespiegelt" sind.

Kubische reziproke Gleichungen

Eine reziproke kubische Gleichung

$$ax^3 + bx^2 + bx + a = 0$$

hat offenbar immer die Lösung $x = -1$; also können wir eine Polynomdivision durch $x + 1$ durchführen und finden

$$ax^3 + bx^2 + bx + a = (x + 1)(ax^2 - (a + b)x + a).$$

Weitere Nullstellen erhält man dann durch das Lösen der (ebenfalls reziproken) quadratischen Gleichung $ax^2 - (a + b)x + a = 0$.

Aufgabe 3.5. *Löse kubische Gleichungen der Form*

$$ax^3 + bx^2 - bx - a = 0.$$

Aufgabe 3.6. *Zeige, dass eine reziproke Gleichung*

$$a_0 x^n + a_1 x^{n-1} + \ldots + a_1 x + a_0 = 0$$

ungeraden Grades $n = 2k + 1$ immer die Lösung $x_1 = -1$ besitzt, und dass Polynomdivision durch $x + 1$ eine reziproke Gleichung vom Grad $n - 1 = 2k$ liefert.

Es genügt also, reziproke Gleichungen von geradem Grad zu untersuchen.

Reziproke Gleichungen vom Grad 4

Bei Gleichungen der Form

$$ax^4 + bx^3 + cx^2 + bx + a = 0$$

kommt die Macht der Substitution voll zur Geltung. Allerdings muss man einen kleinen Trick davorschalten: Wir dividieren die Gleichung durch x^2. Dies ist erlaubt, da $x = 0$ keine Lösung der Gleichung ist, auch wenn noch nicht klar ist, wozu das gut sein soll (so ist das bei Tricks). Wir erhalten

$$ax^2 + bx + c + \frac{b}{x} + \frac{a}{x^2} = 0.$$

Fassen wir zusammen, was zusammen gehört:

$$a\left(x^2 + \frac{1}{x^2}\right) + b\left(x + \frac{1}{x}\right) + c = 0.$$

Jetzt kommt die Substitution $z = x + \frac{1}{x}$. Damit ist dann

$$z^2 = \left(x + \frac{1}{x}\right)^2 = x^2 + 2 + \frac{1}{x^2},$$

also

$$x^2 + \frac{1}{x^2} = z^2 - 2.$$

Wir erhalten so die quadratische Gleichung

$$a(z^2 - 2) + bz + c = 0.$$

Aus dieser bestimmt man nun z, und Einsetzen in $x + \frac{1}{x} = z$ liefert dann eine quadratische Gleichung in x, die man problemlos lösen kann.

Aufgabe 3.7. *Löse die Gleichung*

$$x^4 + 2x^3 - 6x^2 + 2x + 1 = 0$$

a) mittels Substitution und b) durch Erraten einer Lösung und Polynomdivision.

Das Lösen reziproker Gleichungen war früher Standard-Schulstoff und findet sich daher in allen älteren Büchern. Außer Dörrie [27] seien hier noch Müller [93, S. 49] und von Hanxleden & Hentze [50] erwähnt.

Den „üblen Trick" der Division durch x^2 kann man durchaus motivieren: Um die Anzahl der Variablen zu verringern, dividieren wir die Gleichung $ax^4 + bx^3 + cx^2 + bx + a = 0$ durch a' und erhalten eine Gleichung vierten Grades, die wir in der Form

$$x^4 + 2rx^3 + sx^2 + 2rx + 1 = 0$$

schreiben (dass wir den Koeffizienten von x^3 als $2r$ statt etwa r bezeichnen, hat den Grund, dass wir bei der quadratischen Ergänzung überflüssige Brüche vermeiden).

Wir schreiben nun die linke Seite

$$x^4 + 2rx^3 + sx^2 + 2rx + 1 = (x^2 + rx)^2 + (s - r^2)x^2 + 2rx + 1$$

als Summe aus einem Quadrat und einem Restglied. Den Term $2rx + 1$ können wir ebenfalls wegschaffen, indem wir

$$(x^2 + rx + 1)^2 = x^4 + 2rx^3 + (r^2 + 2)x^2 + 2rx + 1$$

beachten; also ist

$$x^4 + 2rx^3 + sx^2 + 2rx + 1 = (x^2 + rx + 1)^2 - (r^2 + 2 - s)x^2. \qquad (3.7)$$

Die rechte Seite ist, jedenfalls wenn $r^2 + 2 \geq s$ ist, eine Differenz zweier Quadrate; setzen wir daher $r^2 + 2 - s = t^2$, so finden wir

$$x^4 + 2rx^3 + sx^2 + 2rx + 1 = (x^2 + rx + 1 - tx)(x^2 + rx + 1 + tx).$$

Damit ist die Ausgangsgleichung vierten Grades auf zwei quadratische Gleichungen zurückgeführt.

Es stellt sich allerdings die Frage, was es mit der Größe $r^2 + 2 - s$ auf sich hat. Die Gleichung (3.7) verrät uns Folgendes: Ist $r^2 - 2 < s$, so kann man $f(x)$ als Summe zweier Quadrate schreiben:

$$x^4 + 2rx^3 + sx^2 + 2rx + 1 = (x^2 + rx + 1)^2 + (s - r^2 - 2)x^2.$$

In diesem Fall kann f keine reellen Nullstellen besitzen. Aber selbst wenn $r^2 - 2 \geq s$ ist und das Polynom in zwei quadratische Terme zerfällt, ist es möglich, dass keine reelle Nullstelle existiert, nämlich wenn die Diskriminanten der beiden quadratischen Faktoren negativ sind, wenn also $(r - t)^2 < 4$ und $(r + t)^2 < 4$ ist.

Eine weitere Möglichkeit, die Zerlegbarkeit von $x^4 + 2rx^3 + sx^2 + 2rx + 1$ in zwei quadratische Polynome einzusehen, bietet das Studium der Wurzeln dieses Polynoms. Ist nämlich $f(x) = x^4 + bx^3 + cx^2 + bx + 1$ ein reziprokes Polynom, und ist $f(x_1) = 0$, dann ist auch $f(\frac{1}{x_1}) = 0$: Aus

$$f(x_1) = x_1^4 + bx_1^3 + cx_1^2 + bx_1 + 1 = 0$$

folgt nämlich durch Division durch x_1^4

$$f(\tfrac{1}{x_1}) = 1 + b \cdot \tfrac{1}{x_1} + c \cdot \tfrac{1}{x_1^2} + b \cdot \tfrac{1}{x_1^3} + \tfrac{1}{x_1^4} = 0.$$

Wurzeln reziproker Polynome treten also in Paaren auf, und wenn x_1 eine Nullstelle von $y = f(x)$ ist, dann ist auch $1/x_1$ eine. Ist also $f(x)$ durch $x - x_1$ teilbar, dann muss es auch durch $x - \frac{1}{x_1}$ teilbar sein, und – jedenfalls wenn $x_1 \neq \frac{1}{x_1}$, also $x_1 \neq \pm 1$ ist – auch durch das Produkt

$$(x - x_1)(x - \tfrac{1}{x_1}) = x^2 + rx + 1,$$

wobei wir $r = -x_1 - \frac{1}{x_1}$ gesetzt haben. Wir sollten also erwarten, dass reziproke Polynome vom Grad 4 sich in zwei Faktoren der Form $x^2 + rx + 1$ zerlegen lassen. Die Durchführung der Zerlegung erledigt man dann wie oben.

Um etwa $f(x) = 6x^4 + 5x^3 - 38x^2 + 5x + 6$ oder nach Division durch 6

$$f(x) = x^4 + \tfrac{5}{6}x^3 - \tfrac{19}{3}x^2 + \tfrac{5}{6}x + 1$$

zu zerlegen, machen wir den Ansatz

$$f(x) = (x^2 + rx + 1)(x^2 + sx + 1) = x^4 + (r + s)x^3 + (rs + 2)x^2 + (r + s)x + 1.$$

Dieser liefert nach Koeffizientenvergleich die Bedingungen

$$r + s = \tfrac{5}{6}, \quad rs + 2 = -\tfrac{19}{3}.$$

Elimination von s aus der zweiten Gleichung liefert eine quadratische Gleichung in r, die man lösen kann. Anwenden des Satzes vom Nullprodukt auf die beiden quadratischen Faktoren ergibt dann die Lösungen der Ausgangsgleichung.

Aufgabe 3.8. *Führe diese Rechnungen aus.*

Aufgabe 3.9. *Zeige, dass sich jedes Polynom*

$$f(x) = x^4 + bx^3 + cx^2 + bx + 1$$

als Produkt zweier reziproker quadratischer Polynome schreiben lässt.

Abitur 1891

Jetzt sind wir in der Lage, die Abituraufgabe von 1891 mit Papier und Bleistift zu lösen.

Aufgabe 3.10. *Zeige, dass die Lösungen von (3.6) durch*

$$z_1 = 2, \quad z_2 = -\frac{1}{2}, \quad z_{3,4} = \frac{4 \pm \sqrt{52}}{6} = \frac{2 \pm \sqrt{13}}{3}$$

gegeben sind.

Aus $xy = z$ und $x - y = 1$ ergibt sich schließlich $x(x-1) = z$, also $x^2 - x - z = 0$. Damit finden wir

- $x^2 - x - 2 = 0$, also mit Vieta $(x+1)(x-2) = 0$ oder $x_1 = -1$, $x_2 = 2$.

- $x^2 - x + \frac{1}{2} = 0$, und diese Gleichung hat die beiden komplexen Lösungen $x_{3,4} = \frac{1 \pm i}{2}$.

- $x^2 - x - \frac{2+\sqrt{13}}{3}$ bzw. $x^2 - x - \frac{2-\sqrt{13}}{3}$ führen schließlich auf die Lösungen

$$x_{5,6} = \frac{1 \pm \sqrt{\frac{11+4\sqrt{13}}{3}}}{2} \quad \text{und} \quad x_{7,8} = \frac{1 \pm \sqrt{\frac{11-4\sqrt{13}}{3}}}{2}.$$

Die beiden letzten Lösungen sind allerdings „komplex".

Diese acht Lösungen sind Wurzeln der Gleichung 8. Grades

$$f(x) = 6x^8 - 24x^7 + 19x^6 + 27x^5 - 45x^4 + 17x^3 + 17x^2 - 17x + 6 = 0,$$

welche wir aus der Ausgangsgleichung durch Einsetzen von $y = x - 1$ erhalten haben.

3.3 Wurzelgleichungen

Gleichungen, in denen nicht nur Potenzen einer Unbekannten, sondern auch noch Wurzelausdrücke auftauchen, nennt man Wurzelgleichungen. Eine der einfachsten Wurzelgleichungen ist

$$\sqrt{x} = 4,$$

deren Lösung $x = 16$ man durch Quadrieren erhält.

Bei Wurzelgleichungen, die man durch Quadrieren gelöst hat, ist die Probe Pflicht, und zwar aus folgendem Grund: Quadriert man die Gleichung $\sqrt{x} = -4$, so erhält man wie oben $x = 16$. Dies ist aber keine Lösung, da $\sqrt{16} = +4$ ist. Beim Quadrieren können also Lösungen hinzukommen, die keine Lösungen der ursprünglichen Gleichung sind.

Um die Wurzelgleichung

$$\sqrt{x+2} = x$$

zu lösen, quadrieren wir:

$$x + 2 = x^2.$$

Vieta liefert $x_1 = 2$ und $x_2 = -1$. Die Probe bestätigt die Lösung $x_1 = 2$, während $x_2 = -1$ keine Lösung ist, da $\sqrt{-1+2} = \sqrt{1} = +1$ und nicht $= -1$ ist. Die dazugehörigen Schaubilder findet man in Abb. 3.1.

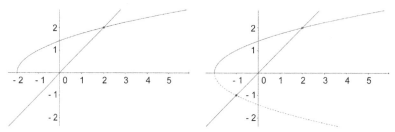

Abb. 3.1. Die linke Abbildung zeigt die Schaubilder von $f(x) = \sqrt{x+2}$ und $g(x) = x$ mit der eindeutigen Lösung $x = 2$. Auf der rechten Seite wurde das Schaubild der Funktion $y = -f(x)$ eingefügt, welche zusammen mit $y = f(x)$ die Parabel $y^2 = x+2$ ergibt; der „zweite" Schnittpunkt $x_2 = -1$ kommt also durch Quadrieren hinzu.

Man kann auch den babylonischen Trick anwenden und $\sqrt{x+2} = z$ setzen; wegen $z^2 = x + 2$ ist $x = z^2 - 2$ und damit

$$z = z^2 - 2,$$

was auf $z_1 = 2$ und $z_2 = -1$ führt. Da Quadratwurzeln positiv sind, kann z_2 keine Lösung liefern, während das Einsetzen von z_1 die Gleichung $\sqrt{x+2} = 2$ und damit nach Quadrieren $x_1 = 2$ ergibt.

Auch bei Fibonacci (und seinem arabischen Vorbild Abu Kamil) sind, wie wir bereits gesehen haben, Wurzelgleichungen aufgetaucht, oft in einer geometrischen Einkleidung, in der es um Flächen und Seiten von Quadraten ging.

Wichtig ist folgender

Satz 3.1. *Eine Wurzelgleichung, in der nur eine Quadratwurzel auftritt, lässt sich in eine gewöhnliche (wurzellose) Gleichung verwandeln, indem man die Wurzel isoliert und dann quadriert. Dabei ist zu beachten, dass Lösungen hinzukommen können!*

Ob die Gleichung, die sich nach dem Quadrieren ergibt, sich mit unseren Mitteln lösen lässt, ist natürlich eine ganz andere Frage. So erhält man aus der einfachen Gleichung $\sqrt{x+1} = x^2$ durch Quadrieren die Gleichung vierten Grades $x + 1 = x^4$: Die Lösung solcher Gleichungen höheren Grades ist ein sehr interessantes Thema, auf das wir hier aber nicht eingehen können.

Wir wollen diese Technik an der Gleichung (s. Dörrie [27, S. 97])

$$\sqrt{x+a} + \sqrt{x+b} = c \qquad (3.8)$$

Ein Problem von Chuquet

Ein hübsches Problem, das 1484 von Nicolas Chuquet (ca. 1450–1488) gelöst wurde, ist das folgende:

> *Drei sich berührende Kreise mit gemeinsamem Radius r haben einen gemeinsamen Umkreis mit Radius R. Wie hängen R und r zusammen?*

Sei r der Radius des kleinen Kreises; dann ist die Höhe des gleichseitigen Dreiecks gleich $\sqrt{3} \cdot r$. Für den Schwerpunkt S dieses Dreiecks gilt $\overline{FS} = \frac{1}{3}\overline{AF} = \frac{r}{\sqrt{3}}$, sodass mit Pythagoras $r^2 + \frac{r^2}{3} = \overline{CS}^2$ ist.

Weil der Radius des großen Kreises offenbar gleich $\overline{CS} + \overline{CF}$ ist, folgt

$$\sqrt{\frac{r^2}{3} + r^2} + r = R,$$

also nach Subtraktion von r, anschließendem Quadrieren und Vereinfachen

$$r^2 + 6Rr - 3R^2 = 0.$$

Für r ergibt sich damit

$$r = \frac{-6R + \sqrt{36R^2 + 12R^2}}{2} = \frac{-6R + \sqrt{48R^2}}{2} = (2\sqrt{3} - 3)R,$$

da das negative Vorzeichen der Wurzel auf einen negativen Radius führen würde.

Der Boston Daily Globe hatte zu Anfang des 20. Jahrhunderts eine Puzzle-Ecke, in welcher Leser mathematische Probleme einsenden konnten. F.H. Patterson hat 1902 das Problem Chuquets als Aufgabe verkleidet, in welcher eine Mutter mit einem kreisförmigen Land ihren drei Töchtern drei gleich große kreisförmige Teile vermachen will, die möglichst groß sein sollen. Ein anonymer Leser hat die Aufgabe dann am 22. März 1902 gelöst.

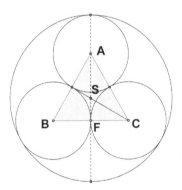
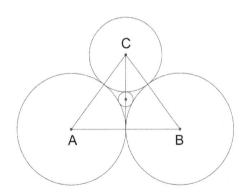

Ein auf den ersten Blick ganz ähnliches, aber leichteres Problem wurde 2016 im finnischen Abitur gestellt; für den Hinweis darauf und die Übersetzung danke ich Herrn H.-J. Matschull:

> *Drei Kreise berühren sich wie in der Abbildung dargestellt gegenseitig. Die Mittelpunkte der Kreise sind A, B und C, und ihre Radien sind 3, 3 und 2. Ein weiterer Kreis berührt die drei Kreise. Gib den Radius dieses Kreises exakt an.*

vorführen, in der zwei Quadratwurzeln auftreten. Diese lassen sich durch zweimaliges Quadrieren wegschaffen.

Isolieren einer Wurzel: $\qquad\qquad\qquad \sqrt{x+a} = c - \sqrt{x+b}.$

Quadrieren: $\qquad\qquad\qquad\qquad x+a = c^2 - 2c\sqrt{x+b} + x + b.$

Isolieren der zweiten Wurzel: $\qquad a - b - c^2 = -2c\sqrt{x+b}.$

Nochmaliges Quadrieren: $\qquad (a-b-c^2)^2 = 4c^2(x+b).$

Dividieren durch $4c^2$ und Subtraktion von b ergibt

$$x = -b + \left(\frac{a-b-c^2}{2c}\right)^2. \tag{3.9}$$

Bei zweimaligem Quadrieren ist natürlich eine Probe doppelte Pflicht.

Aufgabe 3.11. *Löse die Gleichung*

$$\sqrt{x+1} + \sqrt{x+6} = 5$$

und mache die Probe. Zeige, dass die Lösungsformel (3.9) für die Gleichung

$$\sqrt{x+1} + \sqrt{x+6} = -5$$

dieselbe „Lösung" liefert, und zeige, dass sie keine ist.

Diese Methode ist, wie gesagt, Pflicht. Die Kür geht so: Anstatt die Gleichung (3.8) durch zweimaliges Quadrieren zu lösen, multiplizieren wir sie mit

$$\sqrt{x+a} - \sqrt{x+b}$$

und erhalten nach Anwenden der binomischen Formel und kleineren Vereinfachungen

$$a - b = c(\sqrt{x+a} - \sqrt{x+b}).$$

Damit haben wir die beiden Gleichungen

$$\sqrt{x+a} + \sqrt{x+b} = c,$$

$$\sqrt{x+a} - \sqrt{x+b} = \frac{a-b}{c}.$$

Addition dieser beiden Gleichungen liefert

$$2\sqrt{x+a} = c + \frac{a-b}{c} = \frac{c^2+a-b}{c},$$

und Quadrieren ergibt nun

$$4(x+a) = \left(\frac{c^2+a-b}{c}\right)^2 \quad \text{und damit} \quad x = -a + \left(\frac{c^2+a-b}{2c}\right)^2.$$

Der Widerspruch, dass wir zwei verschiedene Lösungen erhalten zu haben scheinen, löst sich bei näherem Hinsehen auf: Vertauschen von a und b ändert die Gleichung nicht, kann also auch nicht die Lösung verändern. Nachrechnen lässt sich das auch:

Noch einmal $0 = 1$

Ein Beispiel einer weitverbreiteten Olympiade-Aufgabe ist das folgende:

Aufgabe 3.12. *Löse die Gleichung*

$$\sqrt{x + \sqrt{x + \sqrt{x + \ldots}}} = 7.$$

Setzt man die linke Seite $= z$ und quadriert, erhält man $x + z = 49$. Wegen $z = 7$ ist also $x = 42$. Das passt; rechnerische Kontrolle ergibt

$$\sqrt{42} \approx 6\,4807406$$
$$\sqrt{42 + \sqrt{42}} \approx 6\,9628112$$
$$\sqrt{42 + \sqrt{42 + \sqrt{42}}} \approx 6\,9973431$$
$$\sqrt{42 + \sqrt{42 + \sqrt{42 + \sqrt{42}}}} \approx 6\,9998102$$
$$\sqrt{42 + \sqrt{42 + \sqrt{42 + \sqrt{42 + \sqrt{42}}}}} \approx 6\,9999864$$
$$\sqrt{42 + \sqrt{42 + \sqrt{42 + \sqrt{42 + \sqrt{42 + \sqrt{42}}}}}} \approx 6\,9999990$$

Machen wir dasselbe mit der Gleichung

$$\sqrt{x + \sqrt{x + \sqrt{x + \ldots}}} = 1, \quad \text{so folgt } x = 0, \text{ also} \quad \sqrt{0 + \sqrt{0 + \sqrt{0 + \ldots}}} = 1,$$

und das ergibt $0 = 1$.

Dieser „Beweis" von $0 = 1$ stammt von Jan van de Craats [22]. Zum einen unterstreicht dieses Beispiel noch einmal, dass Quadrieren keine Äquivalenzumformung ist, zum anderen weisen die ... darauf hin, dass wir uns, um dieses Paradoxon zu erklären, wohl oder übel mit Konvergenzfragen herumplagen müssen. Das werden wir tun, allerdings nicht hier. Für Leser, denen die Begriffe „monoton" und „beschränkt" bei Folgen schon bekannt sind, sei hier die Lösung bereits verraten: Definiert man die Folge $s_n(x)$ für $x \geq 0$ rekursiv durch

$$s_1(x) = \sqrt{x}, \quad s_{n+1}(x) = \sqrt{x + s_n(x)},$$

dann ist die Folge $s_n(x)$ streng monoton fallend (aber nur für $x > 0$) und durch 0 nach unten beschränkt, und konvergiert daher, und zwar (für $x > 0$) gegen $s(x) = \frac{1}{2}(1 + \sqrt{1 + 4x})$. Nun ist aber $s(0) = 1$, während $s_n(0) = 0$ ist.

Aufgabe 3.13. *Zeige, dass gilt:*[2]

$$-a + \left(\frac{c^2 + a - b}{2c}\right)^2 = -b + \left(\frac{a - b - c^2}{2c}\right)^2$$

Die zweite Methode, die „Kür"-Technik, hat neben ihrer Eleganz noch einen zweiten Vorteil: Wir brauchen keine Probe zu machen. In der Tat waren alle Umformungen der Gleichungen bei dieser Methode Äquivalenzumformungen bis auf eine, nämlich die Multiplikation mit $\sqrt{x+a} - \sqrt{x+b}$. Diese Multiplikation ändert die Lösungsmenge nur dann, wenn der Faktor $\sqrt{x+a} - \sqrt{x+b} = 0$ ist; dies wiederum kann nur im Falle $a = b$ passieren. In diesem Fall lautet die Gleichung aber $2\sqrt{x+a} = c$, was direkt auf $x = \frac{1}{4}c^2 - a$ führt. Dieselbe Lösung erhält man aus der obigen Formel (nachprüfen!), und eine einfache Probe zeigt, dass dies auch eine Lösung ist, wenn nur $c \geq 0$ ist.

Die „Kür"-Technik funktioniert auch bei allgemeineren Gleichungen:

Aufgabe 3.14. *Löse die Wurzelgleichung*

$$\sqrt{ax + b} + \sqrt{cx + d} = e$$

unter Benutzung der dritten binomischen Formel.

Eine andere Frage, die man sich stellen kann, bevor man eine Wurzelgleichung löst (und die man sich stellen sollte), ist folgende: Für welche Werte von x kann die Gleichung überhaupt Lösungen haben?

Betrachten wir z.B. die Wurzelgleichung

$$\sqrt{1 - 4x} = \sqrt{x - 1}.$$

Lösen nach Schema liefert nach Quadrieren $1 - 4x = x - 1$, also $x = \frac{2}{5}$; eine Probe zeigt, dass dies aber keine Lösung ist.

Bestimmt man erst den maximalen *Definitionsbereich*, also die Menge aller x, für welche die in der Gleichung vorkommenden Ausdsrücke sinnvoll sind, kann man sich diese Rechnung sparen.

Damit nämlich $\sqrt{1 - 4x}$ existiert, muss $1 - 4x \geq 0$ sein, also $1 \geq 4x$ und damit $x \leq \frac{1}{4}$. Damit andererseits $\sqrt{x - 1}$ existiert, sollte $x - 1 \geq 0$, also $x \geq 1$ sein. Beides zusammen ist aber unmöglich, der maximale Definitionsbereich der Gleichung somit leer! Solche Gleichungen *können* nicht lösbar sein. Man mache sich dies auch an den Schaubildern der beiden Funktionen klar!

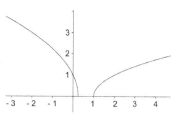

---

[2] Ich wünschte, ich müsste den Hinweis auf die binomische Formel nicht geben.

3.4 Bruchgleichungen

Ein Problem des arabischen Mathematikers Abu Kamil führt auf die Gleichung

$$\frac{50}{x} - \frac{15}{4} = \frac{50}{x+3}.$$

Solche Gleichungen, in denen die Unbekannte auch im Nenner auftaucht, nennt man Bruchgleichungen.

Da man durch 0 nicht dividieren kann, muss $x \neq 0$ und $x + 3 \neq 0$ sein. Der maximale Definitionsbereich (also alle Werte von x, die man einsetzen *kann*) der Gleichung ist also $\mathbb{R} \setminus \{0, -3\}$. Schränkt man den Definitionsbereich noch weiter ein (z.B. weil man sich nur für positive Lösungen interessiert), spricht man vom Definitionsbereich einer Gleichung. Der Definitionsbereich einer Gleichung ist also vorgegeben, den maximalen Definitionsbereich kann man bestimmen – das haben wir bei Wurzelgleichungen ja schon gemacht.

Der Grund, warum Division durch 0 verboten ist, ist einfach: Wäre das nicht so, dann würde aus $2 \cdot 0 = 3 \cdot 0$ folgen, dass $2 = 3$ ist. Aus der richtigen Gleichung $0 = 0$ erhielten wir auf diese Weise die falsche Gleichung $2 = 3$. Division durch 0 ist als keine Äquivalenzumformung, weil sie aus einer richtigen Gleichung eine falsche machen kann; ebenso ist Multiplikation mit 0 keine Äquivalenzumformung, weil man damit umgekehrt aus einer falschen Gleichung wie $2 = 3$ eine richtige wie $0 = 0$ machen kann.

Bruchgleichungen löst man durch Wegschaffen der Nenner; im obigen Beispiel erhält man so, nachdem man alles durch 5 geteilt hat, die Gleichung

$$40(x + 3) - 3x(x + 3) = 40x.$$

Aufgabe 3.15. *Löse diese quadratische Gleichung.*

In der folgenden Strahlensatzfigur kann man die gesuchte Seite x auf verschiedene Arten bestimmen.

Nach dem Strahlensatz ist

$$\frac{x+1}{4} = \frac{x+3}{x+3}, \qquad (3.11)$$

sodass, wenn man den Bruch rechts kürzt, sofort $x = 3$ folgt.

Kürzt man dagegen nicht, sondern schafft die Nenner weg und vereinfacht, so ergibt sich $x^2 = 9$ und die beiden Lösungen $x_1 = -3$ und $x_2 = 3$.

Warum führen die beiden Wege zu verschiedenen Lösungen?

Wenn man bei der Lösung der Gleichung mathematisch korrekt vorgeht, verschwindet der Unterschied: Eine Gleichung der Form (3.11) ist für den Wert $x = -3$

Synodische Umlaufszeiten

Ein ganz bekanntes Rätsel dreht sich um folgende Frage:

> *Wie spät ist es, wenn der große und der kleine Zeiger einer Uhr erstmals nach 12 Uhr wieder übereinanderstehen?*

Eine schnelle Lösung geht so: Innerhalb von 12 Stunden stehen die beiden Zeiger genau 11 Mal übereinander; also dauert es genau $\frac{12}{11}$ Stunden, was 1 h, 5 min und etwas mehr als 27 sek entspricht.

Ein ganz ähnliches Problem taucht in der Astronomie auf. Dort ist die Zeit, die ein Planet zum Durchlaufen seines Orbits braucht, die *siderische* Umlaufszeit; dies ist die Zeit, die er braucht, bis Sonne, Planet und ein geeigneter Stern wieder auf einer Geraden liegen.

Davon zu unterscheiden ist die *synodische* Umlaufszeit zweier Planeten: Das ist die Zeit, bis die Sonne und die beiden Planeten wieder auf einer Geraden liegen. Um eine Beziehung zwischen der synodischen Umlaufsdauer s und den siderischen Umlaufsdauern T und t der beiden Planeten zu finden, gehen wir vor wie folgt.

Sei SA die Gerade, auf der sich die Sonne S und der Planet A mit der kürzeren Umlaufsdauer t befinden, und SB die Gerade durch S und den Planeten B. Die Achse SA dreht sich in t Jahren um 360°, somit dreht sie sich, wenn wir der Einfachheit halber von Kreisbahnen ausgehen, mit der „Winkelgeschwindigkeit" $\frac{360°}{t}$. Die zweite Achse dreht sich entsprechend mit der Winkelgeschwindigkeit $\frac{360°}{T}$. Also dreht sich der schnellere Planet mit der Winkelgeschwidigkeit

$$\delta = \left(\frac{1}{t} - \frac{1}{T}\right) \cdot 360°$$

von der Achse des langsameren Planeten weg. Die beiden Achsen treffen sich nach s Jahren wieder, wenn also $\delta \cdot s = 360°$ gilt. Daraus erhalten wir folgende Formel (vgl. das schöne Buch von Dörrie [28, Problem 86]) für die synodische Umlaufsdauer:

Satz 3.2. *Sind $T > t$ die siderischen Umlaufszeiten zweier Planeten, dann ist deren synodische Umlaufszeit s gegeben durch*

$$\frac{1}{s} = \frac{1}{t} - \frac{1}{T}. \tag{3.10}$$

Die folgende Formel ist praktischer, aber weniger symmetrisch:

Aufgabe 3.16. *Zeige, dass (3.10) gleichbedeutend ist mit*

$$s = \frac{Tt}{T - t}.$$

Natürlich lässt sich damit auch unser Ausgangsproblem lösen:

Aufgabe 3.17. *Löse mit (3.10) das Problem der beiden übereinanderstehenden Uhrzeiger.*

Für weitere Anwendungen in der Astronomie sh. die Übungen 3.54, 3.55 und 3.56, die ebenfalls aus [28] stammen.

Es sei noch bemerkt, dass sowohl die Linsengleichung $\frac{1}{f} = \frac{1}{b} + \frac{1}{g}$, als auch die Formel für den Widerstand parallel geschalteter Widerstände $\frac{1}{R} = \frac{1}{R_1} + \frac{1}{R_2}$ dieselbe Form haben wie (3.10). Es wäre reizvoll, einen inneren Zusammenhang zwischen diesen Phänomenen aufzudecken.

sinnlos, weil in diesem Fall auf der rechten Seite der Nenner 0 auftaucht. Wenn wir diesen Wert von vornherein ausschließen, bleibt in jedem Fall nur die sinnvolle und richtige Lösung $x = 3$. Dieses Vorgehen nennt man die Bestimmung des maximalen Definitionsbereichs einer Bruchgleichung: Dieser maximale Definitionsbereich besteht aus allen reellen Zahlen, für welche die Gleichung nicht auf eine Division durch 0 führt.

Falls man den maximalen Definitionsbereich nicht bestimmt, muss man auch bei Bruchgleichungen die Probe machen: Multiplikation einer Gleichung mit z.B. $x + 3$ ist *keine* Äquivalenzumformung, sondern nur dann, wenn $x \neq -3$ ist.

Ganz drastisch wird das durch folgenden „Beweis" der berühmten Gleichung $1 = 2$ gezeigt.

Sei $x = 1$.	Multipliziere mit x;
dann ist $x^2 = x$.	Subtrahiere 1;
dann ist $x^2 - 1 = x - 1$.	Dividiere durch $x - 1$;
dann ist $x + 1 = 1$.	Aber $x = 1$ ergibt $2 = 1$.

Die einzige problematische Umformung war die Division durch $x - 1$; diese ist in der Tat nicht erlaubt, da dies wegen $x = 1$ eine Division durch 0 ist.

Dasselbe kann auch bei Bruchgleichungen passieren. Betrachten wir z.B.

$$\frac{x^2 - 1}{x - 2} = 1 + \frac{2x - 1}{x - 2}.$$

Wegschaffen des Nenners ergibt $x^2 - 1 = x - 2 + 2x - 1$, also $x^2 - 3x + 2 = 0$ und damit nach Vieta $x_1 = 1$, $x_2 = 2$. Allerdings ist $x_2 = 2$ keine Lösung, da Division durch 0 nicht erlaubt ist, folglich ist $x_1 = 1$ die einzige Lösung.

Homogene Gleichungen

Eine weitere Klasse von Gleichungen, die durch eine geeignete Substitution auf quadratische Gleichungen zurückgeführt werden können, sind homogene Gleichungen (die folgenden Überlegungen stammen aus der Zeitschrift *Quantum*, Mai/Juni 1998).

Betrachten wir die Gleichung

$$20\left(\frac{x - 2}{x + 1}\right)^2 - 5\left(\frac{x - 2}{x + 1}\right)^2 + 48\frac{x^2 - 4}{x^2 - 1} = 0.$$

Mit roher Gewalt (also Klammern auflösen, Nenner beseitigen usw.) kann man dies auf die Gleichung $7x^3 - 3x^2 - 8x - 28 = 0$ zurückführen, die man, wenn man die Lösung $x = 2$ sieht, mittels Polynomdivision in $(x - 2)(7x^2 + 11x + 14) = 0$ verwandeln und dann lösen kann.

Die spezielle Form der vorkommenden Brüche legt aber nahe, die Ausgangsgleichung mittels der auf der Hand liegenden Substitution

$$u = \frac{x-2}{x+1}, \quad \frac{x+2}{x-1} = v \quad \text{in} \quad 20u^2 - 5v^2 + 48uv = 0$$

zu verwandeln. Damit haben wir aus einer Gleichung mit einer Unbekannten eine Gleichung mit zwei Unbekannten gemacht; das verspricht in aller Regel nichts Gutes, allerdings liegt nun ein Beispiel einer homogenen Gleichung vor: Der Gesamtgrad jedes Terms ist hier gleich 2. Ist $v = 0$, so folgt $u = 0$, was aber auf keine Lösung führt. Also dürfen wir durch v^2 dividieren:

$$20\left(\frac{u}{v}\right)^2 + 48 \cdot \frac{u}{v} - 5 = 0.$$

Setzen wir $y = \frac{u}{v}$, haben wir die quadratische Gleichung

$$20y^2 + 48y - 5 = 0$$

mit den beiden Lösungen $y_1 = -\frac{5}{2}$ und $y_2 = \frac{1}{10}$. Resubsitution liefert die Gleichungen

$$\frac{u}{v} = \frac{x^2 - 3x + 2}{x^2 + 3x + 2} = -\frac{5}{2} \quad \text{und} \quad \frac{u}{v} = \frac{x^2 - 3x + 2}{x^2 + 3x + 2} = -\frac{1}{10}.$$

Die erste Gleichung hat keine reellen Lösungen, die zweite führt auf $x_1 = 3$, $x_2 = \frac{2}{3}$.

Aufgabe 3.18. *Löse die Gleichung* $2(x^2 + x + 1)^2 - 7(x - 1)^2 = 13(x^3 - 1)$.

3.5 Übungen

3.1 Eine Aufgabe von Abu Kamil (vgl. (3.2):

$$\frac{x}{10 - x} + \frac{10 - x}{x} = \sqrt{5}.$$

3.2 Löse die Gleichung $(x^2 - 3x + 2)(^2 - 3x - 4) = x^2 - 6x + 8$. Hinweis: Zerlege die rechte Seite in Faktoren.

3.3 Die Gleichung $x^6 - 6x^4 + ax^3 + 9x^2 - 3ax + b$ ist durch eine geschickte Substitution in eine quadratische Gleichung zu verwandeln.

3.4 (Bardey [10, S. 15]): Löse die Gleichung $(a + 5b + x)(5a + b + x) = 3(a + b + x)^2$

    (a) durch Ausmultiplizieren;

    (b) durch die Substitution $z = a + b + x$.

3.5 Bestimme alle ganzzahligen Lösungen der folgenden Gleichungen:

$$x^3 - 7x - 6 = 0, \qquad\qquad x^3 - 4x^2 + x + 6 = 0,$$
$$x^3 + x^2 - 2x - 2 = 0, \qquad\qquad x^3 + 3x^2 - 2x - 6 = 0,$$
$$x^4 + 2x^2 - 3 = 0, \qquad\qquad x^4 - x^3 - 5x^2 - x - 6 = 0.$$

3.6 Zeige, dass die Gleichung
$$\frac{1}{x+r} = \frac{1}{x} + \frac{1}{r}$$
für jede reelle Zahl $r \neq 0$ keine reellen Lösungen besitzt.

3.7 [57, § 3, 1] Löse die Gleichung $x^3 - 2ax^2 + a^3 = 0$.

3.8 [57, § 3, 2] Löse die Gleichung
$$\frac{x}{a} + \frac{b}{x} + \frac{b^2}{x^2} = 1 + \frac{b}{a} + \frac{b^2}{x^2}.$$
Hinweis: Eine Lösung der Gleichung ist sofort zu sehen.

3.9 ([127, S. 213]) Löse die Gleichung $(x-1)(x-3)(x-5)(x-7) = 9$.

Hinweis: Erste und letzte Klammer, sowie die beiden mittleren multiplizieren und an die Macht der Substitution denken.

3.10 (Mündliche Maturitätsprüfung 1894–95, deutsche Oberrealschulen in Böhmen): Löse die Gleichung $x^4 - 2x^3 + 2x^2 - 2x = -1$.

3.11 Löse die Gleichung $x^4 - 4x^3 + 5x^2 - 4x + 1 = 0$.

3.12 Löse die Gleichung $x^4 + 3x^3 - 8x^2 + 3x + 1 = 0$.

3.13 Löse folgende Gleichungen ([50, S. 36, 39]).

$$x^3 + 2x^2 + 2x + 1 = 0; \qquad 2x^4 - 3x^2 - x^2 - 3x + 2 = 0;$$
$$2x^3 - 7x^2 + 7x - 2 = 0; \qquad x^4 + 3x^3 - 3x + 1 = 0;$$
$$10x^3 - 19x^2 - 19x + 10 = 0; \qquad x^4 + \frac{3}{2}x^3 - 2x^2 - \frac{3}{2}x + 1 = 0;$$
$$x^4 + 4x^3 - 10x^2 + 4x + 1 = 0; \qquad x^5 - 11x^4 + 36x^3 - 36x^2 + 11x - 1 = 0;$$
$$x^4 - 3x^2 + 4x^2 - 3x + 1 = 0; \qquad x^5 + 2x^4 + 3x^3 + 3x^2 + 2x + 1 = 0.$$

3.14 Löse Gleichungen der Form $ax^4 + bx^3 + cx^2 - bx + a = 0$.

3.15 Löse Gleichungen der Form $ax^4 + bx^3 - bx - a = 0$ durch geschicktes Ausklammern.

3.16 Löse Gleichungen der Form $ax^4 + bx^3 + cx^2 - bx + a = 0$.

3.17 Löse Gleichungen der Form $ax^6 + bx^5 + cx^4 - cx^2 - bx - a = 0$ durch Ausklammern von $x^2 - 1$.

3.18 Löse folgende Wurzelgleichungen.

$$\sqrt{x+1} + 3 = 6; \qquad\qquad 3\sqrt{x-12} = \sqrt{x+20};$$
$$\sqrt[3]{x-1} = 4; \qquad\qquad \sqrt[3]{x-4} = 2\sqrt[3]{x+1};$$
$$2 + \sqrt{x} = \sqrt{x+8}; \qquad\qquad \sqrt{x} = x - 2;$$
$$\sqrt{x+16} = \sqrt{x-4} + \sqrt{x-16}; \qquad \sqrt{5x + \sqrt{x+5}} = \sqrt{5x+3};$$
$$2\sqrt{2x} = \sqrt{x+7} + x - 1; \qquad \sqrt{2x+10} - \sqrt{4x-8} = 2;$$
$$\frac{x-2}{\sqrt{x-1}} = \sqrt{x-1} + 1; \qquad \sqrt{x} - \sqrt{x-1} = \sqrt{2x-1}.$$

Bestimme die maximalen Definitionsbereiche der obigen Gleichungen.

3.19 ([106, Aufg. 14d), S. 23]) Löse die Gleichung

$$(x^2 - 6x - 9)^2 = x^3 - 4x^2 - 9x.$$

Hinweis: Teile beide Seiten durch x^2 und substitutiere.

3.20 (Reifeprüfung 1893–1894, Realgymnasien Preußen; ZMNU 28) Löse die Gleichung

$$\sqrt{x + 7} + \sqrt{x + 23} = \sqrt{x + 2}.$$

3.21 (Monoid **102**, Juni 2010) Wo steckt der Fehler?

$$\sqrt{x^2 + 2x + 1} - x = 5$$
$$\sqrt{(x + 1)^2} - x = 5$$
$$x + 1 - x = 5$$
$$1 = 5,$$

also hat die Gleichung keine Lösung.

Auf der anderen Seite ist $x = -3$, wie man leicht nachrechnet, eine Lösung.

3.22 Löse folgende Wurzelgleichungen:

$$\sqrt{7x + 8} - \sqrt{7x - 24} = 4 \qquad \sqrt{x + 5a^2} + \sqrt{x - 3a^2} = 4a;$$
$$\sqrt{x - 1} + \sqrt{x + 1} = \sqrt{2x + 1}; \qquad \sqrt{x - 4a} + \sqrt{9x + a} = 4\sqrt{x - a}.$$

3.23 Löse die Gleichung

$$\sqrt{2 + \sqrt{x + 1}} = x - 1.$$

Hinweis: Das resultierende Polynom 4. Grades hat zwei ganzzahlige Wurzeln.

3.24 Löse die Gleichung

$$\sqrt{a + \sqrt{a^2 - 2a - 4ax}} = x + 1.$$

Hinweis: Die resultierende Gleichung vierten Grades

$$x^4 + 4x^3 + (6 - 2a)x^2 + 4x + 1 = 0$$

ist reziprok; man kann die obige Gleichung auch lösen, wenn man den Term $(x+1)^4$ nicht auflöst, sondern stehen lässt.

3.25 (35. Österreichische Mathematik-Olympiade 2004, Fortgeschrittene) Löse die Gleichung

$$\sqrt{4 - x\sqrt{4 - (x - 2)\sqrt{1 + (x - 5)(x - 7)}}} = \frac{5x - 6 - x^2}{2}.$$

Hinweis: Auflösen der Wurzeln führt natürlich in eine Katastrophe. Man fertige daher ein Schaubild der Funktion auf der rechten Seite an und erinnere sich an die Tatsache, dass Quadratwurzeln nie negativ sind.

3.26 Bestimme den maximalen Definitionsbereich der folgenden Bruchgleichungen und löse sie:

$$\frac{x}{2x+3} = \frac{x-3}{2x-1}; \qquad \frac{x-1}{x+3} = \frac{2x}{2x-1};$$

$$\frac{x+1}{x-2} - \frac{x-3}{x+2} = \frac{12}{x^2-4}; \qquad \frac{x-c-xc}{bx+cx} = 1 + \frac{1}{x};$$

$$\frac{2}{x-3} + \frac{2}{x+3} = \frac{24}{x^2-9}; \qquad \frac{6}{4x^2+12x+9} = 2 - \frac{4}{2x+3};$$

$$\frac{5+x}{3-x} - \frac{8-3x}{x} = \frac{2x}{x-2}; \qquad \frac{x-a}{x} + \frac{3a^2}{x(x+a)} = \frac{x^2}{x^2+ax} - \frac{x-3a}{x+a};$$

$$\frac{1}{x} = \frac{1}{a} + \frac{1}{b}; \qquad \frac{x}{x-1} = \frac{1}{x-1};$$

$$\frac{a+x}{a-x} = \frac{x+b}{x-b}; \qquad \frac{4x-4}{4x+4} + \frac{x+1}{x-1} = 3.$$

3.27 Löse das Gleichungssystem

$$x^2 + y^2 + 3(x+y) = 28, \qquad (x+y)^2 - xy = 19.$$

Hier sieht man, dass man eine Gleichung in $x+y$ erhält, wenn man von der ersten Gleichung das doppelte der zweiten subtrahiert. Die Substitution $x+y = z$ reduziert das Ganze dann auf die Lösung quadratischer Gleichungen.

3.28 Löse das Gleichungssystem

$$x + xy + y = 29, \qquad x^2 + xy + y^2 = 61.$$

Hinweis: Addition und binomische Formeln!

3.29 Löse das Gleichungssystem

$$\text{I.} \quad x^2 + y^2 = 20, \qquad \text{II.} \quad xy = 8,$$

1. indem man II nach y auflöst und in I einsetzt;
2. indem man I $\pm\, 2\cdot$ II berechnet;
3. indem man I durch II dividiert und $\frac{x}{y} = z$ setzt.

3.30 (38. Mathematik-Olympiade, 1. Runde, Klassenstufe 11–13) Man bestimme alle reellen Lösungen der Gleichung

$$8^x + 2 = 4^x + 2^{x+1}.$$

3.31 (39. Mathematik-Olympiade, 3. Runde, Klassenstufe 11–13) Bestimmen Sie alle Lösungen des folgenden Gleichungssystems:

$$x^3 + y^3 = 3, \quad x^9 + y^9 = 9.$$

3.32 (39. Mathematik-Olympiade, 4. Runde, Klassenstufe 12–13, Tag 1) Man ermittle für jede reelle Zahl a die Anzahl der reellen Lösungspaare (x, y) des Gleichungssystems

$$|x| + |y| = 1, \quad x^2 + y^2 = a.$$

Hinweis: Interpretiere das Gleichungssystem geometrisch.

3.33 (39. Mathematik-Olympiade, 4. Runde, Klassenstufe 12–13, Tag 2) Man ermittle alle nichtnegativen ganzen Zahlen x, y, z, die das Gleichungssystem

$$\sqrt{x+y} + \sqrt{z} = 7, \quad \sqrt{x+z} + \sqrt{y} = 7, \quad \sqrt{y+z} + \sqrt{x} = 5$$

erfüllen.

3.34 (44. Mathematik-Olympiade, 1. Runde, Klassenstufe 11–13) Man ermittle für jede reelle Zahl a alle diejenigen Paare (x, y) reeller Zahlen x und y, die dem folgenden Gleichungssystem genügen:

$$x^2 + y^2 = 25, \quad x + y = a$$

3.35 (44. Mathematik-Olympiade, 2. Runde, Klassenstufe 11–13) Man bestimme alle Paare (x, y) ganzer Zahlen, die Lösungen des folgenden Gleichungssystems sind:

$$\frac{3+x}{6-x} + \frac{2+y}{9-y} = 0, \quad \frac{4+x}{9-y} + \frac{1+y}{6-x} = 0$$

3.36 (44. Mathematik-Olympiade, 3. Runde, Klassenstufe 12–13, Tag 1) Man bestimme alle Tripel (x, y, z) reeller Zahlen, die den folgenden Gleichungen genügen:

$$x^2 + yz = 2, \quad y^2 + xz = 2, \quad z^2 + xy = 2$$

3.37 (44. Mathematik-Olympiade, 3. Runde, Klassenstufe 12–13, Tag 2) Es seien a, b ganze Zahlen und $p_1, p_2, \ldots, p_6$ Primzahlen. Man ermittle alle derartigen Zahlen, die dem folgenden Gleichungssystem genügen:

$$a^6 - b^6 = p_1 p_2 p_3, \qquad a^3 + b^3 = p_1 p_2,$$
$$a + b = p_1, \qquad ab = p_4 p_5 p_6$$

3.38 (44. Mathematik-Olympiade, 4. Runde, Klassenstufe 12–13, Tag 1) Man bestimme alle reellen Lösungen (x, y) des Gleichungssystems

$$x^3 + 1 - xy^2 - y^2 = 0, \quad y^3 - 1 - x^2 y + x^2 = 0$$

3.39 (49. Mathematik-Olympiade, 2. Runde, Klassenstufe 11–13) Man bestimme alle positiven ganzzahligen Lösungen des Gleichungssystems

$$x^2 - xy = 2009, \quad y^2 - x = 15.$$

3.40 (51. Mathematik-Olympiade, 2. Runde, Klassenstufe 11–13) Es sei a eine reelle Zahl. Man ermittle in Abhängigkeit von a alle reellen Zahlen x, die die Gleichung

$$x^3 + a^3 = x^2 - xa + a^2$$

erfüllen.

Hinweis: Nach Vieta sollte man Faktoren des konstanten Gliedes $a^3 - a^2$ betrachten. Eine andere Möglichkeit ist die Substitution $z = x - a$, weil dann das a^3 auf der linken Seite verschwindet.

3.41 (51. Mathematik-Olympiade, 3. Runde, Klassenstufe 11–13, Tag 1) Man ermittle alle reellen Zahlen a und b, für die das Gleichungssystem

$$x^3 + y^3 = 54, \quad ax - y = b$$

keine reellen Lösungen x, y hat.

3.42 (52. Mathematik-Olympiade, 1. Runde. Klassenstufe 11–12) Man bestimme alle Tripel reeller Zahlen (a, b, c), die das Gleichungssystem

$$ab = 20, \quad bc = 12, \quad a + b + c = 12$$

erfüllen.

Hinweis: Man denke daran, dass man Gleichungen auch durcheinander dividieren darf.

3.43 (52. Mathematik-Olympiade, 2. Runde. Klassenstufe 11–12) Man bestimme alle reellen Lösungen des Gleichungssystems

$$\sqrt{x + y} + \sqrt{x - y} = 4, \quad (x + y)^2 + (x - y)^2 = 82.$$

3.44 (5. Irische Mathematik-Olympiade 1992) Wieviele geordnete Tripel (x, y, z) reeller Zahlen genügen dem Gleichungssystem

$$x^2 + y^2 + z^2 = 9, \quad x^4 + y^4 + z^4 = 33, \quad xyz = -4?$$

3.45 (6. Irische Mathematik-Olympiade 1993) Die reellen Zahlen α und β genügen den Gleichungen

$$\alpha^3 - 3\alpha^2 + 5\alpha - 17 = 0, \qquad \beta^3 - 3\beta^3 + 5\beta + 11 = 0.$$

Bestimme $\alpha + \beta$.

3.46 (7. Irische Mathematik-Olympiade 1993) Seien x und y positive ganze Zahlen mit $y > 3$ und

$$x^2 + y^4 = 2[(x - 6)^2 + (y + 1)^2].$$

Teige, dass $x^2 + y^4 = 1994$ gilt.

3.47 (12. Irische Mathematik-Olympiade 1999) Löse das Gleichungssystem

$$y^2 = (x + 8)(x^2 + 2), \qquad y^2 = (8 + 4x)y + 5x^2 - 16x - 16.$$

3.48 (16. Irische Mathematik-Olympiade 2003) Finde alle ganzzahligen Lösungen x, y der Gleichung

$$y^2 + 2y = x^4 + 20x^3 + 104x^2 + 40x + 2003.$$

3.49 Eine meiner ersten achten Klassen wurde in einer Klassenarbeit mit der folgenden Aufgabe (vgl. Konforowitsch [69, S. 55], sowie Knight [67] und Eddy [29]) konfrontiert:

Gilt die Gleichung

$$\sqrt{2\frac{2}{3}} = 2\sqrt{\frac{2}{3}} ?$$

Der erste Impuls ist natürlich ein gesundes „Nein!". Bei manchen Schülerinnen stellten sich dann doch Zweifel ein, und Nachrechnen ergab, dass die Gleichung tatsächlich stimmt.

Finde weitere Aufgaben der Form

$$\sqrt{a + \frac{b}{c}} = a \cdot \sqrt{\frac{b}{c}}$$

durch Einsetzen von $a = 2, 3, \dots$ in die resultierende wurzelfreie Gleichung.

3.50 Ebenfalls in dem eben erwähnten Büchlein [69] findet sich die folgende Verallgemeinerung der eben erwähnten Umformungen für Quadratwurzeln: Zeige, dass

$$\sqrt[n]{a + \frac{a}{a^n - 1}} = a \cdot \sqrt[n]{\frac{a}{a^n - 1}}$$

für alle reellen Zahlen a mit $a^n \neq 1$ gilt.

3.51 Weitere seltsame Identitäten kann man dem Artikel [19] von Ajai Choudhry und Jaroslaw Wróblewski entnehmen. So gilt etwa

$$\sqrt{\frac{1}{9} + \frac{1}{3}} = \sqrt{\frac{1}{9}} + \frac{1}{3} \quad \text{und} \quad \sqrt{\frac{4}{9} - \frac{1}{3}} = \sqrt{\frac{4}{9}} - \frac{1}{3},$$

sowie

$$\sqrt[3]{\frac{343}{2197} + \frac{1}{13}} = \sqrt[3]{\frac{343}{2197}} + \frac{1}{13} \quad \text{und} \quad \sqrt[3]{\frac{512}{2197} - \frac{1}{13}} = \sqrt[3]{\frac{512}{2197}} - \frac{1}{13}.$$

Zeige, dass man derartige Beispiele $\sqrt{b^n} + d = \sqrt{b^n + d}$ aus Lösungen der Gleichung $a^n - b^n = a - b$ für $n = 2$ und $n = 3$ gewinnen kann, indem man $d = a^k - b^k$ setzt, und finde weitere Beispiele.

3.52 Diese Aufgabe ist aus [83, S. 84], wo sie aber eher ungeschickt gelöst ist. Man vermeide den Großteil der dortigen Rechnungen.

Die Gesamtoberfläche eines Quaders beträgt 552 cm², seine Raumdiagonale 17 cm. Die Summe der ersten und der zweiten Kante ist um 13 cm größer als die dritte Kante. Wie lang sind alle drei?

3.53 ([83, S. 161]) Ein gerader Kegelstumpf von 9 cm Höhe, dessen Grundkreisradien sich um 13 cm unterscheiden, ist einer Kugel mit einem Radius von 25 cm einbeschrieben. Welche Radien haben seine Grundkreise, und wie weit sind diese vom Kugelmittelpunkt entfernt?

3.54 Aus direkten Beobachtungen kann man die synodische Umlaufsdauer der Venus zu 583,5 Tagen bestimmen. Wie lange dauert das Venusjahr, d.h. wie lange braucht sie für einen Umlauf um die Sonne?

3.55 Ein Sonnentag ist die Differenz zwischen den Zeiten, in denen die Sonne an zwei aufeinanderfolgenden Tagen im Zenit steht. Ein siderischer Tag ist die Differenz zwischen den Zeiten, in denen ein bestimmter Stern an zwei aufeinanderfolgenden Tagen im Zenit steht. Zeige, dass zwischen der Dauer s eines Sonnentags, der Dauer t eines Sternentags und der Dauer T eines Jahres die Beziehung (3.10) gilt.

Beachte dabei, dass das Jahr ca. 365,25 Sonnentage und 366,25 Sternentage hat.

3.56 Ein siderischer Monat ist die Zeit, in der der Strahl zwischen Erde und Mond eine volle Umdrehung ausführt. Ein synodischer Monat dagegen ist die Zeit s zwischen zwei Vollmonden, also 29,5306 Tage. Berechne die siderische Umlaufszeit des Mondes aus s und dem siderischen Jahr $T = 365,2564$ Tagen.

3.57 (Mathematikolympiade Sofia 1967, Klassenstufe 9) Löse die Gleichung

$$\frac{x - 1}{x + 1} + \frac{x + 2}{x - 2} + \frac{3 - x}{x + 3} + \frac{x + 4}{4 - x} = 0.$$

3.58 (Aufnahmeprüfung an erweiterten Oberschulen, CSSR 1966) Löse die Gleichung

$$\frac{3}{4}(x-1) - \frac{2}{3}(2x-1) = 2 - \frac{5}{6}(x+1).$$

3.59 (Konforowitsch [69]) Die Lösung der Bruchgleichung

$$\frac{7}{x} = \frac{7}{9}$$

kann man sofort ablesen: Zwei Brüche mit gleichem Zähler sind gleich genau dann, wenn ihre Nenner ebenfalls gleich sind. Im vorliegenden Fall ist also $x = 9$ die einzige Lösung der Gleichung.

Man suche nun den Fehler in der folgenden Lösung der Bruchgleichung

$$\frac{x+5}{x-7} - 5 = \frac{4x-40}{13-x}.$$

Durch Zusammenfassen (Hauptnenner) wird daraus

$$\frac{x+5-5x+35}{x-7} = \frac{4x-40}{13-x}$$

$$\frac{40-4x}{x-7} = \frac{4x-40}{13-x}$$

$$\frac{4x-40}{7-x} = \frac{4x-40}{13-x}$$

Aus der Gleichheit der Zähler folgt wie oben die Gleichheit der Nenner, also

$$7 - x = 13 - x \quad \text{und damit} \quad 7 = 13.$$

Die Gleichung hat also keine Lösung.

Andererseits rechnet man leicht nach, dass $x = 10$ eine Lösung der Ausgangsgleichung ist.

3.60 Der russische Mathematiker Vladimir Arnold erzählte in einem Interview 1997 folgende Geschichte.

Die erste wirklich mathematische Erfahrung hatte ich, als uns unser Mathematiklehrer I.V. Morozkin die folgende Aufgabe gab.

Zwei alte Frauen gingen bei Sonnenaufgang los, und jede wanderte mit konstanter Geschwindigkeit. Eine ging von A nach B, die andere von B nach A. Sie trafen sich um 12:00 mittags, und kamen um 4 Uhr nachmittags bzw. um 9 Uhr abends an. Wann war an diesem Tag Sonnenaufgang?

3.61 (Canadian Mathematical Society Prize Exam 1996; Crux Math. 22 (1996), S. 294) Löse die Gleichung

$$\sqrt{x+20} - \sqrt{x+1} = 1.$$

3.62 Löse die Gleichung

$$4^x = 2 \cdot 14^x + 3 \cdot 49^x.$$

3.63 Löse die Gleichung

$$7 \cdot 3^{x+1} - 5^{x+2} = 3^{x+4} - 5^{x+3}.$$

3.64 Löse die Gleichung

$$2^{2x+2} - 6^x - 2 \cdot 3^{2x+2} = 0.$$

3.65 (Wurzel 6 (1988), S. 89) Löse die Gleichung

$$4^x + 6^x = 9^x.$$

3.66 (Sharp calculator competition Südafrika 1994) Löse die Gleichung

$$(1 + x)^4 = 2(1 + x^4).$$

3.67 [57, § 2, 2] Löse die Gleichung $\sqrt{x\sqrt{x} + x} + \sqrt{x} = x$.

3.68 [57, § 2, 3] Löse die Gleichung $\sqrt{x\sqrt{x} - x} + \sqrt{x} = x$.

3.69 [57, § 2, 8] Löse die Gleichung

$$2^x + 2^{x+1} + 2^{x+2} + 2^{x+3} = 3^x + 3^{x+1} + 3^{x+2} + 3^{x+3}.$$

3.70 [57, § 2, 22] Finde rationale Werte von x und y, welche der Gleichung

$$(\sqrt{x} + \sqrt{y})^4 = 217 + 88\sqrt{6}$$

genügen.

Hinweis: Der erste Schritt ist, die rechte Seite als das Quadrat eines Ausdrucks der Form $a + b\sqrt{6}$ zu schreiben. Die verbleibende Gleichung kann man mit Vieta auf eine quadratische Gleichung zurückführen.

3.71 [57, § 3, 34] Löse die Gleichung

$$x^4 + 8x^3 + 6x^2 - 4x - 2 = 0.$$

Hinweis: Setze $x = z - 1$.

3.72 Löse die Gleichung

$$x^2 + \frac{a^2 x^2}{(x - a)^2} = b^2.$$

Hinweis: Setze $x = az + a$.

3.73 (Vgl. [10, S. 9]) Bestimme $\frac{x}{y}$ aus

$$\frac{(3x^2 - 2xy + 3y^2)(x + y)^2}{4(x^2 + y^2)(x - y)^2} = \frac{4}{3}.$$

3.74 ([10, S. 15]) Löse folgende Gleichungen:

$$(a + 3b + x)(3a + b + x) = 2(a + b + x)^2;$$
$$(a + 17b + x)(17a + b + x) = 9(a + b + x)^2;$$
$$(a - 7b + x)(3a - b - x) = (a + 3b + x)^2;$$
$$(a + 5b + x)(5a + b + 3x) = 4(a + 2b + x)^2.$$

Hinweis: Um in der 3. Gleichung Substitution anwenden zu können, muss man ein $-$ vor die Klammer ziehen; in der 4. Gleichung muss man entweder den 2. Faktor links durch 3 teilen, oder die Gleichung mit 9 multiplizieren und den Faktor 3 geschickt auf die Klammern verteilen.

3.75 (Vgl. [10, S. 17, 20]) Löse die Gleichungen

$$\frac{2xy(x+y)^2}{(x^2-4xy+y^2)(x-y)^2} = 2 \quad \text{und} \quad \frac{x^4 - 7x^2y^2 + y^4}{6xy(x^2+y^2)} = \frac{3}{4}.$$

3.76 Zeige, dass in der Abbildung rechts

$$\frac{1}{x} = \frac{1}{a} + \frac{1}{b}$$

gilt.

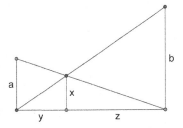

3.77 Löse das Gleichungssystem

$$x^2 + xy = a, \qquad y^2 + xy = b.$$

3.78 Löse das System quadratischer Gleichungen

$$x^2 + xy = 3, \qquad y^2 + xy = 1.$$

3.79 Zeige, dass quadratische Polynome $f(x) = ax^2 + bx + c$ genau dann der Funktionalgleichung $f(x) = f(1-x)$ genügen, wenn sie Vielfache von $x(x-1)$ sind.

3.80 Zeige, dass $f(x) = ax^4 + bx^3 + cx^2 + dx$ genau dann der Funktionalgleichung $f(x) = f(1-x)$ genügt, wenn $b = -2a$ und $a + b + c + d = 0$ gelten,

Zeige, dass im Falle $a = 1$

$$f(x) = x^4 - 2x^3 + cx^2 + (1-c)x = x(x-1)(x^2 - x + c - 1)$$

ist.

3.81 Ist $f(x) = q_1(x) \cdots q_m(x)$ ein Produkt quadratischer Polynome $q_j(x) = x^2 + b_j x + c_j$, und genügt f der Funktionalgleichung $f(1-x) = f(x)$, muss dann $b_j = -1$ sein?

3.82 (Metger [86]) Löse das Gleichungssystem

$$\frac{1}{x^2} + \frac{1}{y^2} = 0{,}29; \quad \frac{1}{x} - \frac{1}{y} = 0{,}3.$$

3.83 (Metger [86]) Löse das Gleichungssystem

$$x^2 + xy + y^2 = 3a^2 + b^2, \quad x^2 - xy + y^2 = a^2 + 3b^2.$$

3.84 (Metger [86]) Löse das Gleichungssystem

$$x^2 + y^2 + x - y = 320, \quad xy + x - y = 157$$

durch die von Vieta inspirierte Substitution $xy = t$ und $x - y = u$.

3.85 ([89, S. 161]) Löse die Gleichung $x^4 + a^4 = 4ax(x^2 + a^2)$.

Hinweis: Vergleiche mit $(x-a)^4$.

3.86 ([31, S. 82]) Löse die Gleichung

$$x^4 - 2ax^2 - x + a^2 - a = 0$$

durch Auflösen der in a quadratischen Gleichung nach a der Unbekannten a.

Homogene Gleichungen

3.87 Löse die Gleichung
$$x^2 + 2x + 15 = 2x\sqrt{2x + 15}.$$

3.88 Löse die Gleichung
$$2\sqrt[3]{x + 1} - \sqrt[3]{x - 1} = \sqrt[6]{x^2 - 1}.$$

3.89 Löse das Gleichungssystem
$$3x^2 - 2xy - y^2 = 0, \quad x^2 + 5y = 6.$$

3.90 Löse das Gleichungssystem
$$3x^2 - \frac{25}{12}xy + 3y^2 = 0, \quad x^2 + y^2 = 25.$$

3.91 Löse das Gleichungssystem
$$3x^2 - 3xy + y^2 = 3, \quad x^2 + 2xy - 2y^2 = 6.$$

4. Geometrie der Kegelschnitte

Im Buch *Der Planet der Affen* [15] von Pierre Boulle nimmt der Protagonist Ulysse Mérou, der von den Affen in einem Käfig gefangen gehalten wird, mit der Schimpansin Zira Kontakt auf, indem er den Satz des Pythagoras in ein Heft zeichnet. Weiter heißt es dann:

> *Insgeheim dankte ich Pythagoras und vergnügte mich noch ein wenig mit Geometrie. Auf eine Seite des Heftes zeichnete ich, so gut ich konnte, die drei Kegelschnitte mit ihren Achsen und den Brennpunkten – eine Ellipse, eine Parabel und eine Hyperbel. Dann zeichnete ich auf die gegenüberliegende Seite einen Kegel. Bekanntlich ergeben sich je nach Lage der Schnittebenen zur Kegelachse diese drei Kegelschnitte. Ich demonstrierte nun, wie eine Ellipse zustande kommt, und zeigte mit dem Finger auf die entsprechende Figur in meiner ersten Zeichnung. Die Schimpansin staunte. Sie riss mir das Heft aus den Händen, zeichnete ihrerseits einen Kegel mit einer anderen Schnittebene und wies mit dem langen Finger auf die Hyperbel. Ich war so bewegt, dass mir Tränen in die Augen traten und ich Ziras Hände krampfhaft umklammerte. Hinter mir im Käfig kreischte Nova vor Empörung – instinktiv hatte sie die Bedeutung dieses Gefühlsausbruchs erfasst. Was da zwischen Zira und mir entstand, war eine mit Hilfe der Geometrie errichtete geistige Brücke. Ich empfand darüber beinahe sinnliche Befriedigung, und ich spürte, dass die Schimpansin ähnliches durchlebte.*

Pierre Boulle konnte beim Schreiben seines Buchs noch davon ausgehen, dass die Mehrzahl seiner Leser diese „beinahe sinnliche Befriedigung" nachvollziehen konnten. Heute ist dies nicht mehr der Fall: Schüler würden inzwischen gerade noch die Parabel erkennen, allerdings fiele ihnen dazu bestenfalls die Gleichung $y = x^2$ ein.

Die Geschichte der Parabel führt aber in eine Zeit zurück, als es Koordinatensysteme[1] noch gar nicht gab, und ohne ein Koordinatensystem gibt es keinen Zusammenhang zwischen einer algebraischen Gleichung wie $y = x^2$ und einem geometrischen Objekt wie einer Parabel. Auch bei der Frage nach der Gleichung eines Kreises erntet man heute eher ratlose Blicke, und von einer Ellipse haben

---

[1] Die erste Idee eines Koordinatensystems geht auf Pierre Fermat und dessen Zeitgenossen René Descartes zurück. Die lateinische Form „Cartesius" seines Namens gab den üblichen „kartesischen" Koordinatensystemen mit orthogonalen Achsen ihren heutigen Namen.

Schüler in Regel nie etwas gehört. Den Reichtum dieser einfachsten geometrischen Objekte nach Punkten und Geraden kann man allein daran ermessen, dass der griechische Mathematiker Apollonius von Perge (265–190 v. Chr.) acht Bücher über die Theorie der Kegelschnitte geschrieben hat (von denen sieben überliefert sind). Das griechische Wort für Kegel („konos") bezeichnete ursprünglich Pinienzapfen und gab den französischen (cône) und englischen (cone) Bezeichnungen für Kegel ihren Namen.

Außer Apollonius sollte man in diesem Zusammenhang auch Menaechmos erwähnen, der wohl ein halbes Jahrhundert vor Euklid gelebt hat, dem die Entdeckung der Kegelschnitte zugeschrieben wird und der diese für seine Lösung des Problems der Verdopplung des Würfels (sh. [75, Kap. 6]) benutzte, sowie Archimedes, der neben vielen anderen spektakulären Resultaten beweisen konnte, dass die Fläche eines Parabelsegments, das durch den Schnitt einer Geraden mit einer Parabel entsteht, genau $\frac{4}{3}$-mal so groß ist wie das maximale diesem Segment einbeschriebene Dreieck.

Mit der Renaissance, also der Wiederentdeckung der griechischen Leistungen auf den Gebieten der Mathematik, der Astronomie, sowie der Kunst und Literatur in Europa, begannen die Kegelschnitte wieder in das Blickfeld der Wissenschaft zu rücken. Hatten sich zuvor die Himmelskörper aus eher theologischen Gründen auf perfekten Kreisbahnen bewegen müssen, oder später, als die Beobachtungen damit nicht mehr in Einklang zu bringen waren, auf Kreisbahnen um Kreisbahnen (die sogenannten Epizykel), so erkannte Johannes Kepler beim Studium der Beobachtungsdaten Tycho Brahes, dass der Mars sich auf einer Ellipse um die Sonne bewegt und die Sonne in einem der beiden Brennpunkte dieser Ellipse steht. Die drei Keplerschen Gesetze beschrieben diese Bewegung quantitativ und dienten Newton als „Geburtshelfer" seiner Gravitationstheorie. Weitere Anwendungen fanden Kegelschnitte bei den Parabolspiegeln, die nach Newtons Erfindung des Spiegelteleskops für den Bau immer größerer und besserer Teleskope unerlässlich wurden. Auch an Universitäten und später an Schulen wurde die Theorie der Kegelschnitte bis in die 1960-er Jahre hinein ausgiebig durchexerziert. Heute werden sie weder an Schulen noch an Universitäten unterrichtet – was allerdings, wie uns die moderne Didaktik lehrt, überhaupt kein Problem ist, weil man Informationen über Kegelschnitte ebenso in Sekundenschnelle ergoogeln kann wie solche über Bankenrettung, Fracking, TTIP oder Demokratie.

Die Mehrzahl der deutschsprachigen Bücher über Kegelschnitte sind relativ alt; aus der neueren Zeit ist mir nur das Didaktik-Buch von Schupp [116] bekannt, das aber, weil es mit seinen vielen Pascal-Programmen versuchte, modern zu sein, inzwischen mehr Staub angesetzt hat ist als manches ältere Buch wie beispielsweise Mütz [96] oder Lietzmann [80]. Einen Aufbau der Kegelschnittslehre mithilfe der Vektorrechnung findet man bei Baur [11], die Geschichte der Kegelschnitte bei Fladt [37]. Empfohlen seien neben diesen Büchern noch die Artikel von Meyer und Lange [72, 73, 88]. Unter den fremdsprachigen Büchern über Kegelschnitte seien Kendig [65] und Ingrao [60] erwähnt, ebenso wie dasjenige von Hansen [49]; auch das für 2016 angekündigte Buch [42] von Glaeser et al. wird zweifellos zu empfehlen sein. Wer sich davon überzeugen möchte, dass man dem Thema Kegelschnitte (und allgemeineren ebenen algebraischen Kurven) auch auf universitärem Niveau etwas abgewinnen kann, dem sei ein Blick in die Bücher von Bix [12] und Brieskorn & Knörrer [17] empfohlen. Daneben gibt es noch Übersetzungen aus dem Russischen (Akopyan & Zaslavsky [1]) und Indischen (Sharma [117]).

Die Geometrie der Kegelschnitte eignet sich wunderbar zum Vergleich zweier Beweistechniken: Der synthetische („geometrische") Beweis argumentiert mit geometrischen Definitionen und Sätzen, der „analytische" Beweis besteht aus Rechnungen mit Koordinaten, wobei die algebraische Variante die Anwendung der Differentialrechnung durch die Betrachtung mehrfacher Nullstellen ersetzt. Auch wenn sich Anfänger oft mit analytischen Beweisen eher anfreunden können (weil man in der Regel weniger denken muss und der Kalkül den Großteil der Arbeit erledigt), möchte ich die Leeser doch davon überzeugen, dass analytische Beweise eher die Korrektheit eines Satzes verifizieren, während synthetische Beweise Einsichten vermitteln, *warum* ein Satz richtig ist.

4.1 Kegelschnitte als Ortskurven

Die alten Griechen entwickelten schon vor Euklid eine Theorie der Kegelschnitte, die sie nach und nach ausbauten. Überlebt haben nur die Bücher über Kegelschnitte von Apollonius von Perge, und selbst von dessen Büchern ist nur ein Teil überliefert, einige wenige im griechischen Original, und andere in Übersetzungen arabischer Wissenschaftler. Auch Euklid hat Bücher über Kegelschnitte geschrieben: Diese sind aber allesamt verloren gegangen.

Die meisten einfachen geometrischen Definitionen der Kegelschnitte (Ellipsen, Parabeln und Hyperbeln) benutzen den Begriff der Ortskurve. Wir werden in diesem Abschnitt die klassischen geometrischen Definitionen der Kegelschnitte geben und dann zeigen, wie man mit ebenfalls geometrischen Mitteln Tangenten an diese Kegelschnitte konstruieren kann. Im nächsten Abschnitt werden wir dann untersuchen, wie man Kegelschnitte in einem geeigneten Koordinatensystem analytisch beschreibt, um dann manche Sätze aus diesem Abschnitt noch einmal durch Rechnung bestätigen.

Tangenten tauchen an der Schule nur noch im Zusammenhang mit Ableitungen auf; die klassischen Sätze über Tangenten an Kreise und Parabeln sind nicht mehr Teil des Lehrplans. Insbesondere bleibt heutigen Schülern die Einsicht verborgen, dass man Tangenten an Kegelschnitte ohne Hilfsmittel der Differentialrechnung beikommen kann. Dazu legen wir fest, dass eine Gerade Tangente an einen Kegelschnitt heißt, wenn diese den Kegelschnitt in genau einem Punkt so schneidet, dass der Kegelschnitt ganz auf einer Seite der Geraden liegt (im Falle von Hyperbeln ist diese Definition mit einem gewissen Wohlwollen zu lesen).

Den Tangenten von Kegelschnitten kann man sich auf drei wesentlich verschiedene Arten nähern:

- Synthetisch durch Ausnutzung der Definition der Kegelschnitte als Ortskurven; dies werden wir in diesem Abschnitt verfolgen.

- Algebraisch durch die Beobachtung, dass das Schneiden von Kegelschnitt und Tangente auf eine Gleichung mit einer *doppelten* Lösung führt.

- Analytisch durch den Grenzübergang von Sekanten zu Tangenten mithilfe der Differentialrechnung.

Die Konstruktion der Tangenten mit den Mitteln der synthetischen Geometrie wird in allen mir bekannten Büchern seit dem 20. Jahrhundert sehr schlampig durchgeführt: es wird nämlich nur gezeigt, dass eine Gerade mit bestimmten Eigenschaften eine Tangente ist, und dann wird aus der Eindeutigkeit der Tangente geschlossen, dass die Tangente diese Eigenschaften hat. Meist wird dies sogar nur implizit gemacht und nicht einmal darauf hingewiesen, dass man die Eindeutigkeit zwar benutzt, aber nicht bewiesen hat.

Vom analytischen Standpunkt aus mag das überflüssig erscheinen: dort wird die Tangente über einen Grenzwertprozess definiert und ist dadurch automatisch eindeutig festgelegt. Für ein vollständiges Argument müsste man aber auch in diesem Zusammenhang nachweisen, dass die analytisch definierte Tangente die notwendigen geometrischen Eigenschaften besitzt, dass sie also den Kegelschnitt in einem Punkt so schneidet, dass der Kegelschnitt (oder im Falle der Hyperbel ein Ast des Kegelschnitts) vollständig auf einer Seite der Tangente liegt.

Bevor wir auf die eigentlichen Kegelschnitte zu sprechen kommen, wollen wir an einem einfachen Beispiel den Begriff einer Ortskurve erläutern.

Die Mittelsenkrechte als Ortskurve. Eines der einfachsten hierher gehörigen Probleme ist die Bestimmung der Ortskurve aller Punkte, die von zwei verschiedenen Punkten A und B denselben Abstand haben. Eine Skizze zeigt sofort, dass es sich dabei um die Mittelsenkrechte von A und B handelt:

Satz 4.1. *Die Mittelsenkrechte zweier Punkte A und B ist der geometrische Ort aller Punkte, welche von A und B denselben Abstand haben.*

Sei M der Mittelpunkt von AB und P ein Punkt mit $\overline{AP} = \overline{BP}$. Die beiden Dreiecke AMP und BMP sind kongruent, da sie in allen drei Seiten übereinstimmen:

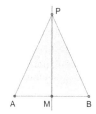

- Da M der Mittelpunkt von AB ist, gilt $\overline{AM} = \overline{BM}$.

- Nach Voraussetzung ist $\overline{AP} = \overline{BP}$.

- Beide Dreiecke haben die Seite MP gemein.

Aus der Kongruenz der Dreiecke folgt, dass $\sphericalangle AMP = \sphericalangle BMP$ ist; wegen $\sphericalangle AMP + \sphericalangle BMP = 180°$ muss $\sphericalangle AMP = \sphericalangle BMP = 90°$ ein rechter Winkel sein. Daher liegt P auf der Mittelsenkrechten von AB.

Der halbe Bierdeckel

Das folgende Problem wurde in einer von den Mathematikern Renyi, Turan und Alexits moderierten Fernsehserie des Ungarischen Fernsehens in den 1960er-Jahren als 2-Minuten-Problem gestellt (siehe Engel [32, 12.11, S. 324].): ein halber Bierdeckel wird so bewegt, dass die Endpunkte Q und B seines Durchmessers auf den Koordinatenachsen laufen. Bestimme die Ortskurve eines festen Punkts P auf dem Halbkreis über AB.

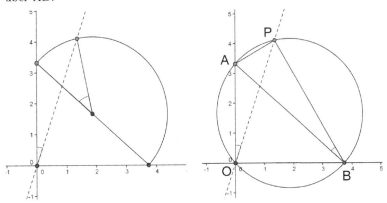

Eine Möglichkeit einzusehen, dass sich P auf einer Ursprungsgeraden bewegt, beruht darauf, dass das Viereck OAPB ein Sehnenviereck ist. In der Tat sind die Winkel in O und P (Thaleskreis) rechte Winkel, somit ist deren Summe 180°. Also liegt O auf dem Kreis mit Durchmesser AB, und die Umfangswinkel $\sphericalangle AOP$ und ABP sind gleich. Da $\sphericalangle ABP$ fest ist, gilt dies auch für $\sphericalangle AOP$.

Einen anderen Beweis verdanke ich dem Vortrag von Hartmut Müller-Sommer auf dem 19. Forum für Begabungsförderung Mathematik [95].

Weil die Dreiecke BPA und YPX beide rechtwinklig in P sind, haben die Dreiecke PXA und PYB in P denselben Winkel. Daher sind diese beiden rechtwinkligen Dreiecke ähnlich, und der Strahlensatz liefert $y : a = x : b$, folglich liegt P auf der durch $y = \frac{a}{b}x$ beschriebenen Geraden.

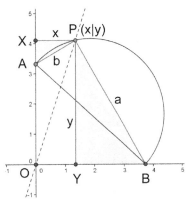

Als Aufgabe überlege man sich weitere Beweise und versuche auch, diese Aussage analytisch zu lösen. Was passiert, wenn A sich auf der negativen y-Achse bewegt? Wie groß ist die Strecke, die der Punkt P maximal durchlaufen kann?

Der Kreis

Der Kreis ist neben der Geraden die vielleicht einfachste geometrische Kurve. Auf Ornamenten taucht er schon in ganz alten Kulturen auf, die legendären letzten Worte von Archimedes, bevor er von einem römischen Soldaten erschlagen wurde, sollen „Störe meine Kreise nicht!" gewesen sein; der Teufelskreis ist außerhalb der Mathematik so bekannt wie der Zirkelschluss innerhalb der Mathematik, und die Quadratur des Kreises ist fast bis in unsere Tage eine geläufige Umschreibung für ein schweres oder gar unlösbares Problem gewesen.

Mathematisch ist ein Kreis definiert als diejenige Kurve, deren Punkte von einem gegebenen Punkt (dem Mittelpunkt M des Kreises) alle denselben Abstand haben (diesen nennt man seinen Radius r).

Aufgabe 4.1. *Ist es offensichtlich, dass ein Kreis nur einen Mittelpunkt besitzt?*

In den folgenden Abschnitten über Parabeln, Ellipsen und Hyperbeln werden wir diese Kurven definieren, wir werden erklären, was innen und außen ist, und wir werden zeigen, wie man Tangenten an diese Kurven konstruiert. Beim Kreis sind diese Eigenschaften relativ einfach zu bekommen.

Wir sagen, ein Punkt P liege im Inneren eines Kreises mit Mittelpunkt M, wenn der Schnittpunkt des Kreises mit dem Strahl MP nicht zwischen M und P liegt, und außerhalb, wenn er das tut.

Proposition 4.2. *Ein Punkt P der Ebene liegt innerhalb bzw. außerhalb eines Kreises mit Mittelpunkt M und Radius r je nachdem, ob $\overline{MP} < r$ oder $\overline{MP} > r$ ist.*

Das ist klar: Liegt der Punkt P innerhalb, dann ist $r = \overline{MS} = \overline{MP} + \overline{PS} > \overline{MP}$, andernfalls ist $\overline{MP} = \overline{MS} + \overline{SP} > \overline{MS} = r$.

Tangenten an Kreise. Auf Tangenten an den Kreis sind wir bereits in [75] eingegangen.

Satz 4.3. *Ist P ein Punkt auf einem Kreis mit Mittelpunkt M und Radius r dann gibt es eine eindeutig bestimmte Tangente in P, nämlich die Gerade t durch P senkrecht zu MP.*

Dazu sind zwei Dinge zu zeigen: dass die angegebene Gerade t in der Tat eine Tangente ist, und dass es keine weitere gibt. Um zu zeigen, dass t eine Tangente ist, müssen wir nachweisen,

1. dass die Gerade t den Kreis in genau einem Punkt schneidet, und

2. dass der Kreis ganz auf derselben Seite der Geraden wie M liegt.

Offenbar schneidet t den Kreis in P. Sei Q ein beliebiger Punkt auf t. Nach dem Satz des Pythagoras ist $\overline{MP}^2 + \overline{PQ}^2 = \overline{MQ}^2$. Wenn Q auf dem Kreis liegt, folgt $\overline{MQ} = \overline{MP}$ nach Definition des Kreises, und damit $\overline{PQ} = 0$, also $P = Q$. Also schneidet t den Kreis nur in P.

Sei nun Q irgendein Punkt auf dem Kreis. Wäre Q nicht auf derselben Seite der Geraden wie M, dann würde t den Radius MQ schneiden, sagen wir in R. Wir haben bereits gesehen, dass für jeden Punkt R auf t die Ungleichung $\overline{MR} \geq \overline{MP}$ gilt. Andererseits ist $\overline{MP} = \overline{MQ} = \overline{MR} + \overline{RQ} > \overline{MR}$, und das ist ein Widerspruch.

Jetzt beweisen wir die Umkehrung, also dass MP für jede Tangente t in P senkrecht auf t steht. Sei nämlich L der Lotfußpunkt von M auf die Tangente t. Nach dem Satz des Pythagoras ist dann $r^2 = \overline{MP^2} = \overline{ML}^2 + \overline{PL}^2$, und das bedeutet, dass $\overline{PL} < r$ ist, wenn $L \neq P$ ist. Das wiederum würde bedeuten, dass die Tangente durch das Kreisinnere geht, was ihrer Definition widerspricht.

Die Parabel

Etwas schwieriger als die Definition eines Kreises als Ortskurve ist das entsprechende Problem für die Parabel. Das liegt daran, dass wir für die Definition eines Kreises mit dem Begriff des Abstands zweier Punkte ausgekommen sind. Für die Definition der anderen Kegelschnitte als Ortskurven werden wir den Abstand von Punkten zu Geraden und Kreisen benötigen, die allerdings nur unwesentlich schwieriger zu erhalten sind als derjenige zwischen zwei Punkten.

Zur Definition einer Parabel als Ortskurve gehört eine Gerade ℓ, die Leitgerade (auch Direktrix genannt), und ein nicht auf dieser Leitgeraden liegender Punkt, der Brennpunkt (oder Fokus) F. Die Punkte auf der zu ℓ und F gehörigen Parabel sind alle diejenigen, die von der Leitgeraden ℓ und dem Brennpunkt F denselben Abstand haben.

Sofort aus der Definition folgt, dass die Lotgerade zu ℓ durch den Brennpunkt F eine Symmetrieachse der Parabel ist, da beim Spiegeln sowohl der Abstand von P zu F, als auch derjenige von P zu ℓ gleich bleibt. Den Schnittpunkt von Symmetrieachse und Parabel nennt man den Scheitel der Parabel. Eine kleine Überlegung zeigt sofort, dass der Scheitel derjenige Punkt auf der Parabel ist, welcher von der Leitgeraden den minimalen Abstand besitzt.

Inneres und Äußeres der Parabel. Auch im Falle der Parabel legen wir fest, dass ein Punkt P im Inneren der Parabel mit Brennpunkt F liegt, wenn der Schnittpunkt der Parabel mit dem Strahl MP nicht zwischen M und P liegt, und außerhalb, wenn er das tut.

Proposition 4.4. *Ein Punkt P liegt im Inneren einer Parabel mit Brennpunkt F und Leitgerade ℓ, wenn $\overline{FP} < d(P, \ell)$ ist, und außerhalb, wenn $\overline{FP} > d(P, \ell)$ ist.*

Liegt der Punkt P innerhalb der Parabel, so sei P' der Schnittpunkt der Lotgeraden durch P auf die Leitgerade und L der Lotfußpunkt. Nach Definition der Hyperbel ist $\overline{P'F} = \overline{P'L}$. Jetzt gilt

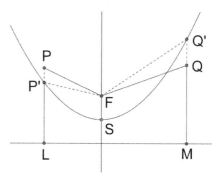

$$\overline{PL} = \overline{PP'} + \overline{P'L} = \overline{PP'} + \overline{P'F} > \overline{PF}.$$

Die Behauptung im Falle, dass Q außerhalb der Parabel liegt, behandelt man genauso.

Tangenten an Parabeln. Die Existenz und Konstruktion von Tangenten an Parabeln wird von folgendem Satz beschrieben:

Satz 4.5. *Ist P ein Punkt auf einer Parabel mit Brennpunkt F und Leitgerade ℓ. Dann gibt es eine eindeutig bestimmte Tangente in P, nämlich die Mittelsenkrechte μ von LF, wobei L der Lotfußpunkt von P auf der Leitgeraden ist.*

Auch hier sind wieder zwei Aussagen zu zeigen:

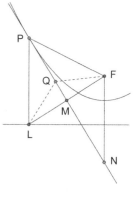

1. Die Mittelsenkrechte μ von MF ist eine Tangente (diesen Beweis findet man in fast allen Büchern über Kegelschnitte).

2. Jede Tangente ist Mittelsenkrechte von MF (dies wird in allen neueren Büchern, die ich gesehen habe, übergangen).

Die zweite Aussage würde aus der ersten folgen, wenn wir wüssten, dass es nur eine Tangente geben kann.

Sei $Q \neq P$ ein Punkt auf der Mittelsenkrechten von FL. Dann ist $\overline{QL} = \overline{QF}$. Wegen $\overline{QL} > d(Q, \ell)$ ist also $d(Q, \ell) < \overline{QL} = \overline{QF}$, und damit liegt Q außerhalb der Parabel. Die Mittelsenkrechte von FL schneidet also die Parabel nur in dem Punkt P, und alle anderen Punkte der Mittelsenkrechten liegen außerhalb der Parabel. Also ist die Mittelsenkrechte eine Tangente.

Jetzt machen wir uns an die Umkehrung; dazu müssen wir zeigen, dass die Tangente in P den Winkel $\sphericalangle FPL$ halbiert, wo L der Lotfußpunkt von P auf der Leitgerade ist. Ist nämlich Q ein von P verschiedener Punkt auf der Tangente, dann liegt Q außerhalb der Parabel, und folglich ist $\overline{FQ} > d(Q, \ell)$. Diese Ungleichung wird nur für $Q = P$ zur Gleichung. Der nächste Hilfssatz zeigt nun, dass daraus folgt, dass die Tangente die Mittelsenkrechte von FL und damit die Winkelhalbierende des Winkels $\sphericalangle FPL$ ist:

Hilfssatz 1. *Gegeben sind eine Gerade ℓ und ein Punkt F, der nicht auf ℓ liegt. Eine Gerade g, welche ℓ schneidet und nicht orthogonal zu ℓ ist, möge die folgende Eigenschaft besitzen: Für jeden Punkt Q auf g ist $\overline{FQ} \geq d(Q, \ell)$, mit Gleichheit für einen einzigen Punkt P. Dann ist g die Mittelsenkrechte von F und dem Lotfußpunkt L von P auf ℓ.*

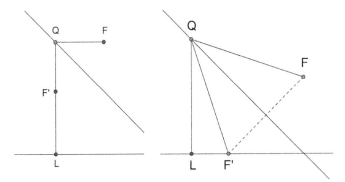

Abb. 4.1. Beweis von Hilfssatz 1

Zum Beweis sei F' der Bildpunkt von F bei Spiegelung an g (Abb. 4.1). Wir zeigen zuerst, dass F' auf ℓ liegt. Sei dazu Q ein Punkt auf g mit Lotfußpunkt L. Wir wählen Q so, dass F' auf der Geraden QL liegt. Liegt F' unterhalb von ℓ, dann gilt $\overline{FQ} = \overline{F'Q} = \overline{QL} + \overline{LF'} > d(Q,\ell)$. Gleichheit könnte hier nur eintreten, wenn $\overline{F'L} = 0$ ist, also wenn F' auf ℓ liegt.

Liegt F' oberhalb von L, so ist $\overline{FQ} = \overline{F'Q} < \overline{QL} = d(Q,\ell)$ im Widerspruch zur Annahme.

Also liegt F' auf ℓ. Nach Pythagoras ist jetzt für jeden Punkt Q auf g

$$\overline{FQ}^2 = \overline{F'Q}^2 = \overline{Q,L}^2 + \overline{LF'}^2,$$

also $\overline{FQ} \geq d(Q,\ell)$ mit Gleichheit genau dann, wenn $F' = L$ ist. Weil g nach Konstruktion die Mittelsenkrechte von FF' ist, folgt daraus die Behauptung.

Aus dem Beweis von Satz 4.5 lassen sich noch weitere Schlüsse ziehen: Weil die Mittelsenkrechte von FL auch die Winkelhalbierende von $\sphericalangle LPF$ ist und die Tangente eindeutig bestimmt ist, haben wir

Satz 4.6. *Die Tangente in einem Punkt P einer Parabel mit Brennpunkt P und Leitgerade ℓ halbiert den Winkel zwischen der Geraden FP und der Lotgeraden von P auf ℓ.*

Physikalisch bedeutet dies, dass Lichtstrahlen, die entlang der Achse der Parabel (senkrecht von oben) einfallen und in P an der Tangente gespiegelt werden, in Richtung des Brennpunkts gelenkt werden. Alle senkrecht von oben kommenden Lichtstrahlen werden also im Brennpunkt gebündelt!

Ein weitere Folgerung erhält man, wenn man das gleichschenklige Dreieck FPL zur Raute FPLN ergänzt: Dann ist FN normal zur Leitgeraden, und der Schnittpunkt dieser Geraden mit der Parabel daher ihr Scheitel O. Weiter ist das Dreieck FMN ebenso rechtwinklig wie das Teildreieck MOF, und nach dem Kathetensatz ($a^2 = pc$, vgl. [75]) gilt

$$\overline{FM}^2 = \overline{NF} \cdot \overline{OF}.$$

Mit $r = \overline{PF} = \overline{NF}$ und $h = \overline{MF}$ wird daraus $h^2 = ra$.

Satz 4.7. *Sei P ein Punkt auf einer Parabel, deren Brennpunkt F Abstand $2a$ zur Leitgeraden hat. Ist $r = \overline{PF}$ und h der Abstand von F zur Tangente in P, dann ist $h \leq r$, und es gilt die Gleichung*

$$h^2 = ra.$$

Dieser Satz besitzt auch eine Umkehrung: Durch jeden Punkt der Ebene gehen zwei Parabeln, welche der Gleichung $h^2 = ra$ genügen. Dass es zwei Parabeln gibt, liegt daran, dass die Größen r und h bei Drehung um den Brennpunkt F unverändert bleiben und von allen Parabeln, die man um F dreht, genau zwei durch einen vorgegebenen Punkt gehen. Dieser Satz ist aber nicht ganz einfach zu beweisen; ohne etwas Differentialrechnung scheint man dabei nicht auskommen zu können.

Die Ellipse

Eine Ellipse besteht aus allen Punkten, für welche die Summe der Abstände von zwei gegebenen Punkten F_1 und F_2 konstant ist. Fallen F_1 und F_2 zusammen, erhält man einen Kreis.

Diese Definition ist die Grundlage der sogenannten „Gärtnerkonstruktion" (die Zeichnung stammt aus Frans van Schootens [114, S. 326]). Dabei werden zur Konstruktion eines elliptischen Beets zwei Holzpflöcke in die Erde gesteckt, an beiden Pflöcken ein genügend langes Seil angebunden und dann wird mit einem dritten Holzpflock bei gespanntem Seil eine Kurve in die Erde geritzt. Diese hat Ellipsenform, weil die feste Länge des Seils garantiert, dass $\overline{HE} + \overline{EI}$ konstant ist.

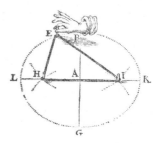

Die beiden Punkte F_1 und F_2 nennt man die Brennpunkte der Ellipse. Die Ellipse besitzt zwei Symmetrieachsen, nämlich zum einen die Gerade durch die beiden Brennpunkte, zum anderen deren Mittelsenkrechte. Wie bei der Parabel folgt dies sofort daraus, dass jede Spiegelung an diesen Geraden die Summe $\overline{F_1P} + \overline{PF_2}$ invariant lässt.

Direkt aus der Definition ergibt sich der folgende einsichtige Satz:

Proposition 4.8. *Sei E eine Ellipse mit Brennpunkten F_1 und F_2, und sei $2a$ die Summe der Abstände eines Punkts auf der Ellipse zu den beiden Brennpunkten. Ein Punkt Q liegt dann*

- *im Inneren der Ellipse, wenn $\overline{F_1Q} + \overline{QF_2} < 2a$,*

- *auf der Ellipse, wenn $\overline{F_1Q} + \overline{QF_2} = 2a$,*

- *außerhalb der Ellipse, wenn $\overline{F_1Q} + \overline{QF_2} > 2a$.*

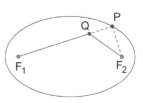

Sei Q ein Punkt innerhalb der Ellipse und P der Schnitt des Strahls F_1Q mit dieser. Nach der Dreiecksungleichung ist $\overline{QF_2} < \overline{QP} + \overline{PF_2}$, folglich

$$\overline{F_1Q} + \overline{QF_2} < \overline{F_1Q} + \overline{QP} + \overline{PF_2} = \overline{F_1P} + \overline{PF_2} = 2a.$$

Der Beweis für Punkte außerhalb der Ellipse wird genauso geführt.

Tangenten an Ellipsen. Wie bei der Parabel lassen sich auch die Tangenten an eine Ellipse über geeignete Mittelsenkrechten oder Winkelhalbierende charakterisieren:

Satz 4.9. *Sei P ein Punkt auf einer Ellipse mit Brennpunkten F_1 und F_2. Sei L derjenige Punkt auf dem Strahl F_1P, der $\overline{PL} = \overline{PF_1}$ genügt. Dann gibt es eine eindeutige Tangente in P, nämlich die Mittelsenkrechte μ von F_2L. Außerdem ist die Tangente in P auch orthogonal zur Winkelhalbierenden w des Winkels $\sphericalangle F_1PF_2$.*

Physikalisch bedeutet dieser Satz, dass ein Lichtstrahl, der von einem der beiden Brennpunkte der Ellipse ausgeht, von der Ellipse so reflektiert wird, dass er zum anderen Brennpunkt läuft; ein Lichtstrahl wird nämlich an einem Punkt einer glatten Kurve so gespiegelt wie von der Tangente in diesem Punkt, und bei Spiegelungen an einem geraden Spiegel ist der Einfallswinkel gleich dem Ausfallswinkel.

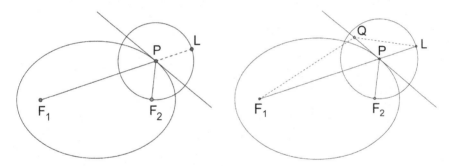

Abb. 4.2. Tangenten an Ellipsen

Auch hier zerfällt der Beweis in zwei Teile:

1. Die äußere Winkelhalbierende ist eine Tangente.

2. Jede Tangente halbiert den äußeren Winkel.

Wir beginnen mit dem Beweis der ersten Behauptung, wonach die äußere Winkelhalbierende t (also die Mittelsenkrechte von F_2L) Tangente ist, also die Ellipse in einem Punkt P so schneidet, dass die Ellipse auf einer Seite von t liegt. Sei dazu $Q \neq P$ irgendein Punkt auf der t. Da t Mittelsenkrechte von F_2L ist, gilt $\overline{QF_2} = \overline{QL}$. Nach der Dreiecksungleichung ist daher

$$\overline{F_1Q} + \overline{QF_2} = \overline{F_1Q} + \overline{QL} > \overline{F_1L} = \overline{F_1P} + \overline{PL} = \overline{F_1P} + \overline{PF_2},$$

und dies zeigt, dass Q außerhalb der Ellipse liegt.

Als Nächstes zeigen wir (vgl. [1]), dass die Tangente in einem Punkt P gleich der äußeren Winkelhalbierenden des Winkels $\sphericalangle F_1PF_2$ ist. Sei dazu Q ein von P verschiedener Punkt auf der Tangente. Weil Q außerhalb der Ellipse liegt, ist

$$\overline{F_1Q} + \overline{QF_2} > 2a = \overline{F_1P} + \overline{PD_2}$$

nach Satz 4.8. Also ist P derjenige Punkt auf der Tangente, welcher die Strecke $\overline{F_1Q} + \overline{QF_2}$ minimiert. Daher sind die Schnittwinkel der Geraden F_1P und F_2P mit der Tangente gleich.

Hierbei haben wir den folgenden Hilfssatz benutzt:

Hilfssatz 2. *Gegeben seien eine Gerade g und zwei Punkte F_1 und F_2, die beide auf einer Seite von g liegen. Für Punkte P auf der Geraden g ist $\overline{F_1P} + \overline{F_2P}$ genau dann minimal, wenn die Schnittwinkel der Geraden F_1P und F_2P mit der Tangente gleich sind.*

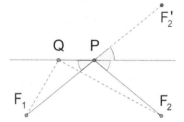

Der Beweis ist einfach: Ist F_2' der Bildpunkt von F_2 bei Spiegelung an g, dann ist $\overline{F_1P} + \overline{F_2P} = \overline{F_1P} + \overline{F_2'P}$. Diese Strecke ist am kleinsten, wenn F_1, P und F_2' auf einer Geraden liegen. Daraus folgt die Behauptung.

Die Hyperbel

Eine Hyperbel ist der Ort aller Punkte, für welche die Differenz ihrer Abstände von zwei gegebenen Punkten F_1 und F_2 konstant ist. Die beiden Punkte F_1 und F_2 nennt man die Brennpunkte der Hyperbel.

Selbstverständlich gelten analoge Resultate auch für die Hyperbel. Da hierbei wenig Neues auftritt, überlassen wir die Einzelheiten dem Leser, der an den folgenden beiden Sätzen seine Kräfte messen kann.

Satz 4.10. *Sei P ein Punkt auf einer Hyperbel mit den Brennpunkten F_1 und F_2. Die Tangente in P an die Hyperbel ist die Winkelhalbierende des Winkels $\sphericalangle F_1PF_2$.*

Satz 4.11. *Sei P ein Punkt auf einer Parabel mit Brennpunkt F und Leitgerade ℓ. Ist Q der Lotfußpunkt von P auf ℓ, dann ist die Tangente in P gleich der Mittelsenkrechten von FQ.*

Leitkreise von Kegelschnitten

Es gibt eine weitere Möglichkeit, Ellipsen und Hyperbeln als Ortskurven zu definieren (vgl. Abb. 4.4):

Satz 4.12. *Die Ortskurve aller Punkte, die von einem festen Punkt F und einem Kreis mit Mittelpunkt F' denselben Abstand haben, ist*

1. *eine Ellipse, wenn F innerhalb des Kreises liegt,*

2. *eine Hyperbel, wenn F außerhalb des Kreises liegt.*

In beiden Fällen sind die Brennpunkte durch F und F' gegeben.

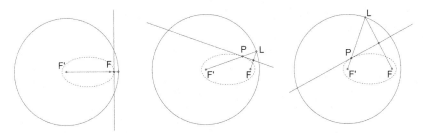

Abb. 4.3. Ellipse und ihr Leitkreis

Wie hier im Falle der Ellipse zu sehen ist, kann man ausgehend vom Leitkreis und den beiden Punkten F und F' Punkte P auf der Ellipse konstruieren, indem man die Mittelsenkrechte von FL mit der Geraden $F'L$ schneidet. Dass diese Mittelsenkrechte aussieht wie die Tangente an die Ellipse in P ist kein Zufall; wir werden dies weiter unten beweisen.

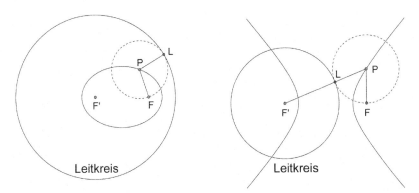

Abb. 4.4. Ellipse und Hyperbel mit Leitkreisen

Selbstverständlich lässt sich auch dieser Satz auf verschiedene Arten beweisen. Am einfachsten ist hier der synthetische Beweis. Nach Definition der Ortskurve ist $\overline{PF} = \overline{PL}$, wobei L derjenige Punkt auf dem Kreis ist, für den $\overline{PL}$ senkrecht auf die Tangente an den Kreis in L steht. Da die Tangente senkrecht auf den Radius steht, muss $\overline{F'L}$ der Radius des Kreises sein. Also ist

$$2a = \overline{F'L} = \overline{F'P} + \overline{PL} = \overline{F'P} + \overline{PF},$$

d.h. die Summe der Abstände von P zu den beiden Punkten F und F' ist konstant. Also liegt P auf einer Ellipse mit den Brennpunkten F' und F.

Aufgabe 4.2. *Zeige analog, dass die Ortskurve eine Hyperbel mit Brennpunkten F' und F ist, wenn F außerhalb des Leitkreises liegt. Welche Ortskurve ergibt sich für Punkte F, die auf dem Leitkreis liegen?*

Die wesentlichsten Ergebnisse über die Tangenten von Kegelschnitten haben wir in Tab. 4.1 zusammengefasst.

Kegelschnitt	Ortskurve	Tangente in P
Kreis	Punkte, die von einem Punkt M denselben Abstand haben	Normale auf MP
Parabel	Punkte, die von einer Geraden ℓ und einem nicht auf ℓ liegenden Punkt F denselben Abstand haben	Winkelhalbierende von $\sphericalangle FPL$, wo L der Lotfußpunkt von P auf ℓ ist.
Ellipse	Punkte, für welche die Summe der Abstände zu zwei Punkten F und F' konstant ist.	Äußere Winkelhalbierende von $\sphericalangle FPF'$
Hyperbel	Punkte, für welche die Differenz der Abstände zu zwei Punkten F und F' konstant ist.	Winkelhalbierende von $\sphericalangle FPF'$

Tab. 4.1. Kegelschnitte und ihre Tangenten

4.2 Beschreibung der Kegelschnitte durch Gleichungen

In diesem Abschnitt wollen wir Gleichungen für Kegelschnitte in einem kartesischen Koordinatensystem herleiten, die der Gleichung $y = x^2$ für die Normalparabel entsprechen. Dies wird es uns ermöglichen, geometrische Probleme (wie im Zusammenhang mit etwa dem Kreis des Apollonius) durch Rechnungen zu lösen. Außerdem ist die Eindeutigkeit der Tangente, die wir oben mit geometrischen Mitteln hergeleitet haben, in diesem Fall klar, denn Kurven, die durch algebraische Gleichungen beschrieben werden können, haben bis auf ganz klar definierte Ausnahmen eine eindeutig bestimmte Steigung: Beispielsweise besitzt die Parabel $y^2 = x$ im Ursprung zwar eine Tangente, aber keine Steigung, weil diese unendlich wäre, und das Geradenpaar $y^2 = x^2$ hat im Ursprung keine eindeutig bestimmte Tangente.

Der Kreis

In einem kartesischen Koordinatensystem ist der Abstand eines Punkts $P(x|y)$ vom Ursprung $M(0|0)$ einfach $\sqrt{x^2 + y^2}$; die Punkte $P(x|y)$ eines Kreises um den

Ursprung mit Radius r genügen also der Gleichung $\sqrt{x^2 + y^2} = r$ oder, nach Quadrieren, $x^2 + y^2 = r^2$.

Entsprechend ist die Gleichung eines Kreises um den Mittelpunkt $M(a|b)$ gegeben durch

$$(x - a)^2 + (y - b)^2 = r^2.$$

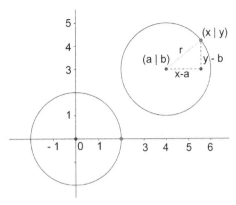

Geometrisch hat das Ersetzen von x durch $x - a$ und von y durch $y - b$ ein Verschieben des Mittelpunkts um a nach rechts und um b nach oben bewirkt.

Tangenten an Kreise. Wir beginnen damit nachzurechnen, dass die Kreistangente in einem Punkt P auf den Radius MP senkrecht steht.

Die Steigung m der Tangente im Punkt $P(x_1|y_1)$ des Kreises $x^2 + y^2 = r^2$ erhält mithilfe der Differentialrechnung so: Implizites Ableiten der Kreisgleichung liefert $2x + 2yy' = 0$, also $y' = -\frac{x}{y}$. In P ist die Steigung der Tangente also $m = -\frac{x_1}{y_1}$, und damit steht die Tangente, wie wir bereits oben gesehen haben, in der Tat senkrecht auf MP.

Wer mit der impliziten Ableitung nicht vertraut ist, kann die Gleichung $x^2 + y^2 = r^2$ nach y auflösen und erhält $y = \pm\sqrt{r^2 - x^2}$, wobei der obere Halbkreis vom positiven und der untere vom negativen Vorzeichen geliefert wird. Ableiten ergibt dann

$$y' = \begin{cases} -\frac{x}{\sqrt{r^2 - x^2}} = -\frac{x}{y} & \text{im Falle } y > 0, \\ \frac{x}{\sqrt{r^2 - x^2}} = -\frac{x}{y} & \text{im Falle } y < 0 \end{cases}$$

wie eben. Die Tangentengleichung ist daher $y = -\frac{x}{y}(x - x_1) + y_1$, was sich nach Beseitigen des Nenners und Beachtung von $x_1^2 + y_1^2 = r^2$ in der Form

$$x_1 x + y_1 y = r^2. \tag{4.1}$$

schreiben lässt.

Als nächstes bestimmen wir die Tangentensteigung auf algebraischem Weg. Sei dazu $P(x_1|y_1)$ ein Punkt auf dem Kreis $x^2 + y^2 = r^2$ und $y = m(x - x_1) + y_1$ eine Gerade durch P. Schneiden von Gerade und Kreis liefert

$$x^2 + m^2(x - x_1)^2 + 2m(x - x_1)y_1 + y_1^2 = r^2,$$

also nach Einsetzen von $r^2 = x_1^2 + y_1^2$ und Umstellen der Gleichung

$$x^2 - x_1^2 + m^2(x - x_1)^2 + 2m(x - x_1)y_1 = 0.$$

Die dritte binomische Formel liefert nach Ausklammern von $x - x_1$

Der Kreis des Apollonius

Apollonius von Perge formulierte den folgenden

Satz 4.13. *Alle Punkte P, deren Abstände zu zwei festen Punkten A und B in einem festen Verhältnis stehen, liegen auf einem Kreis.*

Betrachten wir beispielsweise die Punkte $A(0|0)$ und $B(1|0)$, sowie diejenigen Punkte P der Ebene, für welche $\overline{AP} = 2 \cdot \overline{BP}$ ist.

Mit $P(x|y)$ ist

$$\overline{AP}^2 = x^2 + y^2$$

und

$$\overline{BP}^2 = (x-1)^2 + y^2,$$

also

$$3x^2 - 8x + 3y^2 + 4 = 0$$

und damit

$$(x - \tfrac{4}{3})^2 + y^2 = \tfrac{4}{9}.$$

Dies ist offenbar ein Kreis um $M(\tfrac{4}{3}|0)$ mit Radius $r = \tfrac{2}{3}$.

Die allgemeine Rechnung ist kaum schwieriger: Hat man $\overline{AP} : \overline{BP} = a$, erhält man $x^2 + y^2 = a^2(x-1)^2 + ay^2$ und damit, wenn $a \neq 1$ ist,

$$\left(x - \frac{a^2}{a^2 - 1}\right)^2 + y^2 = \frac{a^2}{(a^2 - 1)^2}.$$

Dies ist die Gleichung eines Kreises mit Radius $r = \frac{a}{a^2 - 1}$ und dem Mittelpunkt $M(\frac{a^2}{a^2-1}|0)$, also $M(ar|0)$.

Aufgabe 4.3. *Welche Ortskurve erhält man, wenn $a = 1$ ist?*

Der Kreis des Apollonius lässt sich bei einer Reihe von „Verfolgungsproblemen" wie dem folgenden gewinnbringend einsetzen: Ein Segelboot fährt in eine feste Windrichtung mit einer Geschwindigkeit v, ein Motorboot mit doppelter Geschwindigkeit möchte es in schnellstmöglicher Zeit einholen. In welche Richtung muss das Motorboot fahren?

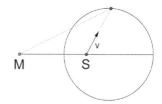

Wenn das Motorboot das Segelschiff eingeholt hat, hat es den doppelten Weg zurückgelegt wie das Segelschiff. Die möglichen Treffpunkte liegen also auf dem dazugehörigen Apollonius-Kreis (mit Radius $r = \tfrac{2}{3}\overline{MS}$ und Mittelpunkt N, der $\overline{MN} = \tfrac{4}{3}\overline{MS}$ genügt), folglich muss das Motorboot den Schnittpunkt zwischen diesem Kreis und der Bahn des Segelschiffs ansteuern.

$$(x - x_1)(x + x_1 + m^2(x - x_1) + 2my_1) = 0.$$

Daher ist $x = x_1$ genau dann eine doppelte Lösung dieser Gleichung, wenn $2x_1 + 2my_1 = 0$ ist, also (im Falle $y_1 \neq 0$) für $m = -\frac{x_1}{y_1}$. Da die Steigung der Geraden MP gleich $m_1 = \frac{y_1}{x_1}$, gibt es genau dann eine doppelte Lösung $x = x_1$, wenn $m_1 m = -1$ ist, d.h. wenn MP und die Gerade durch P senkrecht aufeinander stehen. Der Fall $y_1 = 0$ erfordert eine Sonderbehandlung, liefert aber nichts Neues.

Die Parabel

Der Fall des Abstands eines Punktes zu einer Geraden wird am einfachsten von der Hesseschen Normalform geliefert (vgl. den folgenden Kasten), während das Problem des minimalen Abstands eines Punkts von einem Kreis geometrisch offensichtlich ist, aber analytisch um einen Stolperstein herumführt (Kasten auf S. 106).

Wir wählen unser Koordinatensystem so, dass die Leitgerade die Gleichung $\ell : y = -a$ und der Brennpunkt die Koordinaten $F(0|a)$ besitzt. Ein Punkt $P(x|y)$ liegt auf der Parabel, wenn er zu ℓ und F den gleichen Abstand hat. Der Abstand zu ℓ ist einfach $d = y + a$, der Abstand zu F ist nach Pythagoras gegeben durch $d = \sqrt{x^2 + (y - a)^2}$. Gleichsetzen und Quadrieren liefert

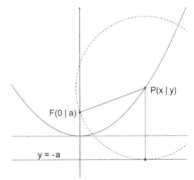

$$(y + a)^2 = x^2 + (y - a)^2,$$

und nach Auflösen der Klammern und Vereinfachen erhalten wir

Satz 4.15. *Die Parabel mit Brennpunkt $F(0|a)$ und Leitgerade $y = -a$ hat die Gleichung*

$$y = \frac{1}{4a}x^2.$$

Die Normalparabel $y = x^2$ erhält man durch die Wahl $a = \frac{1}{4}$; diese hat also die Leitgerade $y = -\frac{1}{4}$ und den Brennpunkt $F(0|\frac{1}{4})$.

Spiegelung an der Hauptdiagonalen, also Vertauschen von x und y, liefert $x = y^2/4a$ oder, wenn man $p = \sqrt{a}$ setzt, die Gleichung $y^2 = 2px$ für die „liegende" Parabel.

Die Tangente an die Normalparabel $y = x^2$ im Punkt $P(a|a^2)$ erhält man ganz einfach, wenn man die Punkte P und $(0| - a^2)$ verbindet.

Aufgabe 4.5. *Rechne diese Behauptung nach.*

Die Gleichung der Tangente in $(x_1|y_1)$ ist offenbar $y - y_1 = 2ax_1(x - x_1) = 2ax_1x - 2ax_1^2$. Wegen $2y_1 = 2ax_1^2$ kann man dies in der Form $y - y_1 = 2ax_1x - 2y_1$ schreiben; die Tangentengleichung ist daher gegeben durch

Der Abstand eines Punkts von einer Geraden

Die Bestimmung des minimalen Abstands eines Punkts zu einer Geraden lässt sich mit der Hesseschen Normalform sehr einfach bestimmen. Zu deren Herleitung stellen wir die Gleichung der Lotgeraden auf: Das ist die Gerade n durch $P(p|q)$, die senkrecht auf $g : y = mx + b$ steht. Die Gleichung ist gegeben durch

$$n : y = -\frac{1}{m}(x - p) + q,$$

da sie die richtige Steigung $m' = -\frac{1}{m}$ hat (dieses Vorgehen setzt $m \neq 0$ voraus; der Fall $m = 0$ muss getrennt behandelt werden) und durch den richtigen Punkt geht: Einsetzen von $x = p$ liefert $y = q$.

Aufgabe 4.4. *Zeige, dass der Schnittpunkt von g und n gegeben ist durch*

$$L(r|s) \quad mit \quad r = \frac{p + qm - bm}{m^2 + 1}, \quad s = \frac{pm + qm^2 + b}{m^2 + 1}.$$

Zeige weiter, dass der minimale Abstand $d(P, g)$ gegeben ist durch

$$d(P, g) = d(P, L) = \frac{|pm + b - q|}{\sqrt{m^2 + 1}}.$$

Der Betrag kommt hier wegen $\sqrt{x^2} = |x|$ ins Spiel.
Die Abstandsformel gewinnt an Transparenz, wenn man die Geradengleichung $y = mx + b$ in der Form $Ax + By = C$, oder noch besser in der Hesseschen Normalform

$$\frac{Ax + By - C}{\sqrt{A^2 + B^2}} = 0 \tag{4.2}$$

schreibt: Um den Abstand von $P(p|q)$ zu dieser Geraden zu finden, muss man nämlich nur noch P in die Hessesche Normalform einsetzen. In unserem Fall $y = mx + b$ ist die Hessesche Normalform

$$\frac{y - mx - b}{\sqrt{1 + m^2}} = 0,$$

und Einsetzen von $x = p$ und $y = q$ liefert den Abstand, jedenfalls bis auf das Vorzeichen (vgl. [75]):

Satz 4.14. *Der Punkt $P(p|q)$ hat von der Geraden (4.2) in Hessescher Normalform den Abstand*

$$d = \frac{|Ap + Bq - C|}{\sqrt{A^2 + B^2}}.$$

$$y + y_1 = 2ax_1x. \tag{4.3}$$

Im Falle der Gleichung $y^2 = 2px$ erhält man entsprechend

$$y_1y = p(x + x_1).$$

Algebraische Methode. Hier müssen wir nachrechnen, dass die Mittelsenkrechte von FL eine Tangente an die Parabel ist. Im Falle der Normalparabel ist $F(0|\frac{1}{4})$ und $L(a|-\frac{1}{4})$, also $M(\frac{a}{2}|0)$. Die Steigung der Geraden durch F und L ist $m_2 = -\frac{1}{2a}$, die Mittelsenkrechte hat daher Steigung $m_1 = -\frac{1}{m_2} = 2a$ und damit die Gleichung $y = 2a(x - \frac{a}{2})$. Schneiden dieser Geraden mit der Parabel ergibt die Gleichung

$$2a(x - \tfrac{a}{2}) = x^2,$$

was schnell auf $0 = x^2 - 2ax + a^2 = (x-a)^2$ führt. Also berührt die Mittelsenkrechte die Parabel im Punkt $P(a|a^2)$.

Analytische Methode. Zu zeigen ist, dass die Tangenten durch $P(a|a^2)$ durch den Mittelpunkt M von $L(a| - \frac{1}{4})$ und $F(0|\frac{1}{4})$ geht und orthogonal zur Geraden FL ist. Die Tangente hat Steigung $m_1 = 2a$ und ist damit gegeben durch $t : y = 2a(x - a) + a^2$, und es ist $M(\frac{a}{2}|0)$. Eine Punktprobe bestätigt, dass M auf t liegt. Die Steigung der Geraden FL ist $m_2 = -\frac{1}{2a}$, und wegen $m_1m_2 = -1$ stehen die Tangente und die Gerade FL senkrecht aufeinander.

Die Ellipse

Jetzt wollen wir die Gleichung einer Ellipse in einem kartesischen Koordinatensystem herleiten. Dazu bezeichnen wir die Abstandssumme eines Ellipsenpunkts zu den beiden Brennpunkten wie oben mit $2a$ und wählen das Koordinatensystem so, dass die Brennpunkte die Koordinaten $F_1(-c|0)$ und $F_2(c|0)$ besitzen. Die beiden Scheitel der Ellipse auf der x-Achse haben Koordinaten $(\pm a|0)$, da etwa $(a|0)$ den Abstand zu $a + c$ zu F_1 und $a - c$ zu F_2 besitzt und wegen $a - c + a + c = 2a$ somit auf der Ellipse liegt. Die beiden Scheitel auf der y-Achse haben Koordinaten $(0|\pm b)$, wobei man b sofort durch Anwendung des Satzes von Pythagoras aus der Gleichung $c^2 + b^2 = a^2$ erhält; es ist also $b^2 = a^2 - c^2$.

Der Punkt $P(x|y)$ liegt genau dann auf der Ellipse, wenn

$$2a = \sqrt{(x + c)^2 + y^2} + \sqrt{(x - c)^2 + y^2} \tag{4.4}$$

gilt. Die Wurzeln kann man selbstverständlich durch zweimaliges Quadrieren beseitigen (sh. Übung 4.4; eine Variation der folgenden Rechnung findet man bei Hawthorne [51]). Wir gehen hier einen leicht anderen Weg. Multipliziert man (4.4) mit der Differenz der beiden Wurzeln, so folgt nach anschließender Division durch $2a$

$$\sqrt{(x + c)^2 + y^2} - \sqrt{(x - c)^2 + y^2} = \frac{2cx}{a}.$$

Addiert man diese Gleichung zu (4.4), so erhält man nach Division durch 2

$$a + \frac{cx}{a} = \sqrt{(x+c)^2 + y^2},$$

also nach Quadrieren

$$a^2 + 2cx + \frac{c^2 x^2}{a^2} = x^2 + 2cx + c^2 + y^2.$$

Jetzt ist

$$\frac{c^2 x^2}{a^2} = \frac{(a^2 - b^2)x^2}{a^2} = x^2 - \frac{b^2 x^2}{a^2},$$

also folgt

$$a^2 - \frac{b^2 x^2}{a^2} = a^2 - b^2 + y^2,$$

und dann nach leichter Umformung die Gleichung der Ellipse:

$$\frac{x^2}{a^2} + \frac{y^2}{b^2} = 1. \tag{4.5}$$

Im Falle $c = 0$ fallen beide Brennpunkte zusammen, folglich ist $a = b$, und wir erhalten aus der Ellipsengleichung (4.5) die Gleichung eines Kreises mit Mittelpunkt $M(0|0)$ zurück.

Satz 4.16. *Die Gleichung einer Ellipse mit den Brennpunkten $F_1(-c|0)$ und $F_2(c|0)$, bei welcher die Summe der Abstände der Ellipsenpunkte zu den Brennpunkten gleich $2a$ ist, ist gegeben durch (4.5), wobei b durch $a^2 - c^2 = b^2$ festgelegt ist.*

Die Wurzel aus dem Verhältnis von c^2 zur großen Halbachse a^2 nennt man die *Exzentrizität e* einer Ellipse:

$$e = \sqrt{\frac{a^2 - b^2}{a^2}} = \sqrt{1 - \frac{b^2}{a^2}}$$

Diese Größe e mit $0 \le e < 1$ ist ein Maß dafür, wie weit die Brennpunkte vom Mittelpunkt der Ellipse entfernt sind; Kreise sind Ellipsen der Exzentrizität $e = 0$; der Grenzfall $e = 1$, in welchem die große Halbachse a „unendlich groß" wird im Vergleich zu b, entspricht der Parabel.

Aufgabe 4.6. *Eine Leiter, die senkrecht an einer Wand steht, rutscht ab. Auf welcher Bahn bewegt sich dabei ein Punkt auf der Leiter, der diese im Verhältnis $a : b$ teilt?*

Der vollständige Beweis von Satz 4.9 mit den Hilfsmitteln der Analysis ist ziemlich technisch, weshalb wir uns hier mit der Herleitung der Tangentengleichung begnügen wollen. Aus der Ellipsengleichung (4.5) erhält man durch „implizites Ableiten" nach x

$$\frac{2x}{a^2} + \frac{2yy'}{b^2} = 0, \quad \text{also} \quad y' = -\frac{xb^2}{ya^2}$$

(man überzeuge sich davon, dass Ableiten der Funktionen $y = \pm b\sqrt{1 - \frac{x^2}{a^2}}$ dasselbe Ergebnis liefert). In einem Punkt $(x_1|y_1)$ auf der Ellipse hat die Tangente daher die Gleichung

$$y = -\frac{x_1 b^2}{y_1 a^2}(x - x_1) + y_1.$$

Diese Gleichung kann man offenbar auch in der Form

$$\frac{x_1 x}{a^2} + \frac{y_1 y}{b^2} = 1 \tag{4.6}$$

schreiben, die man sich leicht merken kann und die vollkommen analog zur Gleichung (4.1) ist.

Zum Nachrechnen aller Behauptungen des Satzes müsste man jetzt P an der Geraden (4.6) spiegeln und zeigen, dass der Spiegelpunkt Q auf dem Strahl FP liegt (als Spiegelpunkt von F genügt er natürlich der Bedingung $\overline{PF} = \overline{PQ}$) genügt, und dass die Normale in P den Winkel $\sphericalangle F'PF$ halbiert.

Die Hyperbel

Wir legen die beiden Brennpunkte so, dass ihre Koordinaten $F_1(-c|0)$ und $F_2(c|0)$ sind; die Differenz der beiden Abstände setzen wir gleich $2a$. Der Abstand der beiden Brennpunkte ist damit sicherlich kleiner als $2a$; damit folgt $c < a$ und wir können $c^2 = a^2 + b^2$ für eine positive reelle Zahl b setzen.

Damit liegt der Punkt $P(x|y)$ genau dann auf der Hyperbel, wenn

$$2a = \sqrt{(x + c)^2 + y^2} - \sqrt{(x - c)^2 + y^2}$$

gilt. Genau wie im Falle der der Ellipse erhält man daraus

$$\frac{x^2}{a^2} - \frac{y^2}{b^2} = 1. \tag{4.7}$$

Satz 4.17. *Die Gleichung einer Hyperbel mit den Brennpunkten $F_1(-c|0)$ und $F_2(c|0)$, bei welcher die Differenz der Abstände der Hyperbelpunkte zu den Brennpunkten gleich $2a$ ist, ist gegeben durch (4.7), wobei b durch $c^2 - a^2 = b^2$ festgelegt ist.*

Aufgabe 4.7. *Bestimme die Brennpunkte der Hyperbel $xy = 1$.*

So wie der Kreis eine ganz spezielle Ellipse ist, gibt es auch unter den Hyperbeln eine, die besonders viele bemerkenswerte Eigenschaften hat, nämlich die rechtwinklige Hyperbel (oft auch gleichseitige Hyperbel genannt), bei welcher die beiden Asymptoten senkrecht aufeinander stehen. Rechtwinklige Hyperbeln lassen sich durch Gleichungen der Form $x^2 - y^2 = r^2$ beschreiben, und wir werden in verschiedenen Übungen (4.63, 4.64, 6.38) auf diese zurückkommen.

Kegelschnitt	Gleichung	Tangente in $(x_1|y_1)$
Kreis	$x^2 + y^2 = r^2$	$x_1 x + y_1 y = r^2$
Parabel	$y^2 = 2px$	$y y_1 = p(x + x_1)$
Ellipse	$\frac{x^2}{a^2} + \frac{y^2}{b^2} = 1$	$\frac{x_1 x}{a^2} + \frac{y_1 y}{b^2} = 1$
Hyperbel	$\frac{x^2}{a^2} - \frac{y^2}{b^2} = 1$	$\frac{x_1 x}{a^2} - \frac{y_1 y}{b^2} = 1$

Tab. 4.2. Kegelschnitte und ihre Tangenten

Zusammenfassung

Auch die Ergebnisse in diesem Abschnitt wollen wir in Tab. 4.2 noch einmal zusammenfassen.

Drei auf einen Streich

Alle Kegelschnitte lassen sich als als Ortskurven von Punkten beschreiben, in denen es wie bei der Parabel um den Abstand zu einem Brennpunkt F und einer Leitgerade ℓ geht. Dazu setzen wir

$$e = \frac{\text{Abstand von P zu F}}{\text{Abstand von P zu } \ell};$$

die Ortskurve aller Punkte P ist dann eine

$$\left\{ \begin{array}{l} \text{Ellipse,} \\ \text{Parabel,} \\ \text{Hyperbel,} \end{array} \right\} \quad \text{wenn } e \quad \left\{ \begin{array}{l} < 1 \\ = 1 \\ > 1 \end{array} \right\} \quad \text{ist.} \qquad (4.8)$$

Um Gleichungen für diese Ortskurven herzuleiten, bezeichnen wir das Verhältnis der Abstände mit e und legen den Punkt F so fest, dass $F(-ae|0)$ wird, und wir wählen die Leitgerade als die Gerade $x = -\frac{a}{e}$. Damit der Punkt nicht auf der Geraden liegt, muss $e \neq 1$ sein: Den Fall der Parabel haben wir aber schon gesondert betrachtet.

Damit wird der Abstand eines Punkts $P(x|y)$ zu F gleich

$$d(P, F) = \sqrt{(x + ae)^2 + y^2},$$

der Abstand zur Leitgeraden gleich

$$d(P, \ell) = x + \frac{a}{e},$$

und wir erhalten die Gleichung

$$\frac{\sqrt{(x + ae)^2 + y^2}}{x + \frac{a}{e}} = e.$$

Wegschaffen des Nenners und der Wurzel ergibt

$$(x + ae)^2 + y^2 = e^2 x^2 + 2aex + a^2,$$

also nach Vereinfachen

$$(1 - e^2)x^2 + y^2 = a^2(1 - e^2), \quad \text{d.h.} \quad \frac{x^2}{a^2} + \frac{y^2}{a^2(1 - e^2)} = 1.$$

Im letzten Schritt mussten wir natürlich annehmen, dass $a \neq 0$ und $e \neq 1$ ist.

Setzen wir jetzt

$$a^2(1 - e^2) = \begin{cases} b^2 & \text{falls } e < 1 \\ -b^2 & \text{falls } e > 1, \end{cases}$$

dann erhalten wir im ersten Fall die Gleichung einer Ellipse zu

$$\frac{x^2}{a^2} + \frac{y^2}{b^2} = 1,$$

im zweiten Fall die einer Hyperbel zu

$$\frac{x^2}{a^2} - \frac{y^2}{b^2} = 1.$$

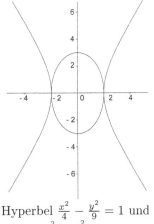

Hyperbel $\frac{x^2}{4} - \frac{y^2}{9} = 1$ und
Ellipse $\frac{x^2}{4} + \frac{y^2}{9} = 1$.

Das Analogon von Satz 4.7 für Ellipse und Hyperbel

Ellipsen. Wir betrachten zuerst eine Ellipse

$$\frac{x^2}{a^2} + \frac{y^2}{b^2} = 1 \tag{4.9}$$

mit $a > b$ und den Brennpunkten $F(c|0)$ und $F'(-c|0)$, wobei $c^2 = a^2 - b^2$ ist. Den Lotfußpunkt von F auf der Tangente im Punkt $P(x_1|y_1)$ der Ellipse bezeichnen wir mit L.

Unser Ziel ist es, die Ellipse durch eine Gleichung zwischen dem Abstand r eines beliebigen Punktes P auf der Ellipse von einem Brennpunkt F_1 und dem Abstand h des Brennpunkts von der Tangente in P zu charakterisieren, also folgendes Analogon zu Satz 4.7 zu beweisen:

Satz 4.18. *Gegeben sei eine durch (4.5) beschriebene Ellipse mit den Halbachsen $a > b$; bezeichnet $r = \overline{PF}$ den Abstand eines Punktes P auf der Ellipse von einem Brennpunkt F und h den Abstand dieses Brennpunkts von der Tangente in P, dann ist $h \leq r$, und es gilt die Gleichung*

$$\frac{b^2}{h^2} - \frac{2a}{r} = -1. \tag{4.10}$$

Der Abstand eines Punkts von einem Kreis

Die Bestimmung des minimalen Abstands eines Punkts $P(a|b)$ zu einem Kreis mit Mittelpunkt M und Radius r ist ein Kinderspiel. Offenbar liegt der Punkt K auf dem Kreis mit minimalem Abstand zu P auf der Geraden MP.

Um diese Beobachtung analytisch zu verifizieren, legen wir das Koordinatensystem so, dass der Mittelpunkt im Ursprung $M(0|0)$ liegt und der Punkt $P(a|0)$ auf der x-Achse. Der Abstand d eines Punkts $K(x|y)$ auf dem durch $x^2 + y^2 = r^2$ gegebenen Kreis zu P genügt dann der Gleichung $d^2 = (x-a)^2 + y^2$. Ausmultiplizieren und Einsetzen der Kreisgleichung $x^2 + y^2 = r^2$ ergibt

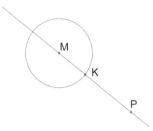

$$d^2 = a^2 - 2ax + r^2.$$

Um den Abstand d (bzw., was auf dasselbe hinausläuft, dessen Quadrat) zum Minimum zu machen, könnte man nun reflexartig die rechte Seite der Gleichung nach x Ableiten und gleich 0 setzen, was aber mit $2a = 0$ offenbar nur Unsinn liefert.

Was haben wir falsch gemacht? Nun, wir haben die Nebenbedingung nicht beachtet, wonach $K(x|y)$ auf dem Kreis liegen soll: In der Gleichung $d^2 = a^2 - 2ax + r^2$ ist x eine freie Variable, und die rechte Seite hat (außer im Falle $a = 0$) weder eine obere, noch eine untere Schranke.

Setzen wir dagegen $x = \pm\sqrt{r^2 - y^2}$ in unsere Abstandsgleichung ein und setzen die Ableitung (diesmal nach y) gleich 0, so erhalten wir $y = 0$. Die Punkte mit extremalem Abstand liegen daher, wie erwartet, auf der x-Achse. Im Falle $a > 0$ wird der Punkt mit minimalem Abstand $K(r|0)$ und der mit maximalem Abstand $K'(-r|0)$ sein, im Falle $a < 0$ dagegen ist es umgekehrt.

Eine ganz andere Qualität hat das analoge Problem im Falle der Normalparabel:

Aufgabe 4.8. *Zeige, dass die Bestimmung des Punkts $Q(x|x^2)$ auf der Parabel $y = x^2$ mit minimalem Abstand zu einem gegebenen Punkt $P(a|b)$ auf eine Gleichung vom Grad 3 führt, deren Lösung nur im Spezialfall $a = 0$ ohne Weiteres möglich ist.*

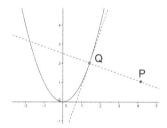

Auch die „geometrische" Lösung, bei welcher man ausnutzt, dass die Verbindungsgerade PQ senkrecht auf die Tangente im Punkt Q an die Parabel steht, führt auf dieselbe Gleichung (wenn auch mit etwas weniger Aufwand).

Die Symmetrie zwischen großer und kleiner Halbachse in der Ausgangsgleichung (4.9) ist damit zerstört. Wir werden diese asymmetrische Gleichung aber bei der Behandlung der Keplerschen Gesetze benötigen. Dort ist die Symmetrie zwischen den beiden Brennpunkten ebenfalls gestört: In einem Brennpunkt der Bahn steht die Sonne, der andere hat keine physikalische Bedeutung. Einen rechnerischen Beweis dieses Satzes findet man bei Vogt [122]; wir wollen hier geometrisch argumentieren.

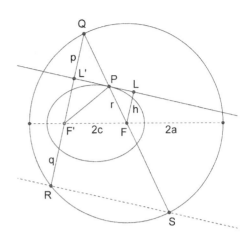

Dazu bezeichnen wir den Radius des Leitkreises der Ellipse mit $2a$, den Abstand der beiden Brennpunkte mit $2c$, und wissen dann, dass $a^2 = b^2 + c^2$ gilt.

Aus der Figur in Abb. 4.2 lesen wir nun einige Beziehungen ab:

1. Nach dem Sehnensatz [75, Satz 5.11], angewandt auf QR und den Durchmesser des Leitkreises, auf dem F und F' liegen, gilt

$$2p \cdot q = (2a + 2c) \cdot (2a - 2c) = 4(a^2 - c^2) = 4b^2. \qquad (4.11)$$

2. Nach dem Satz des Thales ist $\sphericalangle QRS = 90°$, folglich sind die Dreiecke QL'P und QRS ähnlich; der Strahlensatz liefert nun

$$(2a - r) : p = 4a : (2p + q). \qquad (4.12)$$

3. Die Ähnlichkeit der Dreiecke FLP und QL'P liefert

$$r : h = (2a - r) : p. \qquad (4.13)$$

Aus (4.12) erhalten wir

$$\frac{4a}{2a - r} = \frac{2p + q}{p} = 2 + \frac{q}{p}, \quad \text{also} \quad \frac{q}{p} = \frac{4a}{2a - r} - 2 = \frac{2r}{2a - r}.$$

Dividieren wir $pq = 2b^2$, was aus (4.11) folgt, durch diese Gleichung, dann erhalten wir

$$p^2 = 2b^2 \cdot \frac{2a - r}{2r} = b^2 \cdot \frac{2a - r}{r},$$

andererseits ergibt (4.11)

$$p = \frac{(2a - r)h}{r}, \quad \text{also} \quad b^2 \cdot \frac{2a - r}{r} = \frac{(2a - r)^2 h^2}{r^2} = \frac{(2a - r)h^2}{r},$$

und daraus folgt schließlich die behauptete Gleichung

$$\frac{b^2}{h^2} = \frac{2a - r}{r} = \frac{2a}{r} - 1.$$

Hyperbeln. Auch für Hyperbeln gibt es ein Analogon der Sätze 4.7 und 4.18:

Satz 4.19. *Gegeben sei eine Hyperbel*

$$\frac{x^2}{a^2} - \frac{y^2}{b^2} = 1. \tag{4.14}$$

Bezeichnet $r = \overline{PF}$ den Abstand eines Punktes P auf der Ellipse von einem Brennpunkt F und h den Abstand dieses Brennpunkts von der Tangente in P, dann ist $h \leq r$, und es gilt die Gleichung

$$\frac{b^2}{h^2} - \frac{2a}{r} = 1. \tag{4.15}$$

Der Beweis sei den Lesern überlassen.

4.3 Schnittpunkte zweier Kegelschnitte

In diesem Abschnitt betrachten wir Systeme von Gleichungen in zwei Variablen, die sich als Gleichungen von Geraden, Kreisen, Ellipsen, Parabeln oder Hyperbeln interpretieren lassen. Später werden wir sehen, dass diese Techniken ganz praktische Anwendungen etwa im Zusammenhang mit GPS besitzen.

Zuerst wollen wir zeigen, wie man Schnittpunkte von Kegelschnitten mit Geraden bestimmt; eine große Vielfalt an Aufgaben zu diesem Thema findet man etwa in dem (natürlich schon recht alten) Buch von Hanxleden und Hentze [50]. Es ist klar, dass sich beim Schneiden eines Kegelschnitts, der durch eine Gleichung in allgemeinster Form

$$ax^2 + bxy + cy^2 + dx + ey + f = 0. \tag{4.16}$$

gegeben ist, mit einer Geraden $y = gx + h$ eine quadratische Gleichung in x ergibt, denn wenn man jedes y in (4.16) durch $gx + h$ ersetzt, tauchen höchstens quadratische Terme auf. Ein von (4.16) definierter Kegelschnitt heißt dabei entartet, wenn er etwa wie $x^2 - y^2 = 0$ aus zwei Geraden besteht, nämlich hier $y = x$ und $y = -x$.

Aufgabe 4.9. *Zeige, dass die rechnerische Bestimmung der Schnittpunkte der Hyperbel $y = \frac{1}{x}$ und der Geraden $ax + by = c$ auf eine höchstens quadratische Gleichung führt.*

Dass der Grad der Schnittgleichung dabei nicht immer gleich 2 sein muss, zeigen die Beispiele

- $y^2 = x$ und $y = 0$,

- $x^2 - y^2 = 1$ und $y = x$.

Im ersten Fall ergibt sich die Gleichung $x = 0$ vom Grad 1, im zweiten sogar die Gleichung $1 = 0$ vom Grad 0 mit keiner Lösung.

Geometrisch bedeutet das:

Satz 4.20. *Eine Gerade schneidet einen nicht entarteten Kegelschnitt in höchstens zwei Punkten.*

Ein einfaches Beispiel für ein derartiges Problem ist das folgende:

Aufgabe 4.10. *Löse das Gleichungssystem*

$$x^2 + y^2 = 25, \qquad 2x - y = 2.$$

Solche Gleichungssysteme kann man einfach lösen, indem man die zweite Gleichung z.B. nach y auflöst und in die erste einsetzt. Interpretiert man die Unbekannten als Koordinaten, dann repräsentiert $2x - y = 2$ die Gerade $y = 2x - 2$ und $x^2 + y^2 = 25$ den Kreis mit Radius 5 und dem Ursprung als Zentrum.

Aufgabe 4.11. *Löse das Gleichungssystem*

$$x^2 + 4y^2 = 25, \quad 4x - 6y = 25.$$

Die folgenden beiden Diagramme stellen die beiden Gleichungen in Aufgabe 4.10 und Aufgabe 4.11 dar. Im ersten Fall sieht man die beiden Lösungen als Schnittpunkte, im zweiten Fall erkennt man die Bedeutung der doppelten Nullstelle: Die Gerade ist hier eine Tangente an die Ellipse.

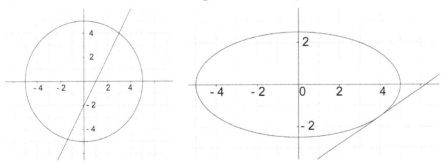

Beim Schneiden zweier Kegelschnitte kann man binomische Formeln oft gewinnbringend einsetzen. Auch die geometrische Anschauung ist erstaunlich nützlich.

Schneiden von Kreis und Gerade

Das Schneiden von Kreis und Gerade führt, wie wir bereits bemerkt haben, auf quadratische Gleichungen und ist daher, vom algebraischen Standpunkt aus betrachtet, kein großes Problem.

Betrachtet man das Problem vom geometrischen anstatt vom analytischen Gesichtspunkt aus, so lässt sich einiges sagen, ohne dass man die Rechnung im Detail durchzuführen braucht: Haben wir einen Kreis mit Zentrum M und Radius r, sowie eine Gerade g, und bezeichnet $d(M, g)$ den Abstand von M zur Geraden, dann existiert

1. kein Schnittpunkt, wenn $d(M, g) > r$,

2. genau ein Schnittpunkt, wenn $d(M, g) = r$, und

3. zwei Schnittpunkte, wenn $d(M, g) < r$

ist.

Um also die Anzahl der Schnittpunkte angeben zu können müssen wir nur herausfinden, wie man den Abstand eines Punktes zu einer Geraden bestimmt. Ist $P(p|q)$ ein solcher Punkt und $y = mx + b$ eine Gerade, so ist mit dem Abstand $d(P, g)$ der kürzeste Abstand gemeint. Derjenige Punkt L auf der Geraden g, für welchen LP senkrecht auf g steht, heißt auch der Lotfußpunkt von P auf g. Wir wollen nun zeigen, dass F auch derjenige Punkt auf g ist, welcher von P den kürzesten Abstand hat:

Satz 4.21. *Ist P ein Punkt, der nicht auf der Geraden g liegt, und bezeichnet L den Punkt auf g mit minimalem Abstand zu P, dann steht die Gerade PL senkrecht auf g, und L ist der Lotfußpunkt F von P auf g.*

Das ist eine Folge des Satzes von Pythagoras: Wäre $L \neq F$, so wäre nach Pythagoras

$$\overline{LP}^2 = \overline{LF}^2 + \overline{PF}^2 > \overline{PF}^2,$$

d.h. $\overline{LP}$ wäre nicht der minimale Abstand von P zu einem Punkt der Geraden g.

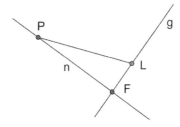

Dieselbe Prozedur funktioniert auch im Raum; um herauszufinden, ob sich eine Ebene und eine Kugel mit Mittelpunkt M und Radius r schneiden, genügt es, den Abstand von M zur Ebene mit dem Radius zu vergleichen. Diesen kann man ebenfalls mithilfe der Hesseschen Normalform ohne größere Rechnung bestimmen.

Schneiden zweier Kreise

Es ist anschaulich klar, dass verschiedene Kreise maximal zwei Schnittpunkte besitzen können, was bedeutet, dass das Ganze rechnerisch auf das Lösen einer quadratischen Gleichung hinauslaufen muss. Betrachten wir z.B. das Gleichungssystem

$$(x - a)^2 + (y - b)^2 = r^2, \quad (x - c)^2 + (y - d)^2 = s^2. \tag{4.17}$$

Eine direkte Lösung wird schnell kompliziert, jedenfalls wenn man versucht, z.B. die erste Gleichung nach y aufzulösen und in die zweite einzusetzen.

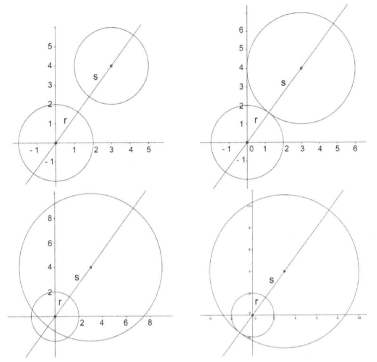

Abb. 4.5. Schnittpunkte zweier Kreise

Geometrisch liegen hier zwei Kreise vor, einer mit Radius r und Mittelpunkt $M(a|b)$, ein zweiter mit Radius s und Mittelpunkt $N(c|d)$. Die Skizzen in Abb. 4.5 zeigen, dass es

1. keinen Schnittpunkt gibt, wenn $\overline{MN} > r + s$ oder $s > \overline{MN} + r$ ist,

2. einen Berührpunkt gibt, wenn $\overline{MN} = r + s$ oder $s = \overline{MN} + r$ ist,

3. zwei Schnittpunkte gibt, wenn $\overline{MN} < r + s$ und $s < \overline{MN} + r$ ist.

Dies hilft uns beim Lösen des Gleichungssystems nur in wenigen Spezialfällen weiter. Wie geht man also vor, wenn man sich nicht quälen möchte? Wie immer leisten uns auch hier die binomischen Formeln gute Dienste; subtrahiert man die Gleichungen in (4.17) voneinander, so erhält man nämlich

$$r^2 - s^2 = (x-a)^2 + (y-b)^2 - (x-c)^2 - (y-d)^2$$
$$= [(x-a)^2 - (x-c)^2] + [(y-b)^2 - (y-d)^2]$$
$$= (c-a)(2x-a-c) + (d-b)(2y+b+d).$$

Dies ist, falls nicht gerade $a = c$ und $b = d$ ist (was bedeutet das geometrisch?), eine Geradengleichung. Von dieser Geraden wissen wir, dass sie die beiden Schnittpunkte der Kreise, wenn diese überhaupt existieren, enthalten muss. Löst man die entsprechende Gleichung z.B. nach y auf und setzt dies in eine der beiden Kreisgleichungen ein, erhält man eine quadratische Gleichung in x, die man leicht lösen kann. In Übung 4.18 kann man zeigen, dass man die Sache verstanden hat.

Schneiden zweier Kegelschnitte

Wir haben oben gesehen, dass die Berechnung von Schnittpunkten von Kegelschnitten und Geraden ebenso wie die Berechnung der Schnittpunkte zweier Kreise immer auf quadratische Gleichungen führt. Schneidet man dagegen zwei beliebige Kegelschnitte miteinander, entstehen oft Gleichungen höheren Grades.

Aufgabe 4.12. *Bestimme die Schnittpunkte der Parabel*[2] $y = x^2$ *und der Hyperbel* $y = \frac{2}{x}$.

In diesem Fall erhält man eine Gleichung dritten Grades mit einer reellen Lösung, die auf einen Schnittpunkt führt.

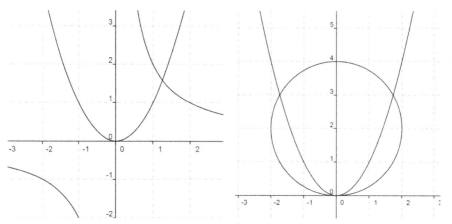

Abb. 4.6. Schnittpunkte der Parabel $y = x^2$ mit der Hyperbel $xy = 2$ (links) und dem Kreis $x^2 + (y - 2)^2 = 4$ (rechts).

Da sich Kreise und Parabeln bei geeigneter Lage in bis zu vier Punkten schneiden können, wird die Berechnung der Schnittpunkte in diesem Fall auf Gleichungen vierten Grades führen. Das Diagramm in Abb. 4.6 (rechts) zeigt einen Fall, in dem das Schneiden auf eine Gleichung vierten Grades mit doppelter Nullstelle $x_1 = 0$ führt, und die wir daher ohne Probleme lösen können:

Aufgabe 4.13. *Bestimme die Schnittpunkte der Parabel* $y = x^2$ *und des Kreises* $x^2 + (y - 2)^2 = 4$.

---

[2] In korrektem Schulmathematikdeutsch wird es vermutlich statt „die Parabel $y = x^2$" heißen müssen: „Die Parabel, welche in einem zweidimensionalen kartesischen Koordinatensystem durch die Gleichung $y = f(x)$ beschrieben wird, wobei f diejenige Funktion ist, welche durch die Gleichung $f(x) = x^2$; $x \in \mathbb{R}$ gegeben ist." Oder so ähnlich.

Die y-Koordinate des Schnittpunkts könnte man übrigens aus der Zeichnung ablesen; wie erhält man daraus sofort die x-Koordinaten der Schnittpunkte?

Auch das folgende Problem liefert Gleichungen vom Grad 4, für welche wir bereits eine Lösungsmethode kennen:

Aufgabe 4.14. *Zeige, dass die rechnerische Bestimmung der Schnittpunkte der Hyperbel $xy = a$ und des Kreises $x^2 + y^2 = b^2$ auf eine biquadratische Gleichung führt, die sich mit Substitution lösen lässt.*

4.4 Der Satz von Pappos

Der griechische Mathematiker Pappos lebte vermutlich von ca. 290 bis 350 n. Chr. (über sein Leben ist fast gar nichts bekannt) und gilt als einer der letzten großen Mathematiker, den die antike griechische Kultur hervorgebracht hat. Der Satz, der heute meist mit seinem Namen verbunden ist, erscheint auf den ersten Blick recht unscheinbar. Seine tragende Rolle hat er erst erhalten, als man sich nach Hilbert ernsthaft mit den Grundlagen der euklidischen Geometrie befasst hat.

Wir werden nun erst eine Eigenschaft von Sehnenvierecken untersuchen, die wir zum Beweis des Zwei-Kreise-Satzes brauchen; mit diesem werden wir dann den Satz des Pappos beweisen.

Winkel im Sehnenviereck. Wir wissen ([75, Übung 5.13], sowie Übung 4.53), dass die gegenüberliegenden Winkel in einem Sehnenviereck sich zu 180° ergänzen. Weil wir den Satz für die Anwendungen, die wir im Sinn haben, etwas modifizieren müssen, bringen wir den einfachen Beweis hier.

Nach dem Satz über Umfangswinkel ist $\sphericalangle BCA = \sphericalangle BDA$, sowie $\sphericalangle ABD = \sphericalangle ACD$. Mit dem Satz über die Winkelsumme im Dreieck ist daher

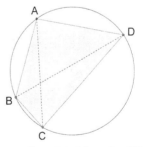

$$\sphericalangle BAD = 180° - \sphericalangle BDA \sphericalangle ABD -$$
$$= 180° - (\sphericalangle BCA + \sphericalangle ACD)$$
$$= 180° - \sphericalangle BCD.$$

Die Frage, die wir jetzt etwas näher beleuchten wollen, ist folgende: Was passiert, wenn das Viereck ABCD zum Dreieck ABC degeneriert, wenn wir C auf D zulaufen und letztendlich zusammenfallen lassen?

Aus dem Winkel $\sphericalangle ADC = 180° - \sphericalangle ABC$ wird im Grenzfall (Abb. 4.7 rechts) $\sphericalangle ACQ = 180° - \sphericalangle ACP$; es ist also zu vermuten, dass der folgende Satz gilt:

Satz 4.22. *Sind P und Q Punkte auf der Tangente in C an den Umkreis des Dreiecks ABC (vgl. Abb. 4.7 rechts), dann gilt*

$$\sphericalangle ABC = \sphericalangle ACP \quad und \quad \sphericalangle BAC = \sphericalangle BCQ.$$

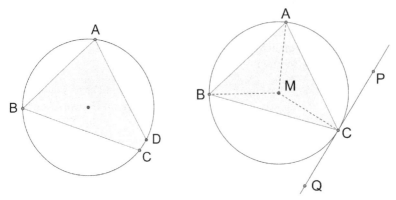

Abb. 4.7. Degeneriertes Sehnenviereck

In der Tat: Weil die Tangente in C senkrecht auf den Radius MC steht, ist $\sphericalangle ACP = 90° - \sphericalangle MCA$. Weiter ist, weil das Dreieck AMC gleichschenklig ist, $\sphericalangle MAC = \sphericalangle MCA$, also $\sphericalangle AMC = 180° - 2\sphericalangle MCA$. Nach dem Satz über Umfangs- und Zentrumswinkel ist $\sphericalangle ABC = \frac{1}{2}\sphericalangle AMC = 90° - \sphericalangle MCA = \sphericalangle ACP$ wie behauptet.

Der Zwei-Kreise-Satz. Für den Beweis des Satzes von Pappos, den wir weiter unten geben werden, benötigen wir den

Satz 4.23 (Zwei-Kreise-Satz). *Schneiden sich wie in Abb. 4.8 zwei Kreise in den Punkten B und B', so schneiden die Geraden, welche B und B' mit einem beliebigen Punkt O der Ebene verbinden, die Kreise in Punkten, welche zueinander parallele Sehnen festlegen.*

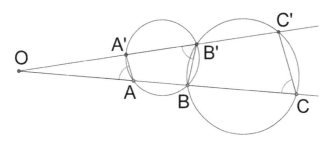

Abb. 4.8. Zwei-Kreise-Satz 4.23

Der Beweis ist erstaunlich einfach: Im Sehnenviereck ABB'A' gilt

$$\sphericalangle OAA' = 180° - \sphericalangle BAA' = 180° - (180° - \sphericalangle A'B'B) = \sphericalangle A'B'B.$$

Dasselbe Argument zeigt, dass im Sehnenviereck BCC'B

$$\sphericalangle A'B'B = 180° - \sphericalangle C'B'B = 180° - (180° - \sphericalangle C'CB) = \sphericalangle C'CB$$

gilt. Also ist $\sphericalangle OAA' = \sphericalangle C'CB$, und daraus folgt, dass die Geraden AA' und CC' parallel sind.

Ein Spezialfall des Zwei-Kreise-Satzes war eine der Examensaufgaben der Universität Cambridge (dem berühmten „Tripos") aus dem Jahre 1802; vgl. Heilbron [53, S. 12–13, 204].

Aufgabe 4.15. *Zeige, dass der Beweis auch funktioniert, wenn die Punkte wie in einer der Figuren in Abb. 4.9 liegen.*

Der Zwei-Kreise-Satz gilt auch, wenn man das Paar sich schneidender Geraden durch einen geeigneten Kegelschnitt ersetzt (Abb. 4.10). Am Kreis selbst gibt es keinen Zwei-Kreise-Satz, weil ein Kreis einen anderen in höchstens zwei Punkten schneidet. Man könnte aber versuchen, die beiden Kreise, die den vorgegebenen Kreis schneiden sollen, durch ein Geradenpaar zu ersetzen. Damit man einen Zwei-Geraden-Satz erhält, muss man allerdings eine Bedingung hinzufügen: Schneidet ein Paar Geraden einen Kreis in A, A', B und B', und ein weiteres Paar in B, B', C, C' so, dass jede Gerade des zweiten Paars zu einer Geraden des ersten Paars parallel ist, dann ist CC' parallel zu AA'. Diese Variation des Zwei-Kreise-Satzes am Kreis ist aber genau der Satz von Pascal, den wir in Abschnitt 4.5 beweisen werden.

Der Satz von Pappos

Der folgende Satz (vgl. Abb. 4.11) ist im siebten Buch der *Collectanea* von Pappos als Proposition 143 enthalten:

Satz 4.24 (Satz von Pappos). *Gegeben seien zwei Geraden mit Schnittpunkt O und auf jeder Gerade drei weitere Punkte A, B, C bzw. A', B' und C'. Sind dann zwei der drei Geradenpaare $(A'B, B'C)$, $(B'A, C'C)$ und $(A'A, C'C)$ parallel, dann auch das dritte.*

Die Aussage dieses Satz erinnert nicht nur an den Zwei-Kreise-Satz, vielmehr kann man den letzteren benutzen, um den Satz von Pappos zu beweisen. Diesen Beweis findet man im Wesentlichen in Hilberts Klassiker [56, S. 21], wo er allerdings nach Pascal benannt ist; den Beweis verdankt Hilbert, wie er schreibt, einer „Mitteilung von anderer Seite".

Wir nehmen an, dass $AB' \parallel C'C$ und $AA' \parallel CC'$ ist und haben zu zeigen, dass dann auch $A'B \parallel A'C$ gilt.

Dazu betrachten wir die drei Kreise (Abb. 4.12)

K_A durch A, B und A',

K_B durch A, C und B', sowie

K_C durch B, C und C'.

Sei D' der Schnittpunkt des Kreises K_A mit der Geraden OA' und

K_D der Kreis durch A, B und D'.

Der Schnittpunkt von K_C mit der Geraden OA' sei C^*.

Wenden wir den Zwei-Kreise-Satz auf die Kreise K_A und K_C an, so folgt $AA' \parallel CC^*$. Da nach Annahme $AA' \parallel CC'$ gilt, muss $C^* = C'$ sein. Also ist $K_D = K_C$, folglich liegt D auf den beiden Kreisen K_A und K_C.

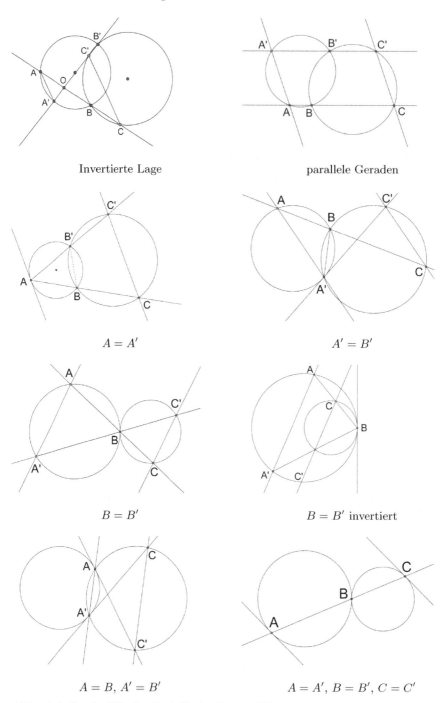

Invertierte Lage   parallele Geraden

$A = A'$ $A' = B'$

$B = B'$ $B = B'$ invertiert

$A = B,\ A' = B'$ $A = A',\ B = B',\ C = C'$

Abb. 4.9. Sonderfälle des Zwei-Kreise-Satzes 4.23

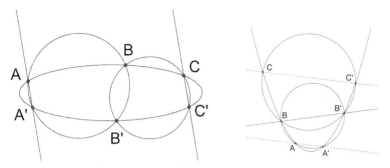

Abb. 4.10. Zwei-Kreise-Satz an Ellipse und Parabel

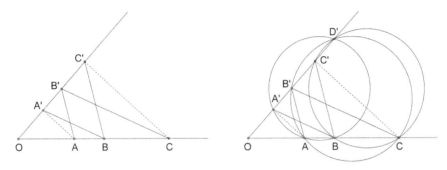

Abb. 4.11. Satz von Pappos

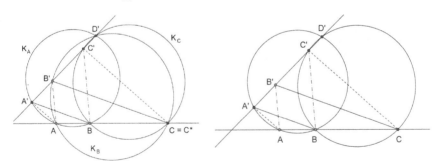

Abb. 4.12. Beweis des Satzes von Pappos

Ein ganz analoger Beweis zeigt, dass D auch auf den beiden Kreisen K_B und K_C liegt. Jetzt wenden wir den Zwei-Kreise-Satz auf K_A und K_B an; diese haben die gemeinsame Sehne AD', und wir finden $A'B \parallel B'C$.

4.5 Der Satz von Pascal

Der Satz von Pascal geht auf den französischen Mathematiker Blaise Pascal zurück, der ihn bereits 1640 als Jugendlicher entdeckte und ihn unter dem Begriff *l'hexagon mystique* bekannt machte. Dieser Satz ist ein Juwel der klassischen Geometrie, und er wurde im Falle von degenerierten Kegelschnitten, also einem Paar von Geraden, bereits vom griechischen Mathematiker Pappos gefunden.

Satz von Pascal am Kreis

Wir untersuchen nun zunächst denjenigen Spezialfall des Satzes von Pascal für den Kreis, dem wir in Kap. 6 über die Arithmetik von Kegelschnitten wieder begegnen werden.

Satz 4.25. *Gegeben seien sechs verschiedene Punkte N, A, B, C, D, E auf dem Kreis. Ist dann $NA \parallel CD$ und $BC \parallel NE$, dann ist auch $BC \parallel DE$.*

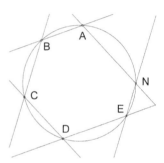

Der folgende Beweis dieses Satzes stammt von Julius Petersen [104]. Petersen (1839–1910) war ein dänischer Mathematiker, der sich vor allem mit Geometrie befasste und als einer der Geburtshelfer der Graphentheorie gilt. Petersens Beweis benutzt wie unser Beweis des Satzes von Pappos den Zwei-Kreise-Satz 4.23.

Auch der Beweis des Satzes von Pascal am Kreis, den Schupp in [115, S. 87] gibt, benutzt diese Idee und ist durch die Verwendung zentrischer Streckungen vielleicht noch einfacher als der hier vorgestellte.

Der Beweis von Petersen. Zum Beweis des Satzes von Pascal sei ABCDEF ein Sehnensechseck, und es mögen L, M und N die Schnittpunkte der drei Paare von Gegenseiten AB und DE, BC und EF, sowie CD und FA bezeichnen. Der Kreis durch A, D und N schneidet die Geraden AB und DE in B_1 bzw. E_1; nach dem Hilfssatz ist $NE_1 \parallel EF$, $NB_1 \parallel BC$, sowie $B_1E_1 \parallel BE$. Die Dreiecke E_1NB und EMB sind also ähnlich mit Streckzentrum L, folglich sind L, M und N kollinear.

Die Sonderfälle des Satzes von Pascal, in welchem zwei oder mehrere Punkte zusammenfallen, müssen einzeln betrachtet werden (siehe Abb. 4.13). Wenn man beim Beweis eines Satzes zu viele Fallunterscheidungen zu machen hat, ist dies oft ein Hinweis darauf, dass man noch nicht den richtigen Blickwinkel oder die richtige Verallgemeinerung gefunden hat. In Kap. 6 werden wir sehen, dass all diese Sätze aus einer ganz einfachen algebraischen Beobachtung folgen. Eine Diskussion der Spezialfälle wird auch überflüssig, wenn man parallele Geraden „abschafft": In der projektiven ebenen Geometrie schneiden sich Geraden immer, entweder im Endlichen oder, wenn sie im klassischen Sinne parallel sind, im Unendlichen.

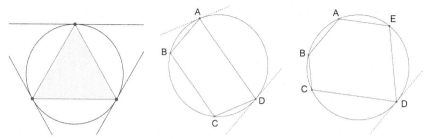

Abb. 4.13. Spezialfälle des Satzes von Pascal

Der allgemeine Satz von Pascal

Der eigentliche Satz von Pascal ist viel allgemeiner als der Spezialfall, in welchem die Sehnen im Kreis paarweise parallel sind. Zum einen darf man den Kreis durch beliebige Kegelschnitte ersetzen (siehe Abb. 4.14), zum anderen kann man die Bedingung über die Parallelität der Sehnen abschwächen:

Satz 4.26. *Die Schnittpunkte der gegenüberliegenden Seiten eines einem Kegelschnitt einbeschriebenen Sehnensechsecks liegen auf einer Geraden.*

Diese Formulierung deckt den oben behandelten Spezialfall nicht mit ab. Er lässt sich allerdings „künstlich" mit einbeziehen, wenn man parallelen Geraden einen Schnittpunkt „im Unendlichen" zugesteht: Dass zwei Geraden parallel sind, ist dann gleichbedeutend damit, dass sie sich im Unendlichen schneiden. Eine genaue Behandlung solcher unendlich ferner Punkte liefert die „projektive Geometrie", auf die wir hier aber nicht eingehen können.

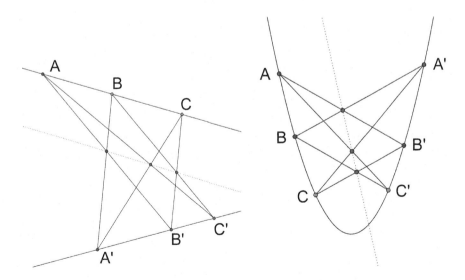

Abb. 4.14. Satz von Pascal für ein Geradenpaar und die Parabel

Der Beweis mittels des Satzes von Menelaos. Der folgende Beweis des Satzes von Pascal am Kreis gibt mir die Gelegenheit, auf das schöne Buch von Martin Mettler hinzuweisen, dem dieser entnommen ist ([87, S. 61–62]).

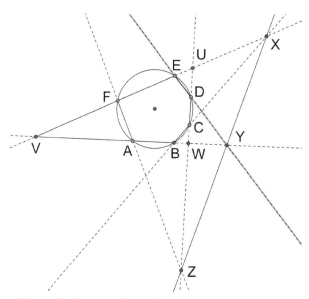

Abb. 4.15. Satz von Pascal

Dieser Beweis benutzt den Satz des Menelaos (sh. [75, Satz 6.10]). Wir wenden diesen Satz auf das Dreieck UVW an (siehe Abb. 4.15) und erhalten dann

$$\text{mit der schneidenden Geraden BC:} \qquad \frac{\overline{XU}}{\overline{XV}} \cdot \frac{\overline{BV}}{\overline{BW}} \cdot \frac{\overline{CW}}{\overline{CU}} = 1, \qquad (4.18)$$

$$\text{mit der schneidenden Geraden DE:} \qquad \frac{\overline{YV}}{\overline{YW}} \cdot \frac{\overline{DW}}{\overline{DU}} \cdot \frac{\overline{EU}}{\overline{EV}} = 1, \qquad (4.19)$$

$$\text{mit der schneidenden Geraden AF:} \qquad \frac{\overline{ZW}}{\overline{ZU}} \cdot \frac{\overline{FU}}{\overline{FV}} \cdot \frac{\overline{AV}}{\overline{AW}} = 1. \qquad (4.20)$$

Die Dreiecke VAE und VFB sind ähnlich, denn zum einen haben sie den Winkel BVE gemein, zum andern ist $\sphericalangle VEA = \sphericalangle FBV$ nach dem Satz über Umfangswinkel ([75, Satz 5.2]). Die Ähnlichkeit der beiden Dreiecke ergibt (Strahlensatz)

$$\overline{AV} : \overline{FV} = \overline{EV} : \overline{BV},$$

also

$$\overline{AV} \cdot \overline{BV} = \overline{FV} \cdot \overline{VE}. \qquad (4.21)$$

Auf ähnliche Art und Weise zeigt man

$$\overline{UE} \cdot \overline{UF} = \overline{UD} \cdot \overline{UC} \qquad (4.22)$$

und

$$\overline{WC} \cdot \overline{WD} = \overline{WB} \cdot \overline{WA}. \qquad (4.23)$$

Multipliziert man nun die Gleichungen (4.18)–(4.20) und kürzt die Ausdrücke aus (4.21)–(4.23), so folgt

$$\frac{\overline{XU}}{\overline{XV}} \cdot \frac{\overline{YV}}{\overline{YW}} \cdot \frac{\overline{ZW}}{\overline{ZU}} = 1.$$

Nach der Umkehrung des Satzes von Menelaos, wieder angewandt auf das Dreieck UVW, folgt nun, dass X, Y und Z auf einer Geraden liegen, und der Satz von Pascal ist bewiesen.

4.6 Übungen

4.1 Definiere die Winkelhalbierenden zweier sich schneidender Geraden als Ortskurve.

4.2 (Lietzmann [80, S. 24]) Die Ortskurve aller Punkte P, für welche die Differenz der Quadrate der Abstände von zwei gegebenen Punkten A und B konstant ist, ist eine zu AB orthogonale Gerade.

4.3 Zeige, dass jede Gerade durch einen Punkt im Inneren eines Kegelschnitts (Ellipse, Parabel, Hyperbel) diesen schneidet, während es durch Punkte außerhalb immer eine Gerade gibt, welche den Kegelschnitt nicht schneidet.

4.4 Leite aus (4.4) die Ellipsengleichung durch zweimaliges Isolieren der Wurzel und Quadrieren her.

4.5 (B. de Finetti [35, S. 19]) In den Ecken eines Quadrats werden vier Nägel befestigt, um diese eine Schnur gelegt und dann wie bei der Gärtnerkonstruktion eine Kurve bei gespannter Schnur gezeichnet. Zeige, dass die so entstehende Kurve aus (acht!) Ellipsenstücken besteht.

4.6 Zeige, dass die Koordinaten einer durch die Gleichung $\frac{x^2}{a^2} + \frac{y^2}{b^2} = 1$ (mit $a, b > 0$) beschriebene Ellipse durch $-a \le x \le a$ und $-b \le y \le b$ beschränkt sind.

4.7 Schneiden sich zwei Kreise in zwei Punkten P und Q, dann erhält man durch Subtraktion der beiden Kreisgleichungen die Schnittgerade. Zieht man die Kreise voneinander weg, bis sie sich gerade noch berühren, so erwartet man, dass im Grenzfall die Schnittgerade zur gemeinsamen Tangente wird.

   Dies erlaubt uns die folgende Bestimmung der Gleichung der Tangente an den Kreis $x^2 + y^2 = r^2$ in $P(x_0|y_0)$: Spiegle den Mittelpunkt O an P; der Bildpunkt $M'(2x_0|2y_0)$ ist Mittelpunkt eines Kreises $(x - 2x_0)^2 + (y - 2y_0)^2 = r^2$, der den Ausgangskreis in P berührt. Zeige, dass die Subtraktion der beiden Kreisgleichungen auf die Tangentengleichung führt.

4.8 (B. de Finetti [35, S. 48]; nach Emma Castelnuevo)

   Ein Lehrer lässt seine Schüler Rechtecke ABCD mit gegebenem Flächeninhalt, sagen wir 60 cm^2, ausschneiden, und legt sie so übereinander, dass die Seiten parallel sind und alle Rechtecke in A übereinanderliegen. Auf welcher Kurve liegen die Punkte C? Was bedeutet das Drehen eines Rechtecks ABCD in die Lage ADCB für die Symmetrie der Kurve?

4.9 Gegeben ist ein Parallelogramm ABCD; welches ist die Ortskurve aller Punkte M im Innern von ABCD, für welche die Dreiecke ABM und BCM denselben Flächeninhalt haben?

4.10 Zeige, dass für die Koordinaten einer Hyperbel $\frac{x^2}{a^2} - \frac{y^2}{b^2} = 1$ (mit $a, b > 0$) die Ungleichungen $|x| \geq a$ und $|y| \leq \frac{b}{a}|x|$ gelten.

4.11 Bestimme Mittelpunkte und Radien folgender Kreise:

$$(x-3)^2 + (y+4)^2 = 25; \quad x^2 + 4x + y^2 - 6x = 12; \quad x^2 + 4x + y^2 - 6x + 13 = 0.$$

4.12 Zeige, dass die Gerade $ax + by = 0$ den Kreis $x^2 + y^2 + ax + by = 0$ im Ursprung berührt.

4.13 Satz 4.12 lässt sich nicht direkt auf Parabeln übertragen. Welche Ortskurve erhält man, wenn F auf dem Kreis liegt?

4.14 Zeige: Sind P und P' Punkte auf einer Parabel, und schneidet die Gerade PP' die Leitgerade in Q, dann ist FQ die äußere Winkelhalbierende des Winkels $\sphericalangle PFP'$ (siehe Abb. 4.16).

Hinweis: Seien L und L' die Lotfußpunkte von P und P' auf ℓ. Folgere $\overline{FP} : \overline{FP'} = \overline{PL} : \overline{P'L'}$ aus der Definition der Parabel und $\overline{PL} : \overline{P'L'} = \overline{PQ} : \overline{P'Q}$ aus dem Strahlensatz. Zum Schluss benutze man Euklid ([33, Buch VI, Prop. 3]). Legt man die Definition 4.8 von Kegelschnitten zugrunde, hat man dabei den obigen Satz für Ellipse und Hyperbel mitbewiesen.

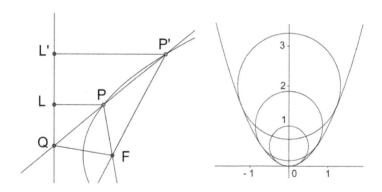

Abb. 4.16. Zu den Übungen 4.14 und 4.15.

4.15 Gesucht ist der Radius des Kreises mit Mittelpunkt $M(0|2)$, welcher die Parabel $y = x^2$ von innen berührt (siehe Abb. 4.16).

Löse dieselbe Aufgabe für beliebige Mittelpunkte $M(0|s)$.

4.16 Zeige, dass jede Gleichung der Form $x^2 + y^2 + ax + by + c = 0$ einen Kreis darstellt, falls $a^2 + b^2 > 4c$ ist, und einen Punkt, falls $a^2 + b^2 = 4c$ ist.

4.17 Löse folgende Gleichungssysteme ([50]) und zeige mit **geogebra**, dass diese Aufgaben sich geometrisch interpretieren lassen als die Berechnung von Schnittpunkten von Geraden mit den angegebenen Kegelschnitten:

$$x^2 + y^2 = 12, \qquad x + y = 7, \qquad \text{Kreis;}$$

$$\frac{x^2}{16} + \frac{y^2}{9} = 1, \qquad x + 3y = 5, \qquad \text{Ellipse;}$$

$$2x^2 - y = 1, \qquad x + 2y = 2, \qquad \text{Parabel;}$$

$$5x^2 - y^2 = 20, \qquad 5x - 3y = 0, \qquad \text{Hyperbel.}$$

4.18 Bestimme die Schnittpunkte der folgenden Kreise. Überprüfe dabei zuerst, ob es zwei, einen oder gar keinen Schnittpunkt gibt.

1. $(x + 4)^2 + (y + 5)^2 = 194$, $\quad (x - 3)^2 + (y - 2)^2 = 40$.
2. $(x - 2)^2 + (y - 2)^2 = 5$, $\quad (x - 5)^2 + (y - 1)^2 = 5$.
3. $(x - 3)^2 + (y - 4)^2 = 9$, $\quad x^2 + y^2 = 4$.

4.19 Berechne den Schnittpunkt der Parabel $x = -3 - \frac{3}{8}y^2$ mit dem Kegelschnitt $x^2 + y^2 + 2x = 3$. Zeige, dass die letzte Gleichung einen Kreis mit Mittelpunkt $M(-1|0)$ und Radius 2 darstellt. Kontrolliere zeichnerisch mit `geogebra`.

4.20 Löse folgende Gleichungssysteme ([50, S. 55–56]):

$$x^2 + y^2 + 3(x + y) = 28, \qquad (x + y)^2 - xy = 19.$$

$$x + xy + y = 29, \qquad x^2 + xy + y^2 = 61.$$

$$(x + y)^2 + 5(x + y) = 84, \qquad x^2 + 3xy + 4y^2 = 109.$$

$$x^2 + y^2 + 7xy = 171, \qquad xy = 2(x + y).$$

$$\sqrt{x} + \sqrt{y} = 7, \qquad x + y = 37.$$

$$x^3 + y^3 = 133, \qquad xy = 10.$$

4.21 Gegeben sind die beiden Kreise $K_1 : x^2 + y^2 = 4$ und $K_2 : (x - 1)^2 + (y - 2)^2 = 9$. Subtrahiert man die beiden Gleichungen voneinander, erhält man die Gleichung einer Geraden. Begründe ohne Rechnung, dass dies die Gerade durch die beiden Schnittpunkte von K_1 und K_2 ist.

4.22 Gegeben ist ein Kreis mit Mittelpunkt M und ein Punkt P außerhalb des Kreises. Konstruiere mit Zirkel und Lineal die beiden Tangenten an den Kreis durch P.

Hinweis: Satz des Thales.

4.23 Die Schnittpunkte zweier orthogonaler Tangenten an eine Ellipse mit den Halbachsen a und b liegen auf einem Kreis, dessen Mittelpunkt der Mittelpunkt der Brennpunkte und dessen Radius gleich $\sqrt{a^2 + b^2}$ ist.

Dieser Kreis heißt der Kreis von Monge ([87, S. 129]); er ist die Ortskurve aller Punkte, von denen aus man eine Ellipse „unter einem rechten Winkel sieht".

Welches Ergebnis erhält man, wenn die Ellipse ein Kreis ist? Wie lässt sich dieser Spezialfall geometrisch beweisen?

4.24 Eine Lemniskate ist die Ortskurve aller Punkte, deren Abstände von zwei Punkten $F_1(-a|0)$ und $F_2(a|0)$ das konstante Produkt a^2 haben. Zeige, dass die Gleichung der Lemnsikate gegeben ist durch $(x^2 + y^2)^2 = 2a^2(x^2 - y^2)$.

4.25 Zeige: Die Hyperbel ist die Kurve aller Punkte, für welche das Produkt der Abstände zu zwei sich schneidenden Geraden konstant ist.

Zeige damit noch einmal, dass der Graph von $y = \frac{1}{x}$ eine Hyperbel ist.

4.26 Zeige, dass die Gleichung $y = \frac{1}{x^2}$ keine Hyperbel beschreibt.

4.27 Bestimme die Gleichung der Parabel mit Leitgerade $y = -x$ und Brennpunkt $F(1|1)$.

4.28 (Matura Basel, 1972) Für $a > 0$ bestimme man die gemeinsamen Tangenten an die Ellipsen
$$\frac{x^2}{a^2} + y^2 = 1 \quad \text{und} \quad x^2 + \frac{y^2}{4a^2} = 1.$$
Für welche Werte von $a > 0$ existiert keine gemeinsame Tangente?

4.29 Sei $P(a|b)$ ein Punkt außerhalb des Einheitskreises $x^2 + y^2 = 1$. Bestimme die beiden Tangenten an den Kreis durch P.

4.30 Zeichne ein Rechteck mit den Kantenlängen $2a$ und $2b$ samt seiner Symmetrieachsen. Teile zwei Seiten des rechten oberen Teildreiecks in gleich viele Teile derselben Länge (in Abb. 4.17 sind es vier solcher Teile); zeige, dass die Schnittpunkt der Geraden durch diese Teilpunkte auf einer Ellipse liegen.

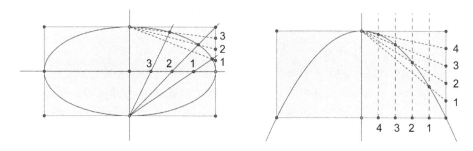

Abb. 4.17. Rechteckskonstruktionen von Ellipse und Parabel

Erkläre, wie man auf ähnliche Art und Weise Punkte einer Parabel konstruieren kann, und rechne nach, dass diese Konstruktion funktioniert. Wo liegt der Brennpunkt der Parabel?

4.31 Tangenten an eine Parabel, die senkrecht aufeinander stehen, schneiden sich auf der Leitgeraden.

4.32 Der Lotfußpunkt des Brennpunkts auf einer Tangente an eine Parabel liegt auf der Tangente im Scheitel der Parabel.

4.33 ([125, S. 66]) Zeige, dass die Gerade in Achsenabschnittsform $\frac{x}{a} + \frac{y}{b} = 1$ genau dann Tangente an den Kreis $x^2 + y^2 = c^2$ ist, wenn $\frac{1}{a^2} + \frac{1}{b^2} = \frac{1}{c^2}$ gilt.

4.34 ([125, S. 70]) Zeige allgemeiner, dass die Länge s der Sehne, welche die Gerade $\frac{x}{a} + \frac{y}{b} = 1$ aus dem Kreis $x^2 + y^2 = c^2$ ausschneidet, gegeben ist durch
$$s = 2\sqrt{c^2 - \frac{a^2 b^2}{a^2 + b^2}}.$$
Wie folgt daraus das Ergebnis der vorhergehenden Übung?

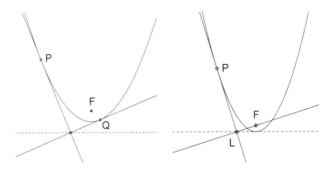

Abb. 4.18. Zu den Übungen 4.31 und 4.32.

4.35 ([125, S. 112]) Eine Parabel $y^2 = px$ schneide einen Kreis $(x-a)^2 + (y-b)^2 = c^2$ in vier Punkten. Zeige, dass das Produkt der Abstände dieser vier Punkte von der Achse der Parabel durch $p^2(a^2 + b^2 - c^2)$ gegeben ist.

Hinweis: Satz von Vieta.

4.36 (Nach [125, S. 125]) Zeige: Seien P und Q zwei verschiedene Punkte auf einer Parabel; dann liegt jeder Kreis mit Durchmesser PQ oberhalb der Leitgeraden der Parabel. Unter welchen Bedingungen berührt der Kreis die Parabel?

4.37 ([125, S. 164]) Man bestimme die Ortskurve der Mittelpunkte aller Kreise, die durch einen Punkt $P(0|c)$ gehen und die x-Achse berühren.

4.38 Zeige, dass man die Gleichung der Tangente an einen Kreis $x^2 + y^2 = r^2$ im Punkt $(x_1|y_1)$ dadurch erhält, dass man die Gleichungen

$$x^2 + y^2 = r^2 \quad \text{und} \quad (x - x_1)^2 + (y - y_1)^2 = 0$$

voneinander subtrahiert. Die zweite Gleichung ist die eines „Punktkreises" mit Mittelpunkt $(x_1|y_1)$ und Radius 0.

Entsprechend erhält man die Gleichung der Tangente an eine Ellipse im Punkt $(x_1|y_1)$ durch Subtraktion der beiden Gleichungen

$$\frac{x^2}{a^2} + \frac{y^2}{b^2} = 1 \quad \text{und} \quad \frac{(x - x_1)^2}{a^2} + \frac{(y - y_1)^2}{b^2} = 0.$$

Finde die entsprechenden Herleitungen der Tangentengleichung im Falle von Hyperbeln und Parabeln.

4.39 Die Ableitung von $y = \sqrt{x}$ lässt sich durch implizite Ableitung leicht gewinnen: Schreibe die Funktion in der Form $y^2 = x$ und zeige $y' = \frac{1}{2y}$.

4.40 Bestimme die Asymptoten der Hyperbel $\frac{x^2}{a^2} - \frac{y^2}{b^2} = 1$. Unter welchen Bedingungen an a und b sind diese orthogonal?

4.41 Zeige, dass die Ellipse $3x^2 + 4y^2 = 144$ die Hyperbel $x^2 - 3y^2 = 9$ in vier Punkten schneidet, und zwar rechtwinklig. Zeige auch, dass beide Kegelschnitte dieselben Brennpunkte besitzen.

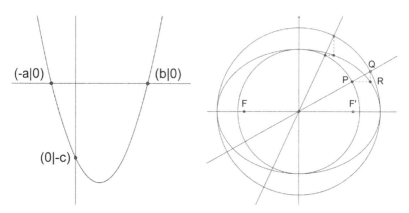

Abb. 4.19. Konstruktion der Ellipse mit Halbachsen a und b.

4.42 (Euclid Wettbewerb 1998; siehe Abb. 4.19) Eine Normalparabel $y = x^2$ wurde so verschoben, dass ihre Nullstellen $(-a|0)$ und $(b|0)$ sind. Zeige, dass der Punkt $(0|-c)$ auf der Parabel liegt, wo $c = ab$ ist.

4.43 Zeige, dass man Punkte der Ellipse mit den Halbachsen $a > b$ wie folgt konstruieren kann (siehe Abb. 4.19): Zeichne zwei Kreise, deren Mittelpunkte M der Mittelpunkt der beiden Brennpunkte F und F' der Ellipse sind, und mit Radien a bzw. b. Sei P ein beliebiger Punkt auf dem kleinen Kreis und Q der Schnittpunkt der Geraden MP mit dem großen Kreis. Zeige: Die Parallele zur Geraden FF' durch P und die Lotgerade auf FF' durch Q schneiden sich dann in einem Punkt R auf der Ellipse.

4.44 Verwandelt man ein Rechteck mit den Seiten a (konstant) und x in ein Quadrat mit Kantenlänge y, dann ist $y^2 = ax$; diese Gleichung beschreibt eine liegende Parabel. Gibt man dem Rechteck ein Quadrat der Kantenlänge bx hinzu bzw. zieht man ein solches Quadrat ab, dann erhält man die Gleichungen $y^2 = ax + b^2x^2$ bzw. $y^2 = ax - b^2x^2$. Zeige, dass diese Gleichungen Hyperbeln bzw. Ellipsen beschreiben.

Aus diesen Konstruktionen haben die Kegelschnitte ihre Namen erhalten: Bei der Hyperbel übertrifft y^2 das Rechteck ax, bei der Ellipse fehlt y^2 etwas zum Rechteck.

4.45 Betrachte eine Gerade, die nicht durch den Ursprung geht, fixiere die Schnittpunkte A und B der Geraden mit den Koordinatenachsen, sowie einen weiteren Punkt P auf der Geraden. Lässt man dann A und B starr auf den Koordinatenachsen laufen, dann erzeugt die Bahn von P eine Ellipse. Man bestimme deren Gleichung.

4.46 Die Tangenten an eine Parabel in den Punkten P und Q schneiden sich in R. Zeige: Die Gerade MN durch die Mittelpunkte M von PR und N von QR ist Tangente an die Parabel im Mittelpunkt von MN.

4.47 Zeige: Der einzige Punkt $F(b|c)$ mit der Eigenschaft, dass der Abstand $d = \overline{PF}$ für alle Punkte $P(x|y)$ auf der Parabel $4ay = x^2$ eine rationale Funktion von x ist, ist der Brennpunkt $F(0|a)$.

4.48 Zeige: Die einzigen Punkte $F(c|d)$ mit der Eigenschaft, dass der Abstand $d = \overline{PF}$ für alle Punkte $P(x|y)$ auf der Ellipse $\frac{x^2}{a^2} + \frac{y^2}{b^2} = 1$ eine rationale Funktion von x ist, sind die beiden Brennpunkte $F(\pm|c)$.

Beweise die entsprechende Eigenschaft für die Hyperbel.

4.49 Gegeben sei ein Kreis mit einbeschriebenem Dreieck ABC. Zeige: Ist die Tangente in A parallel zu BC, und diejenige in B parallel zu AC, dann ist die Tangente in C parallel zu AB.

Von welchem Satz ist diese Aussage ein Spezialfall?

4.50 (Französisches Abitur (BAC) 1937; vgl. [111]).

Sei $\mathcal{P}$ eine Parabel mit Brennpunkt F. Eine Gerade durch F schneidet $\mathcal{P}$ in den Punkten M und M'.

Zeige, dass das harmonische Mittel der Abstände $\overline{FM}$ und $\overline{FM'}$ gleich dem Abstand von F zur Leitgeraden ist. Zeige weiter, dass die Tangenten an $\mathcal{P}$ durch M und M' senkrecht aufeinander stehen.

4.51 ([111]) Man nennt vier Punkte der euklidischen Ebene konzirkular, wenn sie auf einem Kreis liegen.

Zeige, dass vier Punkte auf einer Parabel $4ay = x^2$ genau dann konzirkular sind, wenn ihre x-Koordinaten Summe 0 haben.

Zeige, dass vier Punkte auf der Hyperbel $x^2 - y^2 = a^2$ genau dann konzirkular sind, wenn ihre x-Koordinaten Summe 0 haben.

4.52 ([107, Aufgabe 26]) Der Parabel $y^2 = px$ sollen gleichseitige Dreiecke einbeschrieben werden. Zeige, dass die Schwerpunkte dieser Dreiecke auf der Parabel mit der Gleichung $9y^2 + 2p^2 - px = 0$ liegen.

4.53 Zeige, dass sich die gegenüberliegenden Winkel in einem Sehnenviereck ABCD zu 180° ergänzen (siehe Abb. 4.20):

1. Sei A' der Schnittpunkt des Kreises mit der Geraden MC, wobei M der Kreismittelpunkt ist.

   Zeige, dass beim Verschieben von A nach A' sich weder der Winkel in A (Umfangswinkel), noch die Summe der Winkel in B und D ändern (Winkelsumme im Viereck).

2. Sei B' der Schnittpunkt des Kreises mit der Lotgeraden auf $A'C$ durch M.

   Zeige entsprechend, dass sich beim Verschieben von B nach B' weder der Winkel in B, noch die Summe der Winkel in A und C ändern.

3. Durch Verschieben von D nach D' haben wir das Sehnenviereck $ABCD$ in ein Quadrat $A'B'CD'$ verwandelt, wobei die Summe der Winkel gegenüberliegender Ecken bei allen Transformationen gleich geblieben sind.

   Vollende jetzt den Beweis.

4.54 Zeige: Im „invertierten Sehnenviereck" ABCD gilt $\sphericalangle BAD = \sphericalangle BCD$ und $\sphericalangle ADC = \sphericalangle ABC$ (siehe Abb. 4.20).

4.55 Abbildung 4.21 (rechts) legt einen Satz nahe: Welchen? Beweis!

4.56 Gleichungen der Form $Ax^2 + Bxy + Cy^2 + Dx + Ey + F = 0$ beschreiben Kegelschnitte. Zeige: Wenn der Kegelschnitt aus zwei Geraden besteht, wenn also

$$Ax^2 + Bxy + Cy^2 + Dx + Ey + F = (ax + by + c)(dx + ey + f)$$

ist, dann muss $B^2 - 4AC = (ae - bd)^2$ ein Quadrat sein.

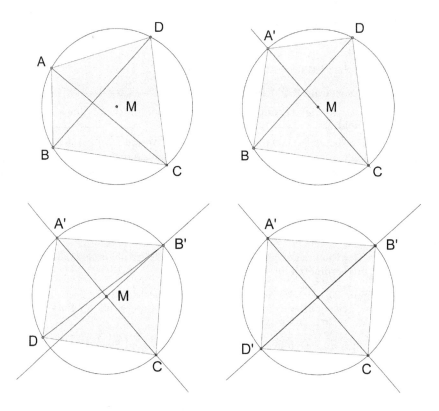

Abb. 4.20. Übung 53.

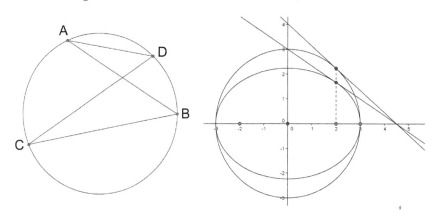

Abb. 4.21. Zu den Übungen 4.54 und 4.55

4.57 (Yates [130]) Sei wie eben ein Kegelschnitt durch die Gleichung

$$Ax^2 + Bxy + Cy^2 + Dx + Ey + F = 0$$

definiert; wir wollen annehmen, dass der Kegelschnitt nicht degeneriert, also kein Paar von Geraden ist. Schneide diesen Kegelschnitt mit den Geraden $y = mx$ durch den Ursprung. Zeige:

1. Ist $B^2 - 4AC = 0$, dann gibt es einen Wert von m, für den es nur einen Schnittpunkt gibt. In diesem Fall muss der Kegelschnitt eine Parabel sein.

2. Ist $B^2 - 4AC > 0$, dann gibt es genau zwei Werte von m, für die es nur einen Schnittpunkt gibt. In diesem Fall muss der Kegelschnitt eine Hyperbel sein.

3. Ist $B^2 - 4AC < 0$, dann gibt es gar keinen Werte von m, für die es nur einen Schnittpunkt gibt (Berührpunkte werden doppelt gezählt). In diesem Fall muss der Kegelschnitt eine Ellipse sein.

4.58 Sei ABCD ein Viereck auf einem Kegelschnitt, dessen Ecken konzyklisch sind, also auf einem Kreis liegen. Zeige: Sind ADEF und CDGH ebenfalls konzyklische Vierecke auf diesem Kegelschnitt, dann ist auch EFGH konzyklisch.

4.59 Gegeben seien zwei Kreise mit Mittelpunkten M_1 und M_2; seien M_1P_1 und M_2P_2 gleichgerichtete (bzw. entgegengesetzt gerichtete) Radien der beiden Kreise. Die Geraden P_1P_2 schneiden die Gerade M_1M_2 (die Zentrale) in einem festen Punkt, nämlich dem äußeren (bzw. inneren) Ähnlichkeitspunkt (siehe Abb. 4.22).

Man überlege sich weiter, dass der Satz auch dann stimmt, wenn sich die Kreise schneiden, berühren, oder der eine innerhalb des anderen liegt.

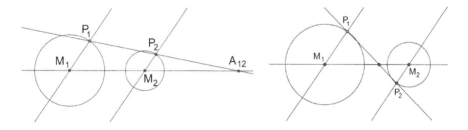

Abb. 4.22. Innere und äußere Ähnlichkeitspunkte zweier Kreise

4.60 Zeige, dass die beiden Kreise

$$x^2 + y^2 + bx + cy + d = 0 \quad \text{und} \quad x^2 + y^2 + b'x + c'y + d' = 0$$

sich genau dann rechtwinklig schneiden, wenn $bb' + cc' = 2(d + d')$ gilt.

4.61 (Nach H. von Baravalle [8, S. 15]) Zeige, dass der Höhenschnittpunkt der Dreiecke ABC mit $A(0|0)$, $B(5|0)$ und $C(x|4)$ auf der Parabel $y = -x(x - 5)/4$ liegen. Verallgemeinerung?

Zeige, dass die Schnittpunkte der Seitenhalbierenden bzw. der Mittelsenkrechten auf Geraden liegen – auf welchen?

4.62 Sei ABC ein Dreieck mit $A(-2|0)$, $B(2|0)$, wobei sich C auf einem Kreis um den Ursprung mit Radius 2 bewegt. Zeige, dass der Schwerpunkt dieser Dreiecke auf einem Kreis um den Ursprung liegt.

Warum stimmen die Schnittpunkte der Mittelsenkrechten bzw. der Höhen dieser Dreiecke überein?

4.63 (Mütz [96]) Eine Hyperbel heißt rechtwinklig, wenn ihre Asymptoten orthogonal zueinander sind. Rechtwinklige Hyperbeln werden von Gleichungen der Form $x^2 - y^2 = a^2$ beschrieben.

Die rechtwinklige Hyperbel $x^2 - y^2 = a^2$ besitzt die beiden Scheitel $S_1(a|0)$ und $S_2(-a|0)$. Eine waagrechte Gerade $y = y_0$ schneidet die Hyperbel in $P'(-x_0|y_0)$ und $P(x_0|y_0)$, die y-Achse in $A(0|y_0)$.

a) Zeige, dass S_1 auf dem Thales-Kreis über $P'P$ liegt.

b) Zeige, dass das Dreieck APS_1 gleichschenklig ist.

4.64 Gegeben sei eine rechtwinklige Hyperbel $x^2 - y^2 = a^2$, der dazugehörige Kreis $x^2 + y^2 = a^2$, und ein Punkt M auf dem rechten Ast der Hyperbel.

Die Gerade durch M und den Scheitelpunkt $F_2(-a|0)$ auf dem linken Ast schneidet den Kreis in N. Sei F der Lotfußpunkt von M und G derjenige von N. Zeige:

a) Die Gerade NF ist Tangente an den Kreis.

b) Die Gerade MG ist Tangente an die Hyperbel.

c) Es ist $\overline{FM} = \overline{FN}$, folglich liegen M und N auf einem Kreis um G.

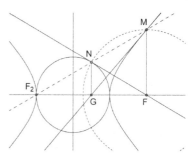

4.65 Sei ABC ein Dreieck, dessen Ecken A, B und C auf der rechtwinkligen Hyperbel $y = \frac{1}{x}$ liegen. Zeige, dass der Umkreis von ABC durch den Ursprung geht.

4.66 Sei F ein fester Punkt der Ebene auf der x-Achse. Jeder Vektor $\overrightarrow{FP}$ ist dann eindeutig bestimmt durch die Angabe eines Winkels φ zwischen der positiven x-Achse und der Länge a des Vektors $\overrightarrow{FP}$.

Ist eine Ellipse mit Brennpunkten F und F' und großer Halbachse a gegeben, so bezeichne $\theta = 180° - \phi = \sphericalangle F'FP$ den Innenwinkel des Dreiecks $F'FP$ in F. Nach Definition der Ellipse ist $\overline{FP} + \overline{PF'} = 2a$, weiter wissen wir $\overline{FF'} = 2c$ mit $c^2 = a^2 - b^2$. Zeige, dass der Kosinussatz die Gleichung

$$\overline{F'P}^2 = \overline{FP}^2 + (2c)^2 - 4c\overline{FP}\cos\theta$$

liefert, und leite daraus die Kegelschnittsgleichung der Ellipse

$$\overline{FP} = \frac{p}{1 + e\cos\phi}$$

her, bei der $p = b^2/a$ und $e = c/a$ ist.

4.67 Durch einen Kreis werden Sehnen gezogen, die alle durch einen festen Punkt gehen; bestimme die Ortskurve der Mittelpunkte dieser Sehnen.

4.68 (Lietzmann [80, S. 75]) Die Gleichung

$$r = \frac{c}{1 + e\cos\theta} \tag{4.24}$$

beschreibt eine Kurve in Polarkoordinaten: Jeder Punkt $(x|y)$ der Ebene ist dabei festgelegt durch einen Winkel θ gegenüber einer festen Achse und dem Abstand

r gegenüber einem festen Punkt O der Achse. Legt man ein kartesisches Koordinatensystem so, dass die x-Achse mit der festen Achse und der Ursprung mit O übereinstimmt, so gelten offenbar die Beziehungen $x = r\cos\theta$ und $y = r\sin\theta$. Zeige damit, dass (4.24) einen Kegelschnitt beschreibt.

Hinweis: Zeige zuerst, dass $r^2 = x^2 + y^2$ gilt.

4.69 Die folgenden Aufgaben sind inspiriert durch Beispiele aus dem Vortrag [124] von Hans Walser auf dem 19. Forum für Begabungsförderung in Mathematik 2016.

Gegeben seien drei Punkte F, F' und A. Sei B ein weiterer Punkt auf der Hyperbel mit Brennunkten F und F' durch A. Zeige: Ist das Viereck $AFBF'$ konvex, dann ist es ein Tangentenviereck.

4.70 Gegeben sei ein gleichseitiges Dreieck ABC. Dieses Dreieck legt drei Parabeln fest, die eine Ecke als Brennpunkt und die Gerade durch die beiden andern Ecken als Leitgerade besitzen.

Zeige: Die drei Parabeln berühren sich in drei Punkten, die zusammen mit A, B und C ein regelmäßiges Sechseck bilden (siehe Abb. 4.23).

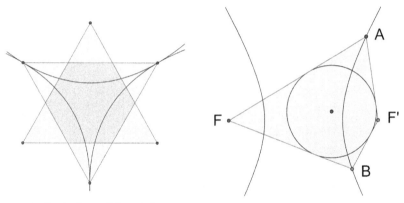

Abb. 4.23. Dreiecke und Parabeln

4.71 Gegeben sei ein Dreieck ABC. Je zwei der drei Ellipsen E_A durch A mit Brennpunkten B und C, E_B durch B mit Brennpunkten A und C, E_C durch C mit Brennpunkten A und B schneiden sich in zwei Punkten. Zeige: Die durch diese Paare definierten Geraden scheiden sich in einem Punkt.

Zeige weiter, dass das Dreieck ABC genau dann rechtwinklig ist, wenn sich die drei Ellipsen in einem Punkt schneiden, der dann mit dem Schnittpunkt der drei Geraden übereinstimmt.

4.72 Gegben sei ein Dreieck ABC mit Seitenmittelpunkten M_a, M_b und M_c. Zeige: Jede Hyperbel mit Brennpunkten A und M_a, die durch M_b geht, geht auch durch M_c.

4.73 Gegeben sei ein Dreieck ABC mit einem Punkt A_1 auf der Seite BC. Der Kreis um C durch A_1 schneidet AC in B_1, der Kreis um A durch B_1 schneidet AB in C_1, der Kreis um B durch C_1 schneidet BC in A_2. Zeige: setzt man diese Konstruktion fort, so ist $A_3 = A_1$. Zeige weiter, dass die sechs Punkte A_1, B_1, ..., C_2 alle auf einem Kreis liegen.

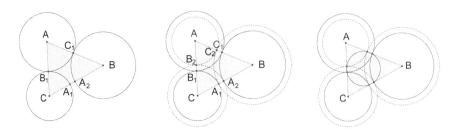

Abb. 4.24. Schließungsfigur am Dreieck

4.74 (Natalia Grinberg [46, S. 101]) Gegeben sei ein Dreieck ABC mit einem Punkt A_1 auf der Seite BC. Wie in der vorhergehenden Übung werden Punkte B_1, C_1, ..., C_2 konstruiert, und zwar sei B_1 der Schnittpunkt von AC mit der Parallelen zu AB durch A_1, C_1 der Schnittpunkt von AB mit der Parallelen zu BC durch B_1 etc.; zu zeigen ist wieder, dass dieser nach Gerhard Thomsen (1899–1934) benannte Streckenzug sich schließt, dass also $A_3 = C_2$ ist. Man zeige weiter, dass die sechs Punkte A_1, B_1, ..., C_2 auf einer Ellipse liegen.

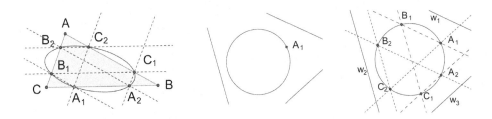

Abb. 4.25. Schließungsfiguren am Dreieck und am Kreis

4.75 (Natalia Grinberg [46, S. 100]) Es seien w_1, w_2, w_3 drei gerade Wege in der Nähe eines kreisförmigen Teichs. Eine Ente schwimmt vom Punkt A_1 am Ufer parallel zu w_1, bis sie den Punkt B_1 erreicht; danach schwimmt sie parallel zu w_2 bis zum Punkt C_1, dann parallel zu w_3 bis A_2, parallel zu w_1 bis B_2 und parallel zu w_2 bis C_2. Zeige: schwimmt sie zum Schluss wieder parallel zu w_3, dann landet sie am Ausgangspunkt A_1.

Formuliere ein analoge Sätze für Teiche, die von Kegelschnitten begrenzt sind.

4.76 (Bandelt [7]) Zeige, dass unter allen umfangsgleichen Dreiecken das gleichseitige den größten Flächeninhalt besitzt.

Hinweis: Seien die Dreiecksseiten $a \le c \le b$ mit $a < u = (a + b + c)/3$. Lege die beiden Ecken des Dreiecks mit Abstand c in die Brennpunkte einer Ellipse, die durch die dritte Ecke geht. Zeige, dass das Verschieben der dritten Ecke auf der Ellipse den Umfang invariant lässt. Wann ist die Höhe maximal? Die Behauptung folgt dann durch Wiederholung dieser Prozedur.

5. Physik der Kegelschnitte

Kegelschnitte sind mathematische Objekte, die sich in vielen Anwendungen wiederfinden und mit der Mathematik des Alltags deutlich mehr zu tun haben als die Bestimmung des Maximums einer Gewinnfunktion, welche die heutige Anwendung im Schulunterricht dominiert. Auf den engen Zusammenhang zwischen „Elementargeometrie und Wirklichkeit" hat Christian Wittmann in [128] hingewiesen und damit gezeigt, was Didaktik leisten kann, wenn man mit mathematischen Inhalten umgehen kann.

In diesem Kapitel besprechen wir die Mathematik hinter Navigationssystemen (GPS), leiten das Brechungsgesetz aus dem Fermatschen Prinzip der kleinsten Zeit her, geben einige Beispiele für die Anwendung von Kegelschnitten in Architektur und Medizin, und tauchen dann etwas tiefer in die mathematische Physik ein, indem wir die parabelförmige Bahn beim schiefen Wurf durchrechnen und dann zeigen, dass die Keplerschen Gesetze mit dem Newtonschen Gravitationsgesetz kompatibel sind. Die vollständige Herleitung der Keplerschen Gesetze aus dem Gravitationsgesetz wird nur dann wirklich durchsichtig, wenn man etwas kräftigere mathematische Hilfsmittel einführt.

5.1 GPS

Eine heutzutage fast schon alltägliche Anwendung des Satzes von Pythagoras (und der dazugehörigen quadratischen Gleichungen) findet man in Navigationsgeräten. Das System dahinter hört auf den Namen GPS (*global positioning system*), und die Mathematik dahinter ist, wenn man von Feinheiten absieht, relativ einfach. Allerdings hat es nichts mit der Erklärung zu tun, die hessische Abiturienten 2015 in einer ihrer Abituraufgaben zu lesen bekamen: die Idee, dass ein GPS-Empfänger die Richtung (in Bezug auf ein nicht näher definiertes Koordinatensystem) bestimmt, aus welcher die Signale von den Satelliten kommen, und dann aus den Positionen der Satelliten (im selben Koordinatensystem) seine eigene bestimmt, hat mit GPS nicht nur absolut nichts zu tun, sie ist auch prinzipiell aus einem guten Dutzend physikalischer Gründe technisch nicht umsetzbar.

Leuchttürme

In der Antike waren Leuchttürme (das berühmteste Beispiel ist der Leuchtturm von Alexandria, der bis zu seinem Einsturz eines der sieben klassischen Weltwunder war) vor allem dazu da, vor der nahen Küste zu warnen und den Weg zum richtigen Hafen zu weisen.

Mit dem Aufkommen von Geräten zum Messen von Winkeln (die ersten derartigen Geräte waren Quadranten und Sextanten) konnte man Leuchttürme auch zur Positionsbestimmung auf See benutzen (siehe Abb. 5.1). Kann man nämlich den Winkel zwischen zwei Leuchttürmen messen, deren Position man kennt (etwa weil jeder Leuchtturm eine charakteristische Frequenz oder Farbe besitzt), dann muss sich das Boot auf einem Kreis durch die beiden Leuchttürme befinden, dessen Umfangswinkel gleich dem gemessenen Winkel ist. Hat man einen dritten Leuchtturm zur Verfügung, lässt sich aus den gemessenen Winkeln der eigene Standort bestimmen. Damit man auch auf dem Meer seine Position bestimmen konnte, wurden früher auch sogenannte „Feuerschiffe" an ganz bestimmten Positionen verankert.

Messfehler wirken sich dabei um so mehr auf den Fehler bei der Positionsbestimmung aus, je kleiner der Winkel zwischen zwei Leuchttürmen ist (Abb. 5.1).

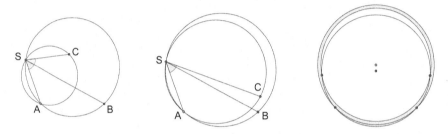

Abb. 5.1. Positionsbestimmung mit Leuchttürmen

Das Problem dabei ist (und dieses wird uns auch bei der modernen Version, dem GPS, wieder begegnen), dass die Schnittpunkte zweier Kreise, deren Mittelpunkte nahe beieinander liegen, sehr empfindlich von kleinen Änderungen des Radius abhängen. Dies bedeutet, dass Messfehler bei Leuchttürmen, die fast in derselben Richtung zu sehen sind, große Ungenaugkeiten bei der Positionsbestimmung zur Folge haben.

LORAN

Zeitlich zwischen Leuchttürmen und GPS steht das System LORAN. Dieses Akronym steht für *LOng RAnge Navigation* und funktioniert so: Zwei Radiostationen in A und B senden gleichzeitig Radiosignale aus, die von einem Schiff in P aufgefangen werden. Werden diese Signale von P zur selben Zeit empfangen, muss P von A und B gleich weit entfernt sein, also auf der Mittelsenkrechten von A und B liegen. Werden die Signale mit einer Zeitdifferenz Δt empfangen, so muss $\overline{AP} - \overline{BP} = c \cdot \Delta t$ sein. Also liegt das Schiff auf einer Hyperbel mit den Brennpunkten A und B. Um den genauen Standpunkt zu ermitteln, braucht man daher mindestens drei Radiostationen.

In diesem Modell müssten beide Stationen mit sehr genauen Uhren ausgestattet sein; weil dies technisch bei der Einführung dieser Technik während des Zweiten Weltkriegs nicht möglich war, ist man so vorgegangen: Nehmen wir der Einfachheit halber an, die beiden Stationen A und B wären genau 300 km voneinander entfernt (in der Praxis betrug die Entfernung an die 1000 km). Dann braucht ein von der Station A ausgesandtes Radiosignal genau 1 Millisekunde, um Station B zu erreichen. Dieses Signal löst bei B automatisch das Aussenden eines eigenen Signals aus. Dadurch ist garantiert, dass der Zeitunterschied der Signale der beiden Stationen genau 1 Millisekunde beträgt.

Messung der Zeiten, welche Radar- und Lichtsignale von einem Sender bis zum Objekt und wieder zurück brauchen, haben in der Folge auch die Entfernungsbestimmung in der Astronomie revolutioniert. Mit Radarsignalen zur Venus konnte man die Entfernung zu unserem Nachbarplaneten messen, ohne auf besondere astronomische Ereignisse wie einen Venusdurchgang vor der Sonne warten zu müssen, der nur zweimal im Jahrhundert vorkommt, und ein von den Astronauten der Apollo-Missionen auf dem Mond zurückgelassener Spiegel erlaubt seither, die Entfernung Erde-Mond zentimetergenau mithilfe eines Laserstrahls zu messen. Auch die von Wegener postulierte Bewegung der Platten, etwa der amerikanischen und der europäischen, konnten inzwischen mit derartigen Techniken zweifelsfrei nachgewiesen werden.

GPS

Wie alle technischen Hilfsmittel, die unser tägliches Leben inzwischen durchdrungen haben (CD-Spieler, mp3-Dateien, Google), wird auch das Navigationssystem von der Gesellschaft im Wesentlichen als ein technisches Gerät wahrgenommen, und die Zutaten, die GPS ermöglichen (vgl. [109, Kap. 1]), scheinen dies auch zu bestätigen: Man braucht

1. eine hinreichend große Anzahl von Satelliten (früher 24, inzwischen 32), von denen immer mindestens vier sichtbar (also oberhalb des Horizonts) sein sollten,

2. genaue Uhren im Navigationssystem, und

3. sehr genaue Uhren an Bord der Satelliten sowie eine sehr genaue Kenntnis der Bahndaten, also der Position des Satelliten.

Die Satelliten wurden in sechs verschiedene Umlaufbahnen gebracht, von denen jede um 55° gegenüber dem Äquator geneigt ist und so, dass auf jeder Umlaufbahn vier Satelliten im Winkelabstand von etwa 90° um die Erde laufen. Die Entfernung der Satelliten von der Erde beträgt dabei etwa 20.200 km. Die ursprünglich für das Militär vorgesehene Technik wurde 1995 der Öffentlichkeit zur Verfügung gestellt und hätte eine Positionsbestimmung erlaubt, die bis auf 20 m genau war; allerdings behielt sich das amerikanische Verteidigungssystem bis zum Jahre 2000 vor, die Satellitensignale so abzuändern, dass nur eine Genauigkeit von bis zu 100 m erreicht wurde.

Hinter all diesen technischen Fortschritten liegt allerdings, von den meisten unbemerkt, eine ganze Menge Mathematik, und verglichen mit der Mathematik, die CD-Spieler oder Google ermöglicht, ist diejenige hinter GPS sehr einfach. Das System funktioniert nämlich so: Der Satellit A funkt regelmäßig seine Position $A(x_A|y_A|z_A)$ in Bezug auf ein festes Koordinatensystem (in welchem etwa die x_1x_2-Ebene durch den Äquator und die x_1-Achse durch Greenwich geht) und seine Uhrzeit t_A. Das Navigationssystem empfängt das Signal mit einer gewissen Verspätung zur Zeit $t_N = t_A + \Delta t$, da die Radiowellen sich mit Lichtgeschwindigkeit ausbreiten (zumindest annähernd; Einflüsse der Atmosphäre seien hier vernachlässigt). Aus der Zeitdifferenz Δt kann man dann mithilfe der Gleichung $s_A = c \cdot \Delta t_A$ den Abstand s_A vom Navigationssystem zum Satelliten bestimmen. Damit weiß das Navigationssystem, dass es auf einer Kugel mit Radius s_A mit Zentrum $A(x_A|y_A|z_A)$ liegt, dass also seine Koordinaten $(x|y|z)$ der Gleichung

$$(x - x_A)^2 + (y - y_A)^2 + (z - z_A)^2 = s_A^2 \qquad (5.1)$$

genügen.

Dasselbe macht das Navigationssystem mit einem zweiten Satelliten B. Damit liegt es auf dem Schnittkreis zweier Kugeln, den es aus den Gleichungen (5.1) und

$$(x - x_B)^2 + (y - y_B)^2 + (z - z_B)^2 = s_B^2 \qquad (5.2)$$

bestimmt.

Mithilfe eines dritten Satelliten C kann das Navigationssystem dann seine Position als den Schnittpunkt der drei Schnittkreise ermitteln. Sollte es mehr als einen Schnittpunkt geben, wählt man denjenigen im Abstand von etwa 6400 km vom Erdmittelpunkt.

Dieses stark vereinfachte Modell hat zwei große Haken:

1. Wegen kleiner Fehler in der Zeitmessung werden sich die Schnittkreise nicht genau in einem Punkt schneiden, sondern nur ungefähr.

2. Während die Atomuhren im Satelliten sehr genau sind, ist die Uhr im Navigationssystem eine gewöhnliche Quarzuhr, deren Genauigkeit nicht ausreicht, um die Uhren für eine längere Zeit synchron zu halten.

Beide Probleme kann man durch die Beobachtung eines vierten Satelliten D lösen. Um das Prinzip zu verstehen, schauen wir uns die zweidimensionale Variante des Problems an. Hat man drei Satelliten und ist die Uhr des Empfängers genau, dann werden sich die drei dazugehörigen Kreise, die man aus der Laufzeitmessung erhält, in einem Punkt schneiden (Abb. 5.2 links). Geht die Uhr aber um einen kleinen Betrag vor oder nach, dann werden die Kreise einen zu kleinen oder zu großen Radius besitzen, und sie schneiden sich nicht in einem Punkt, sondern decken eher ein krummliniges Dreieck ab (Abb. 5.2 Mitte). Ist dies der Fall, kann ein Computer aber errechnen, um welchen Betrag er die Radien der drei Kreise verringern (oder vergrößern) muss, damit die Kreise einen Punkt gemeinsam haben (Abb. 5.2 rechts).

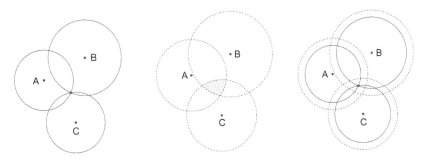

Abb. 5.2. Berechnung der Eigenzeit mittels eines vierten Satelliten

Die Uhr des Empfängers wird dann so kalibriert, dass sie zumindest für die Dauer einer Fahrt relativ genaue Werte liefert und nur wenig nachjustiert werden muss.

Die Genauigkeit von GPS kann durch DGPS (*differential GPS*) drastisch erhöht werden. Dazu wird eine Basisstation errichtet, deren Position genau bekannt ist. Der Empfänger errechnet aus den Satellitendaten seine ungefähre Position wie im gewöhnlichen GPS; die Basisstation macht dasselbe, vergleicht die Daten mit ihrer genau bekannten eigenen Position, und schickt dem Empfänger dann Daten, mit deren Hilfe er seine Position korrigieren kann. Damit sind im Alltag Positionsbestimmungen bis auf wenige Meter genau möglich.

5.2 Kegelschnitte in der Optik

Optik befasst sich mit der Ausbreitung von Lichtwellen. Wir werden in diesem Abschnitt Licht vor allem als Teilchen ansehen, auch wenn viele Phänome natürliche Erklärungen im Wellenmodell besitzen.

Das Reflexionsgesetz

Bereits die Griechen konnten das Reflexionsgesetz, wonach der Einfallswinkel am Spiegel gleich dem Ausfallswinkel ist, aus der Annahme herleiten, dass das Licht zwischen zwei Punkten A und B den kürzesten Weg nimmt. Um diesen kürzesten Weg zu finden, können wir entweder die Differentialrechnung benutzen oder einen kleinen Trick anwenden: Bezeichnet g die Gerade (oder besser die Ebene), in welcher der Spiegel liegt, und B' den an der Geraden g gespiegelten Punkt, so ist der kürzeste Weg die direkte Verbindung AB'. Die beiden Winkel α und β' sind daher gleich, und durch nochmaliges Spiegeln sieht man, dass der kürzeste Weg dadurch charakterisiert ist, dass Einfallswinkel α und Ausfallswinkel β gleich sind (siehe Abb. 5.3).

Wir wollen dieses Problem auch mithilfe der Differentialrechnung lösen, und sei es nur um zu zeigen, dass die geometrische Einsicht ein sehr starkes Hilfsmittel bei der Lösung analytischer Probleme sein kann. Setzen wir $A(0|a)$ und $B(b|c)$

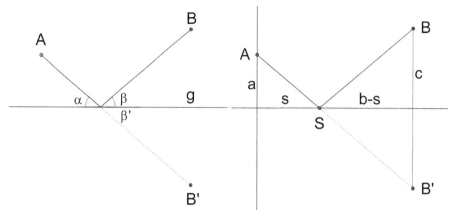

Abb. 5.3. Kürzester Weg am Spiegel

mit positiven Koordinaten a, b, c fest und legen den Spiegel in die x-Achse, dann müssen wir den Punkt $S(s|0)$ finden, der den Abstand $\overline{AS} + \overline{SB}$ minimal macht. Bevor wir die Aufgabe rechnen, wollen wir uns überlegen, was herauskommen muss: Wendet man den Strahlensatz auf die rechte Abbildung an, erhält man

$$s : a = (b - s) : c, \quad \text{also} \quad s = \frac{ab}{a + c}.$$

Offenbar ist nun die Summe der Längen $\overline{AS}$ und $\overline{SB}$ gegeben durch

$$d(s) = \overline{AS} + \overline{SB} = \sqrt{a^2 + s^2} + \sqrt{(b - s)^2 + c^2},$$

wobei a, b und c Konstanten sind und s variabel ist. Ableiten nach s ergibt

$$d'(s) = \frac{s}{\sqrt{a^2 + s^2}} + \frac{s - b}{\sqrt{(b - s)^2 + c^2}},$$

und setzt man die Ableitung $= 0$, bringt einen Term auf die rechte Seite und quadriert, dann folgt

$$\frac{s^2}{a^2 + s^2} = \frac{(b - s)^2}{(b - s)^2 + c^2}.$$

Wegschaffen der Nenner ergibt $c^2 s^2 = (b - s)^2 a^2$, und Wurzelziehen unter Beachtung von $b > s$ liefert $cs = (b - s)a$, also $s = \frac{ab}{a+c}$ und damit dieselbe Gleichung wie oben.

Das Brechungsgesetz von Snel

Bereits Ptolemäus hat im 2. Jahrhundert v. Chr. die Brechung des Lichts im Wasser untersucht, aber kein einfaches Gesetz gefunden. Später haben arabische Wissenschaftler sich mit diesem Problem befasst, und vor allem Abu Ali al-Hasan

Das Marienkäferproblem

Ein sehr hübsches Problem, das mir und meinen Mitstudenten vor langer Zeit in der Klausur der Vorlesung über Experimentalphysik in Tübingen vorgelegt wurde, ist das folgende: Ein Marienkäfer sitzt in der Mitte des oberen Quadrats eines Würfels, ein anderer in der linken unteren Ecke. Welchen Weg muss der Marienkäfer links unten nehmen, um bei konstanter Geschwindigkeit möglichst schnell zum oberen Marienkäfer zu kommen?

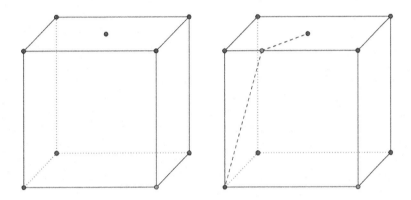

Hier ist klar, dass man das Problem wie oben durch die Anwendung der Analysis lösen kann.

Aufgabe 5.1. *Löse das Problem durch Anwendung der Differentialrechnung.*

Um das Problem auf geometrischem Weg lösen zu können, muss man einen ähnlichen Trick anwenden wie im Falle des Spiegels: Man klappt den Würfel zu einem Würfelnetz auf; weil dabei Längen erhalten bleiben, ist der kürzeste Weg zwischen den beiden Käfern jetzt die direkte Verbindung.

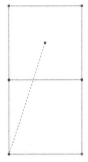

Aufgabe 5.2. *Zeige mit dem Strahlensatz, dass der Käfer die Würfelkante an demjenigen Punkt passiert, der die Kante im Verhältnis 1 : 2 teilt.*

Aufgabe 5.3. *Löse das entsprechende Problem, wenn der zweite Marienkäfer in der Mitte des hinteren Quadrats liegt.*

ibn al-Hasan ibn Al-Haitam, der etwa im Jahre 1038 n. Chr. gestorben ist, hat zur Optik wesentliche Beiträge geliefert. Sein Werk über die Optik wurde durch eine Übersetzung von 1269 und vor allem durch den Druck im Jahre 1572 auch in Europa bekannt und von Galileo, Kepler, Fermat, Snel und Descartes studiert. Er korrigierte die auf die Griechen zurückgehende Vorstellung, das Auge würde beim Sehen Lichtstrahlen aussenden, und benutzte die Theorie der Kegelschnitte, um die Reflexion von Licht an kreisförmigen Spiegeln zu untersuchen.

Die Aufstellung des korrekten Brechungsgesetzes gelang schließlich Willebrord Snel van Royen (lateinisch: Willebrord Snellius; aus diesem Grund wird sein Name oft „Snell" geschrieben). Snel wurde 1580 in Leiden geboren; nach Leslie war er ein „Mathematiklehrer und ein gelehrter Mann mit Genie und Erfindungsgabe". Berühmt ist er für die erste Triangulation im europäischen Abendland und vor allem für sein Brechungsgesetz. Bei einer Triangulation wird der Abstand zweier entfernter Städte dadurch bestimmt, dass man zwischen diese eine Kette von Dreiecken legt, von denen man eine Grundseite direkt misst und die andern Seiten aus Winkelmessungen mithilfe der Trigonometrie berechnet. Die Messung der Entfernung zwischen Dünkirchen und Barcelona in den 1790-er Jahren waren Grundlage für die Definition des Meters als dem 40-millionsten Teil der Länge eines Meridians. Nachlesen kann man die Wirrungen dieser Messungen durch Jean-Baptiste Delambre und Pierre Méchain während der ersten Jahre der Französischen Revolution bei Sobel [120]. Die Länge des Meridians ist, wie man heute weiß, etwas größer als die 40.000 km, die Delambre und Méchain gemessen haben, nämlich 40.007,864 km. Auch die Länge des Äquators kennen wir heute besser: Dieser ist mit 40.075,016 km etwa 15 km länger als ihn Delambre und Méchain seinerzeit bestimmt haben.

Es war lange bekannt, dass bei der Brechung von Licht in Medien, z.B. in Wasser, das Prinzip des kürzesten Weges offensichtlich nicht funktioniert. Fermat fand einen Ausweg aus diesem Dilemma: Er nahm an, dass Licht nicht den Weg, sondern die Zeit minimiert, die es für diesen Weg braucht. Dies war damals eine kühne Annahme, weil zu Fermats Zeiten nicht bekannt war, ob Licht überhaupt eine endliche Geschwindigkeit hatte. Dies wurde erst später durch die Beobachtungen der Jupitermonde durch Römer nahegelegt; durchgesetzt hat sich diese Einsicht aber erst nach der Entdeckung der Aberration des Lichts.

Dass das Prinzip der kürzesten Zeit nicht alles erklärt, folgt schon daraus, dass das Licht, wenn es sich konsequent an dieses Prinzip hielte, bei der Reflexion an einem Spiegel sicherlich nicht den Umweg über den Spiegel machen würde, sondern direkt von der Lichtquelle ins Auge gehen würde. Die „korrekte" Version des Prinzips der kürzesten Zeit kann man in Feynmans Kapitel über Optik in [34] nachlesen: Im Wesentlichen lautet die genaue Formulierung, dass das Licht nur solche Bahnen nehmen kann, für welche die Zeit, die das Licht braucht, innerhalb von kleineren Abweichungen der gewählten Bahn minimal ist.

Das korrekte Brechungsgesetz lässt sich mit dem Marienkäfertrick zumindest plausibel machen. Nehmen wir der Einfachheit halber an, dass sich das Licht in Luft mit der doppelten Geschwindigkeit ausbreitet als in Wasser, und dass die Trennlinie eine Gerade ist. Liegt der Punkt A in der Luft und B im Wasser, und trifft der schnellste Weg in S auf die Trennlinie, dann schieben wir B so lange auf die Trennlinie zu, bis der Abstand $\overline{SB'}$ halb so groß ist wie $\overline{SB}$. Durch die Verkürzung der Entfernung haben wir „gleiche Verhältnisse" hergestellt, sodass der schnellste Weg in dieser gestauchten Version „direkt" von A nach B' läuft. Bezeichnen wir den Abstand von B und B' von der Lotgeraden durch s, so gilt

$$\sin\alpha = \frac{s}{\overline{SB'}} \quad \text{und} \quad \sin\beta = \frac{s}{\overline{SB}}, \quad \text{also} \quad \frac{\sin\alpha}{\sin\beta} = \frac{\overline{SB}}{\overline{SB'}} = 2.$$

Dasselbe Verfahren funktioniert, wenn das Verhältnis der Lichtgeschwindigkeiten $v_A : v_B$ im Medium A und B nicht 2, sondern ein anderes ist; auch hier erhält man

Satz 5.1. *Für Einfallswinkel α und Ausfallswinkel β gilt*

$$\frac{\sin\alpha}{\sin\beta} = \frac{v_A}{v_B}.$$

Hierbei bezeichnen v_A bzw. v_B die Geschwindigkeit des Lichts in den Medien, die A bzw. B umgeben.

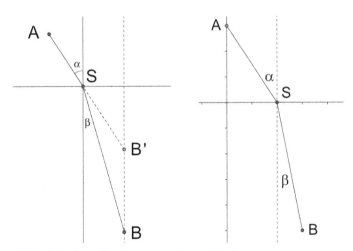

Abb. 5.4. Zum Brechungsgesetz von Snel

Wir wollen dieses Problem jetzt mit Analysis lösen. Dazu betrachten wir die x-Achse als Trennlinie, wählen $A(0|a)$ und $B(b|c)$ und suchen denjenigen Punkt $S(x|0)$, für welchen die Zeit, die das Licht für den Weg von A über S nach B braucht, minimal ist. Offenbar braucht das Licht die Zeit

$$t = \frac{\overline{AS}}{v_A} + \frac{\overline{SB}}{v_B}.$$

Mit $\overline{AS} = \sqrt{x^2 + a^2}$ und $\overline{SB} = \sqrt{(b-x)^2 + c^2}$ erhalten wir

$$t(x) = \frac{\sqrt{x^2 + a^2}}{v_A} + \frac{\sqrt{(b-x)^2 + c^2}}{v_B}.$$

Ableiten ergibt

$$t'(x) = \frac{x}{v_A\sqrt{x^2 + a^2}} + \frac{x - b}{v_B\sqrt{(b-x)^2 + c^2}}.$$

Setzt man diese Ableitung gleich 0, erhält man für x die Gleichung

$$\frac{x}{v_A\sqrt{x^2 + a^2}} = \frac{b - x}{v_B\sqrt{(b-x)^2 + c^2}}.$$

Wegen

$$\frac{x}{\sqrt{x^2 + a^2}} = \sin\alpha \quad \text{und} \quad \frac{b - x}{\sqrt{(b-x)^2 + c^2}} = \sin\beta$$

gilt daher

$$\frac{\sin\alpha}{v_A} = \frac{\sin\beta}{v_B}, \quad \text{oder auch} \quad \frac{\sin\alpha}{\sin\beta} = \frac{v_A}{v_B}.$$

Kesslers Herleitung

Kessler [66] hat 1881 folgende Konstruktion vorgeschlagen: Ist $n = v_A/v_B$, so sei K ein Kreis mit Mittelpunkt M und einem Radius r, der die Trennlinie im Übergangspunkt S des Lichts berührt. Seien $K_{1/n}$ und K_n Kreise mit demselben Zentrum und den Radien $\frac{1}{n} \cdot r$ bzw. $n \cdot r$. Sei B' der Schnittpunkt der Geraden AS mit K_n und B der Schnittpunkt der Geraden MB' mit $K_{1/n}$. Dann ist das Dreieck SMB dem Dreieck SMB' ähnlich: Nach Konstruktion ist ja $\overline{MB'} = n \cdot \overline{MS}$ und $\overline{MS} = n\overline{MB}$, folglich ist $\overline{MB} : \overline{MS} = \overline{MS} : \overline{MB'}$, und der Winkel in M ist in beiden Dreiecken derselbe. Insbesondere ist $\sphericalangle SBM = \alpha$ der Einfallswinkel, und $\sphericalangle BSM = \beta$ der Ausfallswinkel.

Nun ist $n = \frac{\overline{SM}}{\overline{MB}}$, während nach dem Sinussatz

$$\frac{\overline{SM}}{\overline{MB}} = \frac{\sin \sphericalangle SBM}{\sin \sphericalangle BSM} = \frac{\sin\alpha}{\sin\beta}$$

gilt. Da n das Verhältnis der Lichtgeschwindigkeiten war, ist dies nichts anderes als das Brechungsgesetz.

Wir wollen nun sehen, wie Kessler gezeigt hat, dass der Weg ASB die Laufzeit des Lichts minimiert. Setzen wir die Lichtgeschwindigkeit im oberen Medium $= 1$, so ist sie im unteren Medium $= \frac{1}{n} < 1$. Für die benötigte Zeit auf dem Weg ASB gilt wegen $t = \frac{s}{v}$ und $n \cdot \overline{SB} = \overline{SB'}$:

$$t_{ASB} = \overline{AS} + n \cdot \overline{SB} = \overline{AS} + \overline{SB'} = \overline{AB'}.$$

Für jeden anderen Weg von A nach B braucht das Licht länger: Beispielsweise ist $t_{ATB} = \overline{AT} + n\overline{TB}$. Die Strecke TB schneidet den Kreis K in P. Nach dem Satz von Apollonius ist $\overline{PB'} = n\overline{PB}$. Also ist (siehe Abb. 5.5)

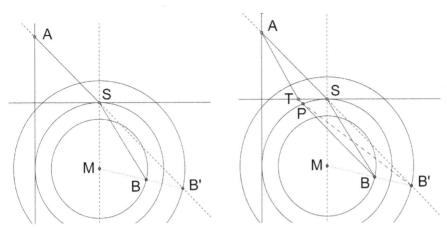

Abb. 5.5. Kesslers Herleitung des Brechungsgesetzes

$$t_{ATB} = \overline{AT} + n\overline{TB} = \overline{AT} + n\overline{TP} + n\overline{PB} = \overline{AT} + n\overline{TP} + \overline{PB'};$$

wegen $\overline{AT} + \overline{TP} + \overline{PB'} > \overline{AB'}$ ist also sicherlich $t_{ATB} > t_{ASB}$, was zu beweisen war.

Ein weiterer geometrischer Beweis, allerdings unter Benutzung des Satzes von Ptolemäus anstatt des Satzes von Apollonius, findet man bei Pedoe [102]; vgl. auch Golomb [43] und Helfgott & Helfgott [54].

Totalreflexion. Totalreflexion ist ein Phänomen, das beim Übergang vom optisch dichteren ins optisch dünnere Medium auftritt. So kann man unter Wasser nur einen gewissen Ausschnitt der Oberfläche sehen, denn wird der Winkel zwischen Auge und Wasseroberfläche zu klein, wird das von unten kommende Licht total reflektiert; weil die Bahn des Lichts in beide Richtungen dieselbe ist, kann daher für kleine Winkel kein Licht von der Oberfläche ins Wasser dringen. Dieses Phänomen spielt auch bei der Entstehung eines Regenbogens eine Rolle, weil dabei in den Wassertropfen des Regens eine Totalreflexion eintritt (die erste korrekte Erklärung des Regenbogens geht übrigens einmal mehr auf René Descartes zurück). Glasfaserkabel beruhen ebenfalls auf dem Prinzip der Totalreflexion.

Diese Totalreflexion tritt ein, wenn der Brechungswinkel nach dem Austritt $\beta = 90°$ beträgt, wenn also $\frac{\sin\alpha}{v_A} = \frac{\sin 90°}{v_B} = \frac{1}{v_B}$ ist, d.h. für $\alpha = \arcsin\frac{v_A}{v_B}$. Beim Übergang des Lichts vom Wasser in die Luft liegt dieser Winkel bei etwa 50°.

Bei Unterwasserfotografien sind oft Kegelschnitte sichtbar: fotographiert man senkrecht nach oben, bildet der Ausschnitt, in welchem man das Tageslicht von unten noch sieht, einen Kreis; aus andern Blickwinkeln wird daraus eine Ellipse oder eine Hyperbel (s. Glaeser [41]). Im selben Artikel ist auch eine Wandmalerei vermutlich aus dem Jahre 320 v.Chr. zu sehen, in welcher ein Wagenrad in korrekter Perspektive als Ellipse gezeichnet ist.

5.3 Kegelschnitte im Alltag

Parabolspiegel sind aus der heutigen Welt nicht mehr wegzudenken: Zum einen werden sie zum Empfang von Signalen von Fernsehsatelliten benutzt, zum anderen stecken sie in jedem Auto, nämlich in den Scheinwerfern. Bereits Newton benutzte den Parabolspiegel zum Bau von Teleskopen; die dieser Technik zugrunde liegende mathematische Idee war allerdings schon Apollonius bekannt: Lichtstrahlen, die parallel zur Symmetrieachse einer Parabel einlaufen, werden von dieser so reflektiert, dass alle Strahlen im Brennpunkt zusammenlaufen. Von Archimedes wird erzählt, er habe mit Spiegeln die Segel der römischen Schiffe bei der Belagerung seiner Heimatstadt Syrakus in Brand gesteckt. Radioteleskope sehen aus wie große Satellitenschüsseln; eines der größten Radioteleskope „steht" bei Arecibo (Puerto Rico), genauer wurde ein Tal zu einer solchen Parabolschüssel ausgebaut. Auch die großen Solaröfen bündeln das Sonnenlicht mit großen Parabolspiegeln; einer der größten steht in Font-Romeu-Odeillo-Via in den französischen Pyrenäen.

Auch die Funktionsweise des Parabolspiegels hat etwas mit dem Fermatschen Prinzip der kürzesten Zeit zu tun. Wenn das Licht einer Quelle wie der sehr weit entfernten Sonne durch einen geeignet geformten Spiegel in einem Punkt vereinigt wird, dann sollten alle Wege solche sein, die die Zeit minimieren, welche das Licht braucht. Da wir hier nur ein Medium haben, entspricht der kürzesten Zeit auch der kürzeste Weg: Der Spiegel muss also so geformt sein, dass die Lichtwege von der Lichtquelle bis zum Brennpunkt alle gleich lang sind.

Da Licht aus einer weit entfernten Quelle relativ genau parallel ankommt, wird es eine senkrecht zur Richtung der Strahlen verlaufende Gerade ℓ gleichzeitig erreichen. Um das Licht in einem Brennpunkt F zu bündeln, muss der Lichtstrahl in einem Punkt P so gespiegelt werden, dass $\overline{PF} = d(P, \ell)$ wird, mit anderen Worten: Der Spiegel muss Parabelform besitzen.

Zum Herstellen von Parabolspiegeln benutzt man die Tatsache, dass Flüssigkeiten in einem sich drehenden zylindrischen Behälter eine parabelförmige Oberfläche annehmen. Daher gießt man flüssiges Glas in einen sich drehenden zylinderförmigen Behälter und lässt das Glas abkühlen. Will man den Spiegel für astronomische Zwecke benutzen, muss man den Spiegel noch mikrometergenau nachschleifen.

Dass die rotierende Flüssigkeit einen parabelförmigen Querschnitt besitzt, ist nicht sehr schwer einzusehen. Rotiert die Flüssigkeit mit einer Winkelgeschwindigkeit ω, so wirkt auf eine Masse im Punkt P an der Oberfläche die Zentrifugalkraft Z und die Schwerkraft S; deren Resultierende F steht dabei senkrecht auf die Tangente in P. Für den Steigungswinkel α der Tangente gilt also

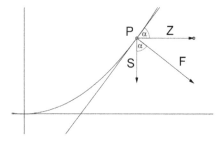

$$\tan\alpha = \frac{Z}{S} = \frac{mr\omega^2}{mg} = \frac{\omega^2}{g} \cdot r.$$

Beschreiben wir den Querschnitt als Funktion $z(r)$ des Abstands r von der Dreh-achse, wobei $z(r)$ die Höhe bezeichnet, so gilt wegen $z'(r) = \tan \alpha$ die Gleichung

$$z'(r) = \frac{\omega^2}{g} \cdot r. \quad \text{Also ist} \quad z(r) = \frac{\omega^2}{2g} \cdot r^2 + C,$$

wobei die Integrationskonstante $C = 0$ wird, wenn wir den Koordinatenursprung in den tiefsten Punkt des Querschnitts legen. Damit beschreibt $z(r)$ wie behauptet eine Parabel.

Weitere Beispiele von Kegelschnitten im Alltag. Viele Beispiele für das Auftreten von Kegelschnitten sind so alltäglich, dass wir sie kaum noch wahrnehmen: Der Lichtkegel einer Taschenlampe erzeugt auf einer Wand Kegelschnitte, die vom Kreis über Ellipse und Parabel bis zur Hyperbel reichen. Die Wasserober-fläche in einem geneigten zylinderförmigen Glas hat ebenso die Form einer Ellipse wie ein schräg abgeschnittenes Wursträdchen.

Bevor das Radar entwickelt worden war, hat man mit parabelförmigen Spiegeln versucht, nahende Flugzeuge über den Lärm ihrer Motoren zu orten: In Dungeness (Kent, England) kann man noch eine ganze Reihe von eindrucksvollen Tonspiegeln (*sound mirrors*) sehen.

Manche physikalischen Effekte beruhen auf der Definition von Ellipsen als Kegelschnitt: In manchen Bahnhöfen und Kirchen gibt es sogenannte „Flüster-gewölbe", also Decken in Ellipsenform, die den Schall, der von einem Brennpunkt ausgeht, im anderen wieder bündeln.

Das Prinzip des „Ellipsenspiegels" wird auch beim Zertrümmern von Nie-rensteinen verwendet. Der Fachbegriff für diese Form der Therapie, in welcher der Patient in einen Wassertank mit ellipsoider Form gelegt wird, heißt „Ex-trakorporale Schockwellenlithotripsie" (ESWL). Diese Methode wurde erstmals 1980 in München angewandt; im Jahre 2008 gab es bereits über 20.000 ESWL-Behandlungen.

Kegelschnitte in der Architektur. Von den meisten Bauwerken der Römer sind heute nur noch Teile erhalten. Eine Ausnahme bilden die vielen Brücken, welche die Jahrhunderte überdauert haben. Einen Eindruck von der Leistung der römischen Bauherren gibt das Buch [13] von Bonatz und Leonhardt; ein weiteres reich bebildertes Buch [70] über Brücken stammt von Köthe. Diese Brücken ver-danken ihre Stabilität den kreisförmigen Bögen, die auf die Pfeiler gesetzt wurden.

Die moderne Architektur bevorzugt dagegen die Parabel. Die Garabit- und die Salginatobel-Brücke sind bekannte Beispiele für einen parabolischen Unterbau, der die Brücke von unten stützt, die mächtigen Hängebrücken dagegen lassen Parabeln über der Brücke erkennen.

Sinn und Zweck sowohl der kreis- als auch der parabelförmigen Stützbögen ist es, die von der Brücke ausgeübte Gewichtskraft möglichst vertikal in die Pfeiler zu lenken. Bei großen Bauwerken wie etwa der Hagia Sophia in Istanbul mussten sich die Architekten eine ganze Reihe von architektonischen Tricks einfallen lassen, um seitlich wirkende Kräfte zu minimieren. Bei Hängebrücken dagegen nimmt ein extrem dickes Stahlseil, das zwischen den mächtigen Pfeilern aufgehängt wird, die Kraft auf, um sie letztendlich ebenfalls in die Pfeiler zu lenken.

Die Frage, ob ein frei aufgehängtes Seil die Form einer Parabel hat, ist in der mathematischen Literatur ausgiebig diskutiert worden. Die bekannteste Kurve, welcher der Parabel hier Konkurrenz macht, ist die Kettenlinie, welche durch die Funktion $f(x) = \cosh(x) = \frac{e^x + e^{-x}}{2}$ gegeben ist. Hängt man ein Seil an zwei Punkten auf, dann nimmt es unter der Schwerkraft die Form einer Kettenlinie an; werden an dem Seil dagegen in konstanten Abständen große Gewichte angebracht (wie es bei Hängebrücken der Fall ist), dann bildet das Seil in erster Näherung eine Parabel.

Parabolspiegel scheinen auf den ersten Blick mit Architektur nicht zusammenzuhängen. Dies änderte sich mit den Ansprüchen der Architekten, die in den letzten Jahren mit neuen Formen experimentierten. Dass die Parabelform bei verglasten Fronten zu Problemen führen kann, musste auch der Star-Architekt Rafael Vinoly lernen: Bereits 2003 bekam er mit seinem Prunkbau, dem Vdara-Hotel in Las Vegas, Schwierigkeiten, weil die gläserne Front das Sonnenlicht gebündelt auf die Schwimmbad-Terrasse warf. Denselben Fehler hat er beim Entwurf seines Hochhauses „Walkie Talkie" in London gemacht, das ebenfalls eine gekrümmte Fassade besitzt: Aufgeflogen ist der peinliche Fehler, als die Konstruktion Brandblasen auf einen davor geparkten Ferrari geworfen hatte.

5.4 Der schiefe Wurf

Die ersten quantitativen Untersuchungen der Fallgesetze verdanken wir Galileo Galilei, der damit die Mathematik als die Sprache entdeckt hat, in der die Natur geschrieben ist. Von den Fallgesetzen über die Keplerschen Gesetze bis hin zu Newtons Gravitationsgesetz ist es, auch zeitlich gesehen, nur ein kleiner Schritt – zu den Riesen, auf deren Schultern Newton sich hat stehen sehen, gehört zweifellos auch Galilei.

Bei der Untersuchung des senkrechten Wurfs hat Galilei festgestellt, dass der zurückgelegte Weg s mit der Fallzeit t *quadratisch* zunimmt, dass also $s \sim t^2$ gilt. Heute wissen wir, dass dies daran liegt, dass die Fallbeschleunigung $g \approx 9{,}8 \text{ m/s}^2$ in Erdnähe *konstant* ist; aus Newtons fundamentaler Einsicht, dass die Beschleunigung a eines Körpers proportional zur auf ihn ausgeübten Kraft F ist, dass also genauer $F = ma$ gilt, wobei m die (träge) Masse des Körpers bezeichnet, folgt dann durch Integration der Gleichung $a(t) = g$ die Formel $v(t) = gt$ für die Geschwindigkeit und durch nochmalige Integration $s(t) = \frac{1}{2}gt^2$ für den zurückgelegten Weg eines Körpers, den man aus der Ruhelage senkrecht fallen lässt.

Der waagrechte Wurf

Der waagrechte Wurf ist ein Spezialfall des schiefen Wurfs, den wir nur deswegen besonders besprechen, weil es ein *einfacher* Spezialfall ist.

Beim waagrechten Wurf wird einem Objekt horizontal mit einer Geschwindigkeit v_0 abgeworfen. Experimente zeigen, dass v_0 von der Gravitation nicht verändert wird, dass sich also der Körper in einem geeignet gewählten Koordinatensystem in t Zeiteinheiten um $x(t) = v_0 t$ nach rechts bewegt. Dabei fällt er unter dem Einfluss der Schwerkraft nach unten, und zwar befindet er sich bei konstanter Erdbeschleunigung g nach t Zeiteinheiten an einem Punkt mit y-Koordinate $y(t) = -\frac{1}{2}gt^2$.

In der Newtonschen Mechanik (also bei Geschwindigkeiten, die gegenüber der Lichtgeschwindigkeit sehr klein sind) addieren sich Geschwindigkeiten vektoriell, d.h. das Objekt wird sich zum Zeitpunkt t im Punkt $(x(t)|y(t))$ befinden. Elimination von t aus den Koordinaten liefert die Flugbahn

$$y = -\frac{g}{2}\left(\frac{x}{v_0}\right)^2 = -\frac{g}{2v_0^2}\cdot x^2.$$

Daher bewegt sich der waagrecht abgeworfene Körper auf einer Parabel, jedefalls wenn man den Luftwiderstand vernachlässigt und der Höhenunterschied so klein ist, dass man die Erdbeschleunigung g als konstant ansehen darf.

Der schiefe Wurf

Beim schiefen Wurf wird eine kleine Kugel mit einer Anfangsgeschwindigkeit v aus einer Höhe h unter einem Winkel α gegenüber der Horizontalen abgeworfen. Danach ist die Kugel nur der Schwerkraft unterworfen, und man interessiert sich für die Form der Flugbahn, die Wurfweite, die maximale Höhe, oder die Geschwindigkeit, mit der die Kugel auftrifft. Dabei vernachlässigen wir den Luftwiderstand; wird er berücksichtigt, lässt sich ohne Differentialgleichungen nur wenig machen.

Das wichtigste Prinzip bei der Berechnung des schiefen Wurfs ist das folgende: Die Schwerkraft wirkt nur auf die vertikale Komponente der Geschwindigkeit. Zerlegt man also die Geschwindigkeit v der Kugel in eine vertikale Komponente v_s und eine waagrechte Komponente v_w, dann bleibt v_w konstant, während sich v_s ändert. Insbesondere hängt die Zeit bis zum Auftreffen der Kugel auf dem Boden nur von v_s, nicht aber von v_w ab.

Da in der vertikalen Richtung die konstante Erdbeschleunigung $a(t) = -g$ wirkt, wird die vertikale Geschwindigkeit $v_s(t)$ gegeben sein durch $v_s(t) = v_s - gt$, wo $v_s = v_s(0)$ die Anfangsgeschwindigkeit in vertikaler Richtung bezeichnet.

Die Kugel wird die maximale Höhe erreichen, wenn $v_s(t) = 0$ ist, wenn also $v_s = gt$ und damit $t = \frac{v_s}{g}$ ist (strenggenommen nur im Falle $v_s > 0$; bei $v_s < 0$ wird die maximale Höhe bei $t = 0$ erreicht).

Zum Zeitpunkt t befindet sich die Kugel in der Höhe $y(t)$, wobei die Funktion $y(t)$ festgelegt ist durch $y(0) = h$ und $y'(t) = v_s(t) = v_s - gt$. Also ist

$$y(t) = h + v_s t - \frac{1}{2}gt^2. \tag{5.3}$$

In horizontaler Richtung dagegen bewegt sich die Kugel mit konstanter Geschwindigkeit v_w, folglich ist die x-Koordinate des Objekts zum Zeitpunkt t gegeben durch

$$x(t) = v_w t. \tag{5.4}$$

Um die Flugbahn zu bestimmen, müssen wir y in Abhängigkeit von x schreiben. Dazu lösen wir (5.4) nach t auf und setzen das Ergebnis $t = x/v_w$ in (5.3) ein. Damit folgt dann die Gleichung einer Parabel für die Flugbahn der Kugel:

$$y = -\frac{g}{2v_w^2} \cdot x^2 + \frac{v_s}{v_w} \cdot x + h,$$

die wegen $-\frac{g}{2v_w^2} < 0$ (natürlich) nach unten geöffnet ist.

Die maximale Flughöhe erhält man aus $y'(x) = 0$, was auf

$$-\frac{g}{v_w^2}x + \frac{v_s}{v_w} = 0, \quad \text{also auf} \quad x = \frac{v_s v_w}{g}$$

führt. Dies stimmt mit dem bereits oben erhaltenen Ergebnis überein, wonach die maximale Flughöhe zum Zeitpunkt $t = v_s/g$ erreicht wird, denn zu dieser Zeit ist die Kugel bei der x-Koordinate $x(t) = v_w \cdot \frac{v_s}{g} = v_s v_w/g$ angekommen.

Die Wurfweite erhält man aus dem Ansatz $y(t) = 0$. Die negative Nullstelle ist physikalisch nicht sinnvoll, da sie zeitlich vor dem Abwurf liegen würde. Wir brauchen daher nur die positive Lösung von

$$\frac{g}{2v_w^2} \cdot x^2 - \frac{v_s}{v_w} \cdot x - h = 0,$$

und diese ist gegeben durch

$$x_1 = \frac{\frac{v_s}{v_w} + \sqrt{\frac{v_s^2}{v_w^2} - \frac{2gh}{v_w^2}}}{\frac{g}{v_w^2}} = \frac{v_s v_w + v_w \sqrt{v_s^2 + 2gh}}{g}.$$

Kugelstoßen

Betrachten wir nun das folgende Problem: Ein Kugelstoßer wirft seine Kugel aus h m Höhe mit der Geschwindigkeit v und unter einem Winkel α gegenüber der Horizontalen ab. Wie groß muss α sein, dass die Wurfweite maximal wird?

Dass es irgendwo ein Maximum geben sollte, ist klar: Bei $\alpha = 90°$ geht die Kugel senkrecht nach oben, und die Wurfweite ist 0; das Gleiche passiert bei $\alpha = -90°$, wenn die Kugel senkrecht nach unten geworfen wird.

Die Lösung des Problems ist zwar technisch nicht unproblematisch, aber im Prinzip ganz leicht: Die vertikale Komponente v_s der Geschwindigkeit bestimmt die Dauer t des Wurfs, und die horizontale Geschwindigkeit v_w bestimmt via $s = v_w \cdot t$ die Wurfweite.

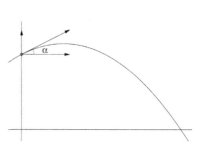

Untersuchen wir also, was passiert, wenn wir die Kugel mit der Geschwindigkeit v_s senkrecht nach oben werfen. Da die Erdbeschleunigung $a(t) = -g$ konstant ist, gilt für die vertikale Geschwindigkeit der Kugel

$$v(t) = v_s - gt.$$

Damit gilt für die Höhe der Kugel zum Zeitpunkt t die Gleichung

$$h(t) = h + v_s t - \frac{1}{2}gt^2. \tag{5.5}$$

Bevor wir weitermachen, wollen wir uns fragen, zu welchem Zeitpunkt die Kugel die maximale Höhe erreicht. Dies ist der Fall, wenn $h'(t) = v(t) = 0$ ist (physikalisch ist dies klar: Wenn die vertikale Geschwindigkeit 0 wird, hört die Kugel auf zu steigen). Aus $v_s - gt = 0$ folgt dann $t_0 = v_s/g$ für den Zeitpunkt t_0, zu dem die Kugel die maximale Höhe hat.

Zurück zum Problem: Wir wollen klären, wann die Kugel auf dem Boden auftrifft. Dies wird dann der Fall sein, wenn $h(t) = 0$ ist, wenn also

$$h + v_s t - \frac{1}{2}gt^2 = 0$$

gilt. Gefragt ist nach dem Zeitpunkt t; da die Gleichung quadratisch in t ist, wird es für den Zeitpunkt t_1, an dem die Kugel auf dem Boden auftrifft, zwei Lösungen gibt. Allerdings liegt einer der beiden Zeitpunkte vor dem Abwurf. Wir brauchen also nur die positive Lösung der Gleichung (5.5) zu beachten. Nun ist diese Gleichung äquivalent mit

$$\frac{1}{2}gt^2 - v_s t - h = 0, \quad \text{sodass wir} \quad t_{1,2} = \frac{v_s \pm \sqrt{v_s^2 + 2gh}}{g}$$

erhalten. Da $\sqrt{v_s^2 + 2gh} > \sqrt{v_s^2} = v_s$ ist, ist die Lösung, die zum negativen Vorzeichen der Wurzel gehört, negativ. Die positive Lösung ist somit

$$t_2 = \frac{v_s + \sqrt{v_s^2 + 2gh}}{g}.$$

Die Stoßweite. Da wir nun wissen, dass die Kugel t_2 Sekunden lang fliegt, können wir ganz leicht ausrechnen, wie weit sie in dieser Zeit kommt: Die Stoßweite ist

$$s = v_w \cdot t_2 = v_w \cdot \frac{v_s + \sqrt{v_s^2 + 2gh}}{g}. \tag{5.6}$$

Jetzt müssen wir nur noch den Winkel α ins Spiel bringen. Für diesen gilt nach der Definition der Winkelfunktionen am Einheitskreis $v_w = v \cdot \cos\alpha$ und $v_s = v \cdot \sin\alpha$. Setzen wir dies in (5.6) ein, erhalten wir die Stoßweite als Funktion von α und der als bekannt angenommenen Größen h und v:

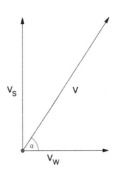

$$s(\alpha) = \frac{v}{g}\cos\alpha\left(v\sin\alpha + \sqrt{v^2\sin^2\alpha + 2gh}\right).$$

Um das Maximum dieser Funktion $s(\alpha)$ zu finden, müssen wir die Gleichung $s'(\alpha)$ lösen.

Ableiten von (5.6) ergibt

$$g \cdot s'(\alpha) = v_w' \cdot (v_s + \sqrt{v_s^2 + 2gh}) + v_w \cdot \left(v_s' + \frac{v_s v_s'}{\sqrt{v_s^2 + 2gh}}\right).$$

Hierbei ist, wenn α in Bogenmaß angegeben ist,

$$v_w'(\alpha) = -v \cdot \sin(\alpha) \quad \text{und} \quad v_s'(\alpha) = v\cos(\alpha),$$

sodass $s'(\alpha) = 0$ auf die Gleichung

$$\sin(\alpha)\left(v\sin\alpha + \sqrt{v^2\sin^2\alpha + 2gh}\right) = \cos(\alpha)\left(v\cos\alpha + \frac{v^2\sin\alpha\cos\alpha}{\sqrt{v^2\sin^2\alpha + 2gh}}\right)$$

führt. Für Winkel zwischen 0 und $\frac{\pi}{2}$ ist $\sin\alpha$ positiv, folglich ergibt Ausklammern von $v\sin\alpha$

$$\sqrt{v^2\sin^2\alpha + 2gh} = v\sin\alpha\ \sqrt{1 + \frac{2gh}{v^2\sin^2\alpha}}$$

und damit

$$v\sin^2\alpha\left(1 + \sqrt{1 + \frac{2gh}{v^2\sin^2\alpha}}\right) = v\cos^2\alpha\left(1 + \frac{1}{\sqrt{1 + \frac{2gh}{v^2\sin^2\alpha}}}\right)$$

oder, nach einigen Vereinfachungen,

$$\sin^2\alpha \cdot \sqrt{1 + \frac{2gh}{v^2\sin^2\alpha}} = \cos^2\alpha.$$

Substituiert man $x = \sin^2\alpha$, so ist $\cos^2\alpha = 1 - x$, also

$$\left(\frac{x}{1-x}\right)^2\left(1 + \frac{2gh}{v^2 x}\right) = 1.$$

Vereinfachen dieser Gleichung liefert das überraschend einfache Ergebnis

$$x = \frac{v^2}{2gh + 2v^2}, \quad \text{also} \quad \sin^2\alpha = \frac{v^2}{2gh + 2v^2} = \frac{1}{2 + \frac{2gh}{v^2}}$$

und damit letztendlich

$$\alpha = \arcsin\left(\frac{1}{\sqrt{2 + \frac{2gh}{v^2}}}\right). \tag{5.7}$$

An dieser Stelle wollen wir kurz innehalten und uns überlegen, was dieses Ergebnis bedeutet. Schlägt man einen Golfball vom Boden aus ab, also aus einer Höhe von $h = 0$, dann ist der Winkel, der die maximale Weite garantiert, durch $\alpha = \arcsin\frac{1}{\sqrt{2}} = 45°$ gegeben (man erinnere sich daran, dass $\sin 45° = \frac{1}{\sqrt{2}}$ ist). Lässt man die Abstoßhöhe h wachsen, nimmt der optimale Winkel ab; in einer Höhe von 2 m und bei einer Abstoßgeschwindigkeit von 10 m/s ergibt sich beispielsweise ein Winkel von $\alpha \approx 40{,}3°$.

Aus (5.7) ergibt sich nach

$$\sin^2 \alpha = \frac{1}{2 + \frac{2gh}{v^2}} \quad \text{und} \quad \cos^2 \alpha = 1 - \frac{1}{2 + \frac{2gh}{v^2}} = \frac{1 + \frac{2gh}{v^2}}{2 + \frac{2gh}{v^2}} \tag{5.8}$$

sofort, dass

$$\tan \alpha = \frac{\sin \alpha}{\cos \alpha} = \frac{1}{\sqrt{1 + \frac{2gh}{v^2}}} = \frac{v}{\sqrt{v^2 + 2gh}} \tag{5.9}$$

gilt, eine Formel, die wir weiter unten noch einmal auf ganz anderem Weg erreichen werden.

Jetzt wollen wir weiterrechnen. Setzt man (5.8) in die Gleichung für $s(\alpha)$ ein, also in

$$s(\alpha) = \frac{v}{g} \cos \alpha \left(v \sin \alpha + \sqrt{v^2 \sin^2 \alpha + 2gh} \right) = \frac{v^2}{g} \sin \alpha \cos \alpha \left(1 + \sqrt{1 + \frac{2gh}{v^2 \sin^2 \alpha}} \right),$$

so folgt mit

$$\sqrt{1 + \frac{2gh}{v^2 \sin^2 \alpha}} = \sqrt{1 + \frac{2gh}{v^2} \left(2 + \frac{2gh}{v^2} \right)} = 1 + \frac{2gh}{v^2}$$

für die maximale Stoßweite

$$s_{\max} = \frac{v^2}{g} \cdot \sqrt{1 + \frac{2gh}{v^2}}. \tag{5.10}$$

Als Nächstes wollen wir eine Näherungsformel für diese Gleichung herleiten. Für kleine Werte von $\frac{gh}{v^2}$ erhält man mit der Näherung $\sqrt{1+x} \approx 1 + \frac{x}{2}$ (vgl. [75])

$$s_{\max} \approx \frac{v^2}{g} \cdot \left(1 + \frac{gh}{v^2} \right) = \frac{v^2}{g} + h.$$

Obwohl (oder weil?) diese Gleichung nur eine erste Approximation an (5.10) ist, hat sie eine einfachere Struktur, die wir viel leichter überblicken können als diejenige von (5.10). Bei realistischen Annahmen für v und h zeigt nämlich die letzte Formel, dass unter ansonsten gleichen Bedingungen ein Kugelstoßer, der 20 cm größer ist als ein anderer, die Kugel auch etwa 20 cm weiter werfen kann. Eine solche Folgerung ist aus der ursprünglichen Gleichung nicht sofort abzulesen.

Der Hodograph

Die Gleichung (5.10), die wir oben erhalten haben, hat in Anbetracht der doch recht verwickelten Herleitung eine ziemlich einfache Struktur. Es ist nun beileibe nicht immer so, dass einfache Gleichungen auch einfache Beweise haben; dennoch sollte man in jedem Fall darüber nachdenken, ob man nicht auch mit einfacheren Mitteln zum gewünschten Ergebnis kommt.

Der wohl eleganteste Weg, das Ziel (5.10) zu erreichen, benutzt den von William Hamilton eingeführten Hodographen (wir folgen hier T.A. Apostolatos [4]). Diesen erhält man so: In jedem Punkt der Flugbahn denkt man sich den Geschwindigkeitsvektor angebracht und verschiebt diesen dann in den Ursprung. Der Hodograph ist dann diejenige Kurve, die von diesen Ortsvektoren definiert ist (siehe Abb. 5.6).

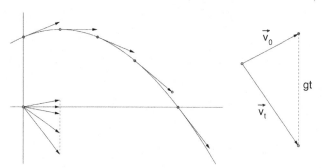

Abb. 5.6. Hodograph des schiefen Wurfs

Im Falle des schiefen Wurfs ist der Hodograph Teil einer Geraden. In der Tat ist ja die horizontale Komponente v_w des Geschwindigkeitsvektors konstant, und die vertikale Komponente v_s ist gegeben durch $v_s(t) = v_s - gt$. Die Geschwindigkeitsvektoren zu Beginn bzw. beim Aufprall nach t Sekunden sind gegeben durch $\vec{v}_0 = \begin{pmatrix} v_w \\ v_s \end{pmatrix}$ und $\vec{v}_t = \begin{pmatrix} v_w \\ v_s - gt \end{pmatrix}$. Insgesamt überstreicht der Vektor im Hodographen in den ersten t Sekunden also eine vertikale Strecke der „Länge" gt (der Hodograph lebt im Geschwindigkeitsraum, in dem alle Längen Geschwindigkeiten repräsentieren).

In demselben Zeitabschnitt fliegt das Objekt $s = v_w t$ in waagrechter Richtung; weil die Fläche des von $\vec{v}_0$ und $\vec{v}_t$ aufgespannten Dreiecks gleich $\frac{1}{2} v_w \cdot gt$ ist, erkennen wir, dass die Fläche dieses Dreiecks proportional zur Wurfweite ist. Um also die Wurfweite zu maximieren, muss das von $\vec{v}_0$ und $\vec{v}_t$ aufgespannte Dreieck maximalen Flächeninhalt haben. Die Längen dieser Vektoren sind

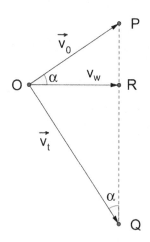

$$|\vec{v}_0| = v = \sqrt{v_s^2 + v_w^2} \quad \text{bzw.} \quad |\vec{v}_t| = \sqrt{v^2 + 2gh},$$

wobei h die Abwurfhöhe bezeichnet: In der Tat gilt nach dem Energieerhaltungssatz

$$\frac{1}{2}mv_t^2 = \frac{1}{2}mv^2 + mgh.$$

Da die beiden Vektoren also konstante Länge haben, ist der Flächeninhalt des von ihnen aufgespannten Dreiecks maximal, wenn die Vektoren aufeinander senkrecht stehen. In diesem Fall sind die beiden Dreiecke ROP und OQP ähnlich, folglich gilt mit $v = |\vec{v}_0|$

$$\tan\alpha = \frac{v}{|\vec{v}_t|} = \frac{v}{\sqrt{v^2 + 2gh}} \quad \text{und damit} \quad \alpha = \arctan\left(\frac{v}{\sqrt{v^2 + 2gh}}\right). \qquad (5.11)$$

Damit haben wir (5.9) fast ohne Rechnung und ohne den Ableitungsbegriff erhalten und einmal mehr gesehen, wie entscheidend geometrisches Verständnis für eine adäquate Lösung eines schwierigen Problems sein kann.

5.5 Das Newtonsche Gravitationsgesetz

Am Newtonschen Gravitationsgesetz lässt sich sehr gut sehen, wie physikalischer Fortschritt funktioniert. Hatte man zuvor drei Keplersche Gesetze, mit welchen man die Bewegung der Planeten um die Sonne quantitativ beschreiben konnte, so reichte jetzt ein einziges Prinzip. Daneben erklärte das Gravitationsgesetz auch, wie ein Apfel zur Erde fällt, oder warum sich abgeschossene Kanonenkugeln auf parabelförmigen Bahnen bewegen. Die Bestimmung der Gravitationskonstante lieferte erstmals einen Wert für die Masse der Erde, und mit derselben Methode konnte man die Massen aller Planeten bestimmen, die von einem Mond umkreist wurden. Die Existenz von Doppelsternen, die einander umkreisen, hat gezeigt, dass die Schwerkraft nicht auf unser Sonnensystem beschränkt ist, und hat uns die Möglichkeit gegeben, die Massen weit entfernter Sterne zu bestimmen.

Während Keplers Gesetze für die Mondbahn nur sehr angenähert gelten, konnte man mit dem Gravitationsgesetz daran gehen, das Dreikörperproblem von Erde, Mond und Sonne mathematisch anzugreifen. Beobachtungen von Sonnenfinsternissen, die vor fast 3000 Jahren stattgefunden hatten, lieferten nun die Möglichkeit, diese Ereignisse genau zu datieren, wobei sich herausstellte, dass die Erdrotation sich im Verlauf der Jahrtausende verlangsamt hatte, weil die Gezeitenkräfte des Monds die Drehung der Erde bremsen.

Im Wesentlichen machte das Gravitationsgesetz sämtliche Bewegungen im Sonnensystem berechenbar, und die Achtung, die man Newton damals in allen gebildeten Kreisen entgegenbrachte, lässt sich heute kaum mehr erahnen. 1824 konnte Franz von Spaun in [118] noch schreiben:

> *Auch mich hatte man in den Schulen gelehrt, bey* NEWTON's *Name die Mütze abzunehmen.*

In seinem *Mathematischen Testament* rechnet von Spaun übrigens mit der zeitgenössischen Mathematik und Astronomie ab und lässt keinen Stein auf dem anderen.

Newton selbst hat sein Gravitationsgesetz nicht in der heutigen Form geschrieben, sondern wenig mehr gesagt als dass die Gravitation proportional zum Produkt der Massen und umgekehrt proportional zum Quadrat der Entfernung ist. Erst später hat man dieser Erkenntnis die Form $F = G \cdot \frac{m_1 m_2}{r^2}$ gegeben.

Insbesondere hatte Newton kein Bedürfnis, die Gravitationskonstante G zu bestimmen, da sie bei ihm nicht auftauchte. Im Prinzip wäre es ihm aber durchaus möglich gewesen, die Größenordnung von G abzuschätzen: Auf der Erdoberfläche ist die Erdbeschleunigung etwa 9,8 m/s²; auf der anderen Seite gilt nach dem Gravitationsgesetz $g \approx G\frac{M}{r^2}$, wo M die Erdmasse und r der Erdradius ist. Nimmt man die Dichte der Erde zwischen der 5- und 6-fachen Dichte von Wasser an, so kommt man mit einem Erdradius von 6400 km auf einen Wert von $G \approx 7 \cdot 10^{-11}$ m³/kg s². Selbstverständlich hatte Newton die Einheiten Meter und Kilogramm noch nicht gekannt – diese wurden erst während der Französischen Revolution in den 1790-er Jahren in Frankreich eingeführt: Der Meter als der 40-millionste Teil des Erdumfangs und das Kilogramm als die Masse eines Kubikdezimeters Wasser bei einer Temperatur von etwa 4° C.

Der die Erde wog. Die erste Messung der Gravitationskonstante im Labor ist dem britischen Physiker Cavendish gelungen. Henry Cavendish wurde am 10. Oktober 1731 als Sohn adliger Eltern geboren, die damals in Nizza lebten. Nach dem Besuch einer Privatschule verbrachte er einige Zeit an der Universität Cambridge, ging aber ohne Abschluss ab. Danach arbeitete er im Labor seines Vaters, in dem er sich vor allem mit der Chemie beschäftigte. Bekannt wurde sein Experiment zur Bestimmung der Dichte der Erde, die im Wesentlichen aus der Messung der Gravitationskonstante besteht. Aus seinen Ergebnissen lässt sich der Wert $G \approx 6,754 \cdot 10^{-11}$ $m^3/kg\,s^2$ berechnen. Der heutige gültige Wert der Gravitationskonstanten ist $G = 6,67428 \cdot 10^{-11}$ m³/kg s². Gestorben ist Cavendish (wie Wikipedia vermerkt als einer der reichsten Männer Englands) am 24. Februar 1810.

Die heute noch benutzte Versuchsanordnung hatte Cavendish von Reverend John Michell (1724–1793) übernommen; obwohl er dessen Arbeit würdigte, kennt man heute nur noch den Namen Cavendishs, und das obwohl man vor einem halben Jahrhundert eine Arbeit Michells entdeckte, in der er sich mit „dunklen Sternen" beschäftigte, die so massereich sind, dass sie kein Licht ausstrahlen können. Heute kennt man diese *dark stars* als schwarze Löcher. Inzwischen hat Russell McCormmach mit [84] eine Biographie Michells vorgelegt und dessen erhaltenen Briefe herausgegeben.

Bereits vor Cavendish konnte die Gravitationskonstante (oder, wie man sich damals ausdrückte, die mittlere Dichte der Erde) in Experimenten abgeschätzt werden; dazu maß man die Abweichung der Fallrichtung vom Lot in der Nähe eines massereichen Bergs. Derartige Messungen wurden bereits um 1740 von Pierre Bouguer und Charles Maries de la Condamine am Chimborazo im heutigen Ecuador und von Neville Maskelyne 1774 am Schehallien (heute Schiehallion geschrieben) in Schottland durchgeführt, und zwar mit durchaus respektablen Ergebnissen von umgerechnet etwa $8 \cdot 10^{-11}$ m³/kg s². Danson [23] hat eindrücklich beschrieben, welch ein mathematischer Aufwand betrieben werden musste, um diese Ergebnisse zu erhalten.

Einstein

Newton hatte in Sachen Gravitation nicht das letzte Wort: Zwischen 1912 und 1916 entwickelte Einstein eine geometrische Theorie der Schwerkraft, seine allgemeine Relativitätstheorie, die nicht nur viel genauere Aussagen erlaubt als das Newtonsche Gesetz, sondern einige fundamentale Probleme der Newtonschen Theorie behebt, etwa die seltsame Gleichheit zwischen schwerer und träger Masse[1] oder die mit der speziellen Relativitätstheorie nicht verträgliche Fernwirkung. In Einsteins Theorie krümmt jede Masse die Raumzeit, und Objekte, auf die keine Kraft einwirkt (eine „Schwerkraft" gibt es in dieser Theorie nicht), bewegen sich auf möglichst „geraden" Bahnen in der vierdimensionalen Raumzeit (ähnlich wie Flugzeuge auf Langstecken gerne entlang von Großkreisen fliegen). Projiziert man die Bahn zurück in unseren dreidimensionalen Raum, ergeben sich für die Bahnen von Planeten um die Sonne in erster Näherung die bekannten Kegelschnitte.

Die zum Verständnis dieser Theorie notwendige Geometrie ist eine nichteuklidische Geometrie, die man mithilfe der Differentialrechnung untersucht (auch die spezielle Relativitätstheorie lässt sich geometrisch interpretieren; vgl. etwa D.-E. Liebscher [79]). Die Anfänge dieser „Differentialgeometrie" gehen auf den Habilitationsvortrag von Bernhard Riemann zurück, in welchem dieser eine höherdimensionale Geometrie entwickelte, eine Schöpfung des menschlichen Geistes, von der damals niemand glaubte, dass sie je Anwendungen hervorbringen würde. Neben der Riemannschen Geometrie verdanken wir diesem viel zu früh verstorbenen Mathematiker auch die Riemann-Vermutung, die mit der Verteilung von Primzahlen zu tun hat und wohl eine der wichtigsten unbewiesenen Vermutungen der gesamten Mathematik ist.

Auch Einstein gelang es nicht, eine Theorie zu entwickeln, welche die Gravitationskonstante „erklären" würde – eine solche Theorie existiert bis heute nicht, auch wenn Pascual Jordan mit Gedanken experimentiert hat, in welchen die „Gravitationskonstante" sich mit dem Alter des Universums ändert. Bevor wir eine solche Theorie haben, welche die Schwerkraft mit den anderen Kräften der Quantentheorie vereinigt, halte ich Spekulationen über dunkle Materie oder dunkle Energie für müßig. In der Tat beruhen *alle* überraschenden astronomischen Entdeckungen der letzten Jahre auf der Annahme, dass G zeitlich und räumlich konstant ist. Es bleibt also noch viel zu tun …

Dies gilt umso mehr, als kürzlich der erste direkte Nachweis der von Einstein vorhergesagten Gravitationswellen gelang. Um diese für die Astronomie nutzbar zu machen, wird es noch großer Anstrengungen bedürfen.

Vom fallenden Apfel zum fallenden Mond

Newton hat später die Geschichte erzählt, er sei beim Anblick eines fallenden Apfels auf seine Theorie der Schwerkraft gekommen, wonach etwa der Mond von

---

[1] Die träge Masse in der Newtonschen Mechanik ist die Masse m, die in der fundamentalen Bewegungsgleichung $F = ma$ auftaucht. Die schwere Masse dagegen ist die entsprechende Größe im Gravitationsgesetz. Die Gleichheit dieser beiden Massen konnte man experimentell mit hoher Genauigkeit verifizieren.

Die kosmischen Geschwindigkeiten

Die beiden kosmischen Geschwindigkeiten im Falle der Erde (Ähnliches kann man für andere Planeten oder Sterne machen) sind die beiden folgenden:

1. Die erste kosmische Geschwindigkeit ist die kleinste Geschwindigkeit, die man einem Objekt verleihen muss, damit es von der Erdoberfläche aus eine Umlaufbahn um die Erde erreichen kann.
2. Die zweite kosmische Geschwindigkeit ist die kleinste Geschwindigkeit, die man einem Objekt verleihen muss, damit es sich aus dem Schwerefeld der Erde lösen kann (etwa bei Sonden zum Mond oder zu anderen Planeten).

Die erste kosmische Geschwindigkeit erhält man leicht aus dem Ansatz, dass die Zentripetalkraft eines Satelliten gleich der Anziehungskraft durch die Erde ist. Bezeichnet $M = 5 \cdot 10^{24}$ kg die Masse der Erde, m die des Satelliten und R den Erdradius, so muss

$$\frac{mv^2}{R} = G\frac{Mm}{R^2} \quad \text{sein, also} \quad v = \sqrt{\frac{GM}{R}} \approx 7{,}2 \text{ km/s.}$$

Um die zweite kosmische Geschwindigkeit berechnen zu können, müssen wir uns überlegen, wie viel Energie man aufwenden muss, um eine Masse m aus dem Abstand r_1 von einer Zentralmasse M in den Abstand r_2 zu verschieben.

Bei konstanter Kraft gilt die Formel $E = F \cdot s$ (Arbeit ist Kraft mal Weg), wobei nur der Weg in Richtung Kraft zählt. Mathematisch lässt sich das dadurch ausdrücken, dass man das Produkt $F \cdot s$ durch das Skalarprodukt $\vec{F} \cdot \vec{s}$ ersetzt. Wir wollen hier ohne Vektoren auskommen und heben die Masse m „senkrecht" hoch. In diesem Fall ist dann

$$E = -\int_{r_1}^{r_2} \frac{GmM}{r^2} \, dr,$$

wobei das negative Vorzeichen daher rührt, dass Kraft und Weg in diesem Beispiel entgegengesetzte Richtungen haben. Ausführen der Integration liefert

$$E = -GmM \cdot \left[\frac{1}{r}\right]_{r_1}^{r_2} = -GmM\left(\frac{1}{r_2} - \frac{1}{r_1}\right).$$

Um also einen Körper mit der Masse m von der Erdoberfläche aus dem Schwerefeld der Erde zu schießen, braucht dieser Körper so viel kinetische Energie, dass er von $r_1 = R$ (Erdradius) bis $r_2 = \infty$ gelangen kann. Es gilt also

$$\frac{1}{2}mv^2 = -\int_R^\infty \frac{GmM}{r^2} \, dr = G\frac{Mm}{R}, \quad \text{d.h.} \quad v = \sqrt{\frac{2GM}{R}} \approx 10{,}2 \text{ km/s.}$$

Aufgabe 5.4. *Berechne die kosmischen Geschwindigkeiten des Erdmonds. Der Mond hat eine Masse von 7,35 $\cdot 10^{22}$ kg und einen Radius von 1737,5 km.*

Aufgabe 5.5. *Der Schwarzschildradius eines Objekts der Masse M ist der Radius, ab dem die zweite kosmische Geschwindigkeit gleich der Lichtgeschwindigkeit wird. Schätze mit den obigen Formeln ab, wie groß der Schwarzschildradius der Erde ist (für eine Herleitung einer genauen Formel ist die allgemeine Relativitätstheorie erforderlich).*

derselben Schwerkraft zur Erde hingezogen wird wie ein Apfel. Dies konnte Newton auch nachrechnen, und zwar ohne Kenntnis einer Gravitationskonstanten.

Die Kraft, welche die Erde mit der Masse M auf einen Apfel der Masse m an der Erdoberfläche ausübt, wenn also die beiden Massen den Abstand eines Erdradius $r \approx 6400$ km haben (dass man die Erde dabei durch einen Massenpunkt beschreiben darf ist nicht selbstverständlich; das hat Newton mit der von ihm geschaffenen Differentialrechnung bewiesen), ist gegeben durch

$$F = G \cdot \frac{Mm}{r^2},$$

und diese kann man messen: Sie ist in etwa gleich $F = mg$ für die Erdbeschleunigung $g \approx 9,8$ m/s^2. Es ist daher $g = GM/r^2$.

Wenn dieselbe Kraft den Mond mit der Masse μ auf seiner Bahn hält, muss die auf den Mond ausgeübte Schwerkraft in einer Entfernung von $R \approx 384\,000$ km, nämlich $F = GM\mu/R^2$, gleich der Zentripetalkraft sein, die den Mond mit seiner Geschwindigkeit v auf einer Kreisbahn hält (für diese grobe Abschätzung genügt diese Annahme; in Wirklichkeit ist die Mondbahn elliptisch), also gleich $F = \frac{\mu v^2}{R}$. Die Geschwindigkeit ist dabei gleich $v = \frac{2\pi R}{T}$, wo T die Umlaufdauer des Mondes bezeichnet. Einsetzen liefert

$$\frac{4\pi^2 \mu R}{T^2} = G \cdot \frac{M\mu}{R^2}, \quad \text{also} \quad G = \frac{4\pi^2 R^3}{MT^2}.$$

Ein Vergleich mit dem fallenden Apfel ergibt

$$G = \frac{gr^2}{M} = \frac{4\pi^2 R^3}{MT^2}, \quad \text{also} \quad T^2 = \frac{4\pi^2 R^3}{gr^2}. \tag{5.12}$$

Einsetzen der Werte liefert einen Wert von $T \approx 27,3$ Tagen.

Dieser Wert entspricht dem „siderischen" Monat, also der Zeit, die der Mond braucht, bis er in Bezug auf einen Fixstern wieder in etwa die gleiche Stellung hat. Bezieht man den Monat auf die Mondphasen, so hat man zu berücksichtigen, dass die Erde in 365,24 Tagen um die Sonne kreist; aus unserer Formel (3.10) folgt damit eine „synodische" Umlaufdauer von 29,5 Tagen.

Das Gravitationsgesetz in seiner einfachsten Form, wonach die Schwerkraft proportional zum Produkt der Massen und umgekehrt proportional zum Quadrat des Abstands ist, erklärt also die Dauer eines Monats und war für Newton eine glänzende Bestätigung seiner Theorie. Wir werden die Formel (5.12) weiter unten als „drittes Keplersches Gesetz" wiedersehen.

5.6 Die Keplerschen Gesetze

Kopernikus rückte die Sonne ins Zentrum des Weltalls (bereits der Grieche Aristarch hatte mit dieser Idee gespielt, konnte seine Zeitgenossen aber nicht überzeugen). Damit konnte die Tatsache, dass Merkur und Venus sich niemals um mehr als

45° von der Sonne entfernten, ganz zwanglos erklärt werden – in der Ptolemäischen Theorie waren dafür Epizykel notwendig gewesen.

Kepler formulierte später drei Gesetze, welche die Bewegung der Planeten quantitativ korrekt beschreiben konnten:

1. Die Planeten bewegen sich in Ellipsenbahnen um die Sonne, in deren einem Brennpunkt die Sonne steht.

2. Der Fahrstrahl (die Verbindungsstrecke zwischen Sonne und Planet) überstreicht in gleichen Zeiten gleiche Flächen.

3. Für die Umlaufsdauer T und die große Halbachse a der Planetenbahnen gilt, dass T^2/a^3 konstant ist.

Newton hat dann erkannt, dass alle drei Keplerschen Gesetze sich aus seinem Gravitationsgesetz herleiten lassen. Die unten präsentierte Herleitung geht auf Hubert Müller [92] zurück, einen Mathematiklehrer „des Gymnasiums und der Höheren Bürgerschule zu Lahr", und wurde von Vogt [122] wiederentdeckt. Man schaue sich auch den entsprechenden Artikel von Wittmann [129] an – für den überraschenden Zusammenhang zwischen den von Wittmann angesprochenen Hüllkurven und Planetenbahnen mit der Konstruktion des Wankelmotors werfe man einen Blick in den Artikel [94] von H. R. Müller. Der vielleicht eleganteste Zugang zu den Keplerschen Gesetzen benutzt Vektorgeometrie.

Energie und Drehimpuls

Sei m die Masse eines Planeten und M diejenige der Sonne. Bei der Bewegung des Planeten um die Sonne bleibt die Gesamtenergie, also die Summe von kinetischer und potentieller Energie, konstant:

$$E = \frac{1}{2}mv^2 - G\frac{Mm}{r}. \tag{5.13}$$

Hier ist r der (von der Zeit t abhängige) Abstand des Planeten von der Sonne und v seine Geschwindigkeit.

Ist E positiv, so reicht die kinetische Energie aus, den Körper aus dem Gravitationsfeld der Sonne zu bewegen; ist E negativ, so wird er das Gravitationsfeld nicht verlassen können, sondern muss innerhalb eines bestimmten Gebiets die Sonne umkreisen. Wir werden im Folgenden zumindest plausibel machen, dass die Fälle $E > 0$, $E = 0$ und $E < 0$ den Hyperbel-, Parabel- und Ellipsen-Bahnen entsprechen.

Dass Kreisel oder die Erde (wenn man Reibung bzw. Gezeitenreibung vernachlässigt) sich mit konstanter Winkelgeschwindigkeit drehen, liegt an der Erhaltung des Drehimpulses. Ein Planet P der Masse m, der sich in der Entfernung r von der Sonne S mit einer Geschwindigkeit v bewegt, hat einen Drehimpuls $L = mvr\sin\alpha$, wo α den Winkel zwischen dem Ortsvektor $\vec{r} = \overrightarrow{SP}$ und der Bewegungsrichtung des Planeten (also des Geschwindigkeitsvektors $\vec{v}$). Setzen wir

$h = r \sin \alpha$, dann ist h der Abstand von der Tangente an die Bahn des Planeten zum Zeitpunkt t (vgl. die Abbildung auf S. 4.2), und der Drehimpuls ist gegeben durch $L = mvh$. Setzt man dies in (5.13) ein, so folgt

$$E = \frac{L^2}{2mh^2} - G\frac{Mm}{r}.$$

Im Falle $E = 0$ folgt daraus, dass die Größe $\frac{h^2}{r}$ konstant ist; nach Satz 4.7 genügt die Parabel dieser Gleichung. Weil wir nicht gezeigt haben, dass diese Gleichung die Parabel charakterisiert, folgt auch nicht, dass die Bahn eines Objekts mit Gesamtenergie 0 eine Parabel ist, sondern nur, dass die Parabelbahn mit dem Newtonschen Gravitationsgesetz kompatibel ist.

Ist dagegen $E < 0$, so liefert Division durch $-E$

$$\frac{\frac{L^2}{-2Em}}{h^2} - \frac{GM}{-\frac{E}{m}}r = -1, \quad \text{also} \quad \frac{b^2}{h^2} - \frac{2a}{r} = -1,$$

wo wir

$$a = \frac{GMm}{-2E} \quad \text{und} \quad b = \frac{L}{\sqrt{-2Em}}. \tag{5.14}$$

gesetzt haben. In Satz 4.18 haben wir gesehen, dass eine Ellipse dieser Gleichung genügt. Die Halbachsen der Ellipse bestimmen sich dabei aus den Gleichungen (5.14). Insbesondere hängt die Gesamtenergie eines Objekts auf einer Kepler-Ellipse nur von deren großer Halbachse ab: Es ist ja $E = -GMm/2a$.

Das dritte Keplersche Gesetz

Das dritte Keplersche Gesetz folgt, sogar in seiner quantitativen Version, sofort aus dem zweiten. Aus der Gleichung

$$\frac{dA}{dt} = \frac{1}{2}vh = \frac{L}{2m} \quad \text{folgt durch Integration} \quad A(t) = \frac{L}{2m} \cdot t.$$

Nach einer Umlaufsdauer T hat der Fahrstrahl die gesamte Fläche $A = \pi ab$ der Ellipse überstrichen, folglich ist $\pi ab = A(T) = LT/2m$. Setzt man (5.14) hier ein und löst nach T auf, folgt

$$T = \frac{2\pi}{\sqrt{GM}}a^{3/2}, \quad \text{also nach Quadrieren} \quad T^2 = \frac{4\pi^2}{GM} \cdot a^3.$$

Mithilfe dieser quantitativen Version des dritten Keplerschen Gesetzes kann man die Masse jedes Himmelskörpers bestimmen, wenn man von einem seiner Satelliten Umlaufsdauer und große Halbachse kennt. Allerdings muss man dazu die Gravitationskonstante G kennen.

Wir wollen nun eine etwas genauere Analyse des dritten Keplerschen Gesetzes vornehmen; oben haben wir nämlich angenommen, dass die Masse des Planeten im Vergleich zur Masse der Sonne vernachlässigbar klein ist. Diese Annahme ist in den Keplerschen Gesetzen eingebaut, wonach in einem Brennpunkt der elliptischen Planetenbahn die Sonne steht – in Wirklichkeit liegt dort der Schwerpunkt des Gesamtsystems.

Betrachten wir nun zwei Massen m_1 (die Sonne) und m_2 (ein Planet). Nach Newton drehen sich beide um den gemeinsamen Schwerpunkt S; der Abstand von Sonne bzw. Planet zu S sei r_1 bzw. r_2; der Gesamtabstand der beiden Massen ist also $r = r_1 + r_2$.

Den Schwerpunkt errechnet man mit $m_1 r_1 = m_2 r_2$; diese Gleichung hat dieselbe Form wie das Archimedische Hebelgesetz. Diese Formel folgt so: Haben die beiden Körper eine Winkelgeschwindigkeit ω um S (die für beide gleich sein muss, da die Massen m_1 und m_2 und der Punkt S immer auf einer Geraden liegen), dann gilt für die Zentrifugalkraft (bzw. Zentripetalkraft)

$$F_1 = m_1 \omega^2 r_1 \quad \text{und} \quad F_2 = m_2 \omega^2 r_2.$$

Da sich beide Massen mit derselben Kraft anziehen, muss $F_1 = F_2$ sein, und es folgt $m_1 r_1 = m_2 r_2$.

Setzt man hierin $r = r_1 + r_2$ ein, kann man r_1 und r_2 bestimmen:

$$r_1 = \frac{m_2}{m_1 + m_2} r \quad \text{und} \quad r_2 = \frac{m_1}{m_1 + m_2} r.$$

Für die gegenseitige Anziehungskraft folgt also

$$F = G \cdot \frac{m_1 m_2}{r^2} = m_1 \omega^2 r_1 = \frac{m_1 m_2}{m_1 + m_2} \omega^2 r.$$

Auf Kreisbahnen ist die Winkelgeschwindigkeit ω aber konstant, und zwar gleich $\omega = \frac{2\pi}{T}$, wobei T die Zeit ist, welche beide Massen brauchen, um sich einmal um den gemeinsamen Schwerpunkt S zu drehen. Setzt man dies ein, so folgt

$$\frac{T^2}{r^3} = \frac{4\pi^2}{G(m_1 + m_2)}. \tag{5.15}$$

Die Wurfparabel als Approximation der Kepler-Ellipse

Die Flugbahn eines Balls ist nur dann eine Parabel, wenn man zwei Annahmen macht: Man hat den Luftwiderstand zu vernachlässigen, und man muss annehmen, dass die Flugbahn in Bereichen verläuft, in welchen die Erdbeschleunigung konstant ist. Die Einbeziehung des Luftwiderstands erfordert das Eingehen auf Differentialgleichungen; hier wollen wir sehen, wie die Ellipsenbahn, auf der sich ein Objekt unter Vernachlässigung des Luftwiderstands eigentlich um den Mittelpunkt der Erde bewegen müsste, zur Parabelbahn führt, wenn man sich auf einen kleinen Abschnitt der Bahn an der Erdoberfläche beschränkt, also den Teil der Bahn, der weit vom Erdmittelpunkt entfernt ist.

Die Annahme, dass wir dabei die Masse der Erde im Mittelpunkt konzentriert annehmen dürfen, lässt sich mit Integralrechnung begründen, allerdings nur für den Teil der Bahn, der sich oberhalb der Erdoberfläche befindet.

Beim waagrechten Wurf mit der Anfangsgeschwindigkeit v aus der Höhe h über dem Erd-
boden haben wir bereits gesehen, dass die Parabelbahn durch die Gleichung $y = h - \frac{g}{2v^2}x^2$
gegeben ist. Legen wir das Koordinatensystem
zuerst so, dass der Erdmittelpunkt zuerst im
Ursprung liegt, und verschieben das Zentrum
dann um c so in Richtung positive y-Achse,
dass der Ursprung an der Erdoberfläche liegt,
dann lautet die Gleichung der Ellipse

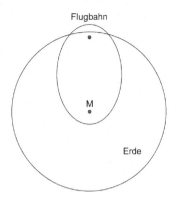

$$\frac{x^2}{a^2} + \frac{(y - c)^2}{b^2} = 1.$$

Hierbei ist b die große und a die kleine Halbachse. Für $x = 0$ muss $y = h$ sein, was
auf $c = h - b$ führt. Auflösen nach y ergibt

$$y = h - b \pm b\sqrt{1 - \frac{x^2}{a^2}}.$$

Hierbei gilt das positive Vorzeichen, da wir uns für den oberen Teil der Ellipse
interessieren. In erster Näherung erhalten wir daher

$$y = h - b + b\left(1 - \frac{x^2}{2a^2}\right) = h - \frac{b}{2a^2}x^2.$$

Jetzt bestimmen wir die Halbachsen aus den Gleichungen (5.14); dazu beachten
wir, dass die Gesamtenergie des Objekts gleich

$$E = E_{\text{kin}} + E_{\text{pot}} = \frac{1}{2}mv^2 - G\frac{Mm}{R + h}$$

ist, und erhalten dann nach Vertauschen der Rollen von a und b (im vorliegenden
Fall ist ja b die große Halbachse) unter Beachtung von $L = mv(R + h) \approx mvR$

$$b = \frac{GMm}{-2E} = \frac{GM}{2G\frac{M}{R+h} - v^2} \quad \text{und} \quad a = \frac{mvR}{\sqrt{-2Em}} = \frac{vR}{\sqrt{2G\frac{M}{R+h} - v^2}},$$

wo wir (5.13) benutzt haben. Dies liefert

$$\frac{b}{2a^2} = \frac{GM}{2v^2R^2}$$

Jetzt beachten wir noch $g = \frac{GM}{R^2}$ und finden dann

$$y = h - \frac{b}{2a^2}x^2 = h - \frac{g}{2v^2}x^2.$$

Umgekehrt ersehen wir aus der letzten Gleichung, dass man aus der Parabelbahn
nur das Verhältnis $\frac{b}{a^2}$ ablesen kann. Diese Parabel ist also Approximation unendlich vieler verschiedener Ellipsen, von denen allerdings aus physikalischen Gründen
(der Erdmittelpunkt muss einer der Brennpunkte sein) nur eine in Frage kommt.

Der senkrechte Fall

Lässt man einen Körper in einen tiefen Schacht fallen, könnte man meinen, dass er senkrecht nach unten fällt. Tatsächlich tut er das, aber nur in erster Näherung, jedenfalls wenn man den Schacht nicht gerade durch die Pole bohrt. In jedem anderen Fall erhält der Körper an der Erdoberfläche durch die Rotation der Erde eine Geschwindigkeit, und seine tatsächliche Bahn ist folglich keine Gerade bis zum Erdmittelpunkt, sondern wie oben eine Ellipse. Man kann also die Rotation der Erde nachweisen, indem man die Abweichung eines fallenden Körpers vom Lot misst. Solche Experimente wurden im späten 18. und 19. Jahrhundert durchgeführt; wie sich bei all diesen Experimenten gezeigt hat, stellt sich der Nachweis als schwieriger heraus als vielleicht gedacht: Auf 80 m Fall beträgt die Abweichung vom Lot etwa 1 cm; dazu kommt, dass sich die Luft im Schacht mitdreht und folglich ebenfalls für Messfehler sorgt; und schließlich ist es gar nicht so einfach, das Lot selbst exakt zu bestimmen: Hängt man einfach ein Bleigewicht an eine Schnur, so zeigt dieses ja wegen der Erdrotation und des Äquatorwulsts nicht genau auf den Schwerpunkt der Erde. Mehr über derartige Versuche findet man bei Grammel [45].

Eine Menge weiterer Aufgaben zur Physik der Kegelschnitte vor allem in Raumfahrt und Astronomie findet man in der Zusammenstellung [63, 64] von B. Kastner. Auch in der sehr empfehlenswerten Einführung in die Astronomie von Hans Roth [108] findet man unter anderem eine Behandlung der Keplerschen Gesetze.

5.7 Das Kepler-Problem

Unsere bisherigen Untersuchungen über die Bahnen von Planeten haben nur gezeigt, dass Kegelschnitte als Bahnkurven infrage kommen. Um zu zeigen, dass sich Planeten (bei Vernachlässigung der gegenseitigen Störungen) auf Ellipsenbahnen um die Sonne bewegen, braucht man etwas Differentialrechnung. Mit den elementarsten Hilfsmitteln kommt man aus, wenn man die Bewegungen mithilfe von Vektoren beschreibt. Die folgende Untersuchung geht zwar etwas über die Schulmathematik hinaus, zeigt aber, wie kraftvoll Vektorrechnung sein kann, wenn man sie auf wirkliche Probleme anwendet.

Bewegungsgleichungen in Vektorform

Die Grundgleichungen der Newtonschen Mechanik sind Schülern heute zwar noch vertraut, allerdings nicht in Vektorform. Nur im Falle von geradlinigen Bewegungen wissen sie, dass ein Körper, der zum Zeitpunkt t den Weg $s(t)$ zurückgelegt hat, die Geschwindigkeit $v(t) = \frac{d}{dt}s(t) = \dot{s}(t)$ besitzt (in der Physik benutzt man gerne die Newtonsche Schreibweise für Ableitungen).

Tatsächlich gilt das Ganze auch, wenn ein Körper sich in drei Dimensionen bewegt. In diesem Fall ist sein Ortsvektor $\vec{r}(t) = \begin{pmatrix} x(t) \\ y(t) \\ z(t) \end{pmatrix}$ von der Zeit abhängig;

zum Zeitpunkt $t + \Delta t$ befindet er sich also in $\vec{r}(t + \Delta t) = \begin{pmatrix} x(t+\Delta t) \\ y(t+\Delta t) \\ z(t+\Delta t) \end{pmatrix}$, und seine mittlere Geschwindigkeit in diesem Zeitabschnitt ist

$$v_m(t) = \frac{1}{\Delta t}(\vec{r}(t + \Delta t) - \vec{r}(t).$$

Die x-Koordinate dieses Geschwindigkeitsvektors ist daher

$$v_x(t) = \frac{x(t + \Delta t) - x(t)}{\Delta t},$$

und für $\Delta t \longrightarrow 0$ geht dieser Ausdruck, wenn $x(t)$ differenzierbar ist, gegen $\dot{x}(t)$. Also wird die Momentangeschwindigkeit des Objekts mit Ortsvektor $\vec{r}(t)$ durch

$$v(t) = \dot{\vec{r}}(t) = \begin{pmatrix} \dot{x}(t) \\ \dot{y}(t) \\ \dot{z}(t) \end{pmatrix}$$

gegeben sein. Dies bedeutet, dass wir „Vektorfunktionen" wie $\vec{r}(t)$ einfach koordinatenweise ableiten dürfen. Wie in der eindimensionalen Analysis ist ein Vektor $\vec{u}(t)$ konstant, wenn seine Ableitung $\dot{\vec{u}}(t) = 0$ ist.

Der Impuls $p = ma$ aus der Schulphysik wird in der Vektoralgebra durch $\vec{p} = m\vec{a}$ definiert, wobei $\vec{a}(t) = \ddot{\vec{r}}$ die zweite Ableitung von $\vec{r}(t)$ ist. Die Newtonsche Gleichung $F = ma$ lautet in vektorieller Schreibweise einfach $\vec{F} = \dot{\vec{p}}$. Das Gravitationsgesetz lässt sich ebenfalls in vektorieller Form schreiben, und zwar so:

$$\vec{F} = -G\frac{Mm}{r^3} \cdot \vec{r} = -G\frac{Mm}{r^2} \cdot \frac{\vec{r}}{r}. \tag{5.16}$$

Hier steht $\vec{F}$ für die Kraft, die eine Masse M im Ursprung auf die andere Masse m mit Ortsvektor $\vec{r}$ ausübt; die Kraft, welche m auf M ausübt, ist nach Newtons Prinzip actio gleich reactio durch $-\vec{F}$ gegeben. An der zweiten Formel kann man erkennen, dass diese Kraft den Betrag $G\frac{Mm}{r^2}$ besitzt, und dass deren Richtung durch den Einheitsvektor $\frac{\vec{r}}{r}$ gegeben ist.

Dass sich die Formel $E = Fs$ (Arbeit ist Kraft mal Weg) ebenfalls in vektorieller Form schreiben lässt, hatten wir bereits angedeutet: Es ist $E = \vec{F} \cdot \vec{s}$ bei konstanter Kraft, wobei das Produkt auf der rechten Seite ein Skalarprodukt ist. Insbesondere wird keine Arbeit verrichtet, wenn der Weg senkrecht auf die Kraft steht, etwa wenn man einen schweren Sack reibungsfrei über ein waagrechtes Gelände fährt. Wichtiger für uns ist der Drehimpuls, der in vektorieller Form $\vec{L} = \vec{r} \times \vec{p}$ als Kreuzprodukt daherkommt. Der Drehimpulserhaltungssatz lässt sich in unserer Sprache dann einfach als $\dot{\vec{L}} = 0$ schreiben. Wegen $\vec{p} = m \cdot \vec{v}$ impliziert der Drehimpulserhaltungssatz, dass auch $\vec{r} \times \vec{v}$ zeitlich konstant ist. Die Überlegenheit des vektoriellen Zugangs erkennt man unter anderem daran, dass das Produkt $r \cdot v$ der Beträge von $\vec{r}$ und $\vec{v}$ nicht konstant ist (außer für Kreisbahnen), denn bekanntlich ist $|\vec{r} \times \vec{v}| = r \cdot v \cdot \sin\phi$, wobei ϕ den von $\vec{r}$ und Winkel $\vec{\phi}$ aufgespannten Winkel bezeichnet.

Summen-, Produkt- und Kettenregel gelten, wie wir aus der Differentialrechnung wissen, koordinatenweise, und damit folgen ohne große Mühe die „Produktregeln"

$$\frac{d}{dt}(\vec{a} \cdot \vec{b}) = \dot{\vec{a}} \cdot \vec{b} + \vec{a} \cdot \dot{\vec{b}} \quad \text{und} \quad \frac{d}{dt}(\vec{a} \times \vec{b}) = \dot{\vec{a}} \times \vec{b} + \vec{a} \times \dot{\vec{b}}.$$

Die Macht des Vektorkalküls kann man daran ermessen, mit welch sparsamen Mitteln man nun alle relevanten Formeln der Kreisbewegung aus einer einzigen herleiten kann:

Aufgabe 5.6. *Die Kreisbewegung eines Körpers wird durch $\vec{r}(t) = \begin{pmatrix} r\cos(\omega t) \\ r\sin(\omega t) \\ 0 \end{pmatrix}$ beschrieben.*

1. *Zeige: Der Kreisradius ist $r = |\vec{r}|$; bestimme die Umlaufsdauer T als die Periode der beiden trigonometrischen Funktionen.*

2. *Berechne den Geschwindigkeitsvektor $\vec{v} = \dot{\vec{r}}$ und zeige, dass $\vec{r} \cdot \vec{v} = 0$ ist. Zeige weiter, dass $v = |\vec{v}| = r\omega$ gilt und rechne nach, dass $v = \frac{2\pi r}{T}$ gilt.*

3. *Berechne den Beschleunigungsvektor $\vec{a} = \dot{\vec{v}}$ und zeige, dass $\vec{a} = -\omega^2 \vec{r}$ ist. Daraus folgt $a = |\vec{a}| = r\omega^2 = v\omega$.*

4. *Zeige, dass $\vec{r} \times \dot{\vec{r}} = r^2\omega \begin{pmatrix} 0 \\ 0 \\ 1 \end{pmatrix}$ ist. Insbesondere ist $L = |\vec{L}| = mr^2\omega = mrv$.*

Drehimpulserhaltung

Mithilfe des Vektorkalküls kann man relativ leicht nachweisen, dass bei Bewegungen in allen Kraftfeldern, in denen die Kraft (wie etwa die Schwerkraft) auf ein Zentrum gerichtet ist, der Drehimpuls erhalten bleibt. In einem solchen Feld gilt für die auf eine sich bewegende Masse ausgeübte Kraft $\vec{F} = f(\vec{r})\,\vec{r}$, wo f nur vom Abstand $\vec{r}$ der Masse vom Zentrum abhängt. Jetzt bilden wir das Kreuzprodukt der Bewegungsgleichung $\vec{F} = m\vec{a} = f(\vec{r})$ mit $\vec{r}$; weil das Kreuzprodukt paralleler Vektoren verschwindet, erhalten wir $m\vec{a} \times \vec{r} = 0$. Dies bedeutet, dass der Beschleunigungs- und der Richtungsvektor in einer Ebene liegen, was letztendlich auch zur Folge hat, dass sich die Masse in einer Ebene um das Zentrum dreht.

Jetzt bilden wir die Ableitung von $\vec{r} \times \dot{\vec{r}}$ und finden unter Beachtung der Produktregel

$$\frac{d}{dt}(\vec{r} \times \dot{\vec{r}}) = \dot{\vec{r}} \times \dot{\vec{r}} + \vec{r} \times \vec{a} = 0,$$

denn das erste Kreuzprodukt ist trivialerweise gleich 0, und vom zweiten haben wir das Verschwinden eben gezeigt.

Dies zeigt, dass der Vektor $\vec{r} \times \dot{\vec{r}}$ und damit auch $\vec{L} = \vec{r} \times \vec{p}$ konstant ist, mit anderen Worten, dass der Drehimpuls bei Bewegungen in einem Zentralfeld erhalten bleibt.

Energieerhaltung

In diesem Abschnitt wollen wir die Gleichung (5.13) mit den Mitteln der Vektor-rechnung aus dem Gravitationsgesetz herleiten (vgl. [108, S. 34]). Dazu multiplizieren wir die aus (5.16) erhaltene Gleichung

$$\ddot{\vec{r}} = -\frac{GM}{r^3} \cdot \vec{r}$$

skalar mit $\vec{v} = \dot{\vec{r}}$; wegen

$$\vec{r} \cdot \dot{\vec{r}} = \frac{1}{2}\frac{d}{dt}(\vec{r} \cdot \vec{r}) = \frac{1}{2}\frac{d}{dt}r^2 = rv \quad \text{und} \quad \vec{v} \cdot \dot{\vec{v}} = \frac{1}{2}\frac{d}{dt}(\vec{v} \cdot \vec{v}) = \frac{1}{2}\frac{d}{dt}(v^2)$$

erhalten wir

$$-\frac{GM}{r^2} \cdot \frac{d}{dt}r = \frac{1}{2}\frac{d}{dt}(v^2), \quad \text{d.h.} \quad \frac{d}{dt}\left(\frac{1}{2}v^2 - \frac{GM}{r}\right) = 0.$$

Dies bedeutet, dass der Ausdruck in der Klammer zeitlich konstant sein muss, was nach Multiplikation mit m die Konstanz der Summe aus kinetischer und potentieller Energie bedeutet. Damit haben wir natürlich nicht den Energieerhaltungssatz bewiesen, sondern „nur" noch einmal bestätigt, dass der Ausdruck für die potentielle Energie eines Körpers der Masse m im Newtonschen Gravitationsfeld durch $-\frac{GMm}{r}$ gegeben ist, wenn man die Integrationskonstante entsprechend wählt.

Die Keplerschen Gesetze

Nach dieser Vorbereitung greifen wir jetzt das Kepler-Problem an. Wir beginnen mit der Beobachtung, dass der Drehimpulserhaltungssatz $\dot{\vec{L}} = 0$ besagt, dass der Vektor $\vec{r} \times \vec{p} = m\vec{r} \times \dot{\vec{r}}$ konstant ist und folglich Orts- und Geschwindigkeitsvektor in einer Ebene liegen. Dies folgt auch aus dem Newtonschen Gravitationsgesetz, wonach die Beschleunigung des Körpers dem Ortsvektor entgegengesetzt ist; daher sind $\dot{\vec{v}}$ und $\vec{r}$ parallel, und es folgt

$$\frac{d}{dt}\vec{r} \times \vec{v} = \vec{v} \times \vec{v} + \vec{r} \times \dot{\vec{v}} = 0,$$

weil das Kreuzprodukt paralleler Vektoren verschwindet.

Das zweite Keplersche Gesetz, wonach der Fahrstrahl in gleichen Zeiten gleiche Flächen überstreicht, kann man so plausibel machen: Für kleine Zeitabschnitte Δt überstreicht der Fahrstrahl die Fläche $\Delta A \approx \frac{1}{2}|\vec{r} \times \Delta\vec{r}|$, da die Länge des Kreuzprodukts zweier Vektoren gleich der Fläche des von ihnen aufgespannten Parallelogramms ist.

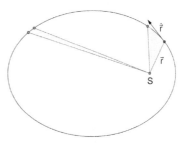

Also ist $2\frac{\Delta A}{\Delta t} \approx |\vec{r} \times \Delta \vec{v}|$, und bildet man den Grenzwert für $\Delta t \to 0$, dann erhält man $2\dot{A} = |\vec{r} \times \vec{v}|$. Weil der Vektor in der Klammer nach dem Drehimpulserhaltungssatz konstant ist, gilt dies auch für $\frac{d}{dt}A = \dot{A}$, und das ist das zweite Keplersche Gesetz.

Jetzt wollen wir zeigen, dass ein Planet auf einer Ellipsenbahn um die Sonne kreist; dabei orientieren wir uns an van Haandel und Heckman [47]. Hat der Planet die Masse m, sowie die Geschwindigkeit v im Abstand r von der Sonne, und ist seine Gesamtenergie negativ; der Planet kann das Schwerefeld der Sonne also nicht (aus eigener Kraft) verlassen. Wir können daher eine Entfernung $2a$ als denjenigen Abstand des Planeten von der Sonne definieren, welchen er bei gleichbleibender Gesamtenergie erreichen könnte, wenn er dazu seine gesamte kinetische Energie aufbraucht. Für diese Distanz gilt, wenn M die Sonnenmasse bezeichnet, die Gleichung

$$E = \frac{1}{2}mv^2 - G\frac{Mm}{r} = -G\frac{Mm}{2a}, \quad \text{also} \quad a = \frac{GMm}{-2E}$$

wie in (5.14). Sei K der Kreis mit der Sonne als Mittelpunkt und mit Radius $2a$.

Befindet sich der Planet zu einem bestimmten Zeitpunkt im Punkt P seiner Bahn um die Sonne S, dann schneidet der Strahl SP den Kreis K in einem Punkt Q. Die Geschwindigkeit $\vec{v}$ des Planeten definiert eine Gerade durch P; spiegelt man Q an dieser Geraden, so erhält man einen Punkt F. Wir behaupten, dass F nicht von der Wahl von P auf der Bahn des Planeten abhängt, dass also der Vektor $\overrightarrow{SF}$ von der Zeit t unabhängig ist.

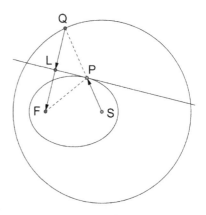

Daraus folgt dann sofort, dass die Planetenbahn eine Ellipse mit den Brennpunkten S und F und der großen Halbachse a ist, und dass der Kreis K der Leitkreis der Ellipse ist, denn nach Konstruktion ist $2a = \overline{SQ} = \overline{SP} + \overline{PQ} = \overline{SP} + \overline{PF}$.

Der Nachweis, dass $\overrightarrow{SF}$ nicht von der Zeit abhängt, ist etwas verwickelt; aus diesem Grund teilen wir unser Vorgehen in kleinere und hoffentlich leichter nachvollziehbare Schritte auf:

1. Wir führen den Ortsvektor $\vec{r} = \overrightarrow{SP}$ und den Geschwindigkeitsvektor $\vec{v} = \dot{\vec{r}}$ des Planeten P ein. Dann ist $\vec{p} = m \cdot \vec{v}$ der Impulsvektor und $\vec{L} = \vec{r} \times \vec{p}$ der Drehimpulsvektor. Letzterer steht senkrecht auf die Bahnebene, folglich liegt $\vec{n} = \vec{p} \times \vec{L}$, weil er auf $\vec{L}$ senkrecht steht, in der Bahnebene und steht senkrecht auf die Tangente der Planetenbahn.

2. Wir schreiben $\overrightarrow{SF} = \lambda \vec{r} + \mu \vec{n}$ als Linearkombination von $\vec{r}$ und $\vec{n}$.

3. Wir drücken die Skalare λ und μ durch die Gesamtenergie und den Drehimpuls des Planeten aus.

4. Wir zeigen, dass aus dieser Darstellung $\frac{d}{dt}\overrightarrow{SF} = 0$ folgt.

Zum ersten Schritt ist nichts mehr zu sagen; was den zweiten betrifft, so ist $\overrightarrow{SF} = \overrightarrow{SQ} + 2\overrightarrow{QL}$. Dabei ist $\overrightarrow{SQ} = \lambda\,\vec{r}$ ist ein Vielfaches von $\vec{r}$, und zwar ist $\lambda = \frac{2a}{r}$ wegen $|\overrightarrow{SQ}| = 2a$ und $|\vec{r}| = r$.

Weiter ist $2\overrightarrow{QL} = \mu\,\vec{n}$ ein Vielfaches von $\vec{n}$. Zur Bestimmung von μ benutzen wir die Gleichung $\overrightarrow{PQ} + \overrightarrow{QL} = \overrightarrow{PL}$. Da $\vec{n}$ auf $\overrightarrow{PQ}$ senkrecht steht, ist $\overrightarrow{PL} \cdot \vec{n} = 0$; skalare Multiplikation dieser Gleichung mit $\vec{n}$ liefert jetzt

$$\mu\,\vec{n} \cdot \vec{n} = 2\overrightarrow{QL} \cdot \vec{n} = -2\overrightarrow{PQ} \cdot \vec{n} \quad \text{und damit} \quad \mu = -2\frac{\overrightarrow{PQ} \cdot \vec{n}}{\vec{n} \cdot \vec{n}}.$$

Im dritten Schritt gilt es nun, die eben gefundenen Zahlen λ und μ durch Gesamtenergie und Drehimpuls des Planeten auszudrücken. Den Radius $2a$ des Fallkreises haben wir zu Beginn dieser Untersuchung zu $2a = -\frac{GMm}{E}$ bestimmt, also ist

$$\lambda = \frac{2a}{r} = -\frac{GMm}{rE}.$$

Was μ angeht, so ist wegen $|\overrightarrow{PQ}| = 2a - r$

$$\overrightarrow{PQ} \cdot \vec{n} = \frac{2a - r}{r}\,\vec{r} \cdot (\vec{p} \times \vec{L}) = (\lambda - 1)\,\vec{r} \cdot (\vec{p} \times \vec{L}).$$

Jetzt verwenden wir die Identität

$$\vec{u} \cdot (\vec{v} \times \vec{w}) = (\vec{u} \times \vec{v}) \cdot \vec{w}, \qquad (5.17)$$

die man zum einen einfach nachrechnen kann und die zum anderen aus der Tatsache folgt, dass die linke Seite dieser Identität das orientierte Volumen des von den Vektoren $\vec{u}$, $\vec{v}$ und $\vec{w}$ aufgespannten Spats darstellt. Damit wird

$$\overrightarrow{PQ} \cdot \vec{n} = (\lambda - 1) \cdot (\vec{r} \times \vec{p}) \cdot \vec{L} = (\lambda - 1) \cdot |\vec{L}|^2, \quad \text{sowie} \quad \vec{n} \cdot \vec{n} = p^2 \cdot |\vec{L}|^2,$$

und damit

$$\frac{\overrightarrow{PQ} \cdot \vec{n}}{|\vec{n}|^2} = \frac{\lambda - 1}{p^2}.$$

Der Impuls p ist über $p = mv$ mit der Gesamtenergie E verbunden:

$$E = \frac{1}{2}mv^2 - G\frac{Mm}{r} = \frac{p^2}{2m} - G\frac{Mm}{r} \quad \text{ergibt} \quad p^2 = 2m\left(E + \frac{GMm}{r}\right)$$

und liefert

$$\frac{\lambda - 1}{p^2} = -\frac{GMm + rE}{rE} \cdot \frac{1}{2m(E + \frac{GMm}{r})} = -\frac{1}{2mE}.$$

Damit haben wir $\mu = -2(\overrightarrow{PQ} \cdot \vec{n} / |\vec{n}|^2 = \frac{1}{mE}$, somit

$$\overrightarrow{SF} = \lambda \cdot \vec{r} + \frac{1}{mE}\vec{n} = -\frac{1}{mE} \cdot (\vec{p} \times \vec{L} - \lambda m E \vec{r}).$$

Der Vektor $\vec{K} = \vec{p} \times \vec{L} - \frac{GMm^2}{r}\vec{r}$, der in dieser Gleichung auftritt, heißt in der Mechanik der Runge-Lenz-Vektor. Dieser Vektor spielt in der Behandlung des Kepler-Problems eine zentrale Rolle; unser Zugang zeigt dessen geometrische Bedeutung.

Damit bleibt als vierter und letzter Schritt zu zeigen, dass $\vec{K}$ nicht von der Zeit abhängt. Beachtet man, dass der Drehimpuls $\vec{L}$ nach dem Drehimpulserhaltungssatz konstant ist, dass also $\dot{\vec{L}} = 0$ ist, dann folgt

$$\dot{\vec{K}} = \frac{d}{dt}\left(\vec{p} \times \vec{L} - GMm^2 \cdot \frac{\vec{r}}{r}\right) = \dot{\vec{p}} \times \vec{L} - GMm^2\frac{\dot{\vec{r}}}{r} + GMm^2\frac{\dot{r}\vec{r}}{r^2}.$$

Nach dem Gravitationsgesetz ist $\vec{F} = \dot{\vec{p}} = -\frac{GMm}{r^3} \cdot \vec{r}$. Einsetzen ergibt

$$\dot{\vec{K}} = -\frac{GMm}{r^3}\vec{r} \times (\vec{r} \times \vec{p}) - GMm^2\frac{\dot{\vec{r}}}{r} + GMm^2\frac{\dot{r}\vec{r}}{r^2}$$

$$= -\frac{GMm}{r^3}((\vec{r} \cdot \vec{p})\vec{r} - r^2\vec{p}) - GMm^2\frac{\dot{\vec{r}}}{r} + GMm^2\frac{\dot{r}\vec{r}}{r^2}$$

$$= -\frac{GMm}{r^3}(\vec{r} \cdot \vec{p})\vec{r} + GMm^2\frac{\dot{r}\vec{r}}{r^2}.$$

Nun ist aber

$$2m\dot{r}r = m\frac{d}{dt}r^2 = m\frac{d}{dt}(\vec{r} \cdot \vec{r}) = 2m\dot{\vec{r}} \cdot \vec{r} = 2\vec{r} \cdot \vec{p},$$

und wenn wir $\vec{r} \cdot \vec{p} = m\dot{r}r$ in die letzte Gleichung einsetzen, erhalten wir

$$\dot{\vec{K}} = -\frac{GMm^2}{r^3}\dot{r}r\vec{r} + GMm^2\frac{\dot{r}\vec{r}}{r^2} = 0$$

wie behauptet.

Vom Runge-Lenz-Vektor zum Kegelschnitt

Hat man den Runge-Lenz-Vektor $\vec{K} = \vec{p} \times \vec{L} - \frac{GMm^2}{r}\vec{r}$ erst einmal dastehen, dann kann man auch auf anderem Weg zur Gleichung der Ellipsenbahn kommen. Multipliziert man $\vec{K}$ skalar mit $\vec{r}$, so erhält man einerseits $\vec{K} \cdot \vec{r} = |\vec{K}|r\cos\theta$, wo θ der von $\vec{K}$ und $\vec{r}$ aufgespannte Winkel ist (dies ist im Wesentlichen die vektorielle Form des Kosinussatzes). Andererseits ist

$$\vec{K} \cdot \vec{r} = \vec{r} \cdot (\vec{p} \times \vec{L}) - GMm^2r = (\vec{r} \times \vec{p}) \cdot \vec{L} - GMm^2r = |\vec{L}|^2 - GMm^2r,$$

wobei wir wieder die Identität (5.17) benutzt haben. Mit $K = |\vec{K}|$ und $L = |\vec{L}|$ folgt daraus

$$Kr\cos\theta = L^2 - GMm^2 r, \quad \text{also} \quad r = \frac{L^2}{GMm^2 + K\cos\theta}. \tag{5.18}$$

Diese Gleichung beschreibt aber, wie wir wissen (vgl. (4.24)), einen Kegelschnitt in Polarkoordinaten. Natürlich ist auch hier zu zeigen, dass K zeitlich konstant ist: Um die Ableitung des Runge-Lenz-Vektors $\vec{K}$ kommen wir also auch hier nicht herum.

Dieser klassische Zugang stammt von Jakob Hermann (1678–1733), einem Schüler Johann Bernoullis (1667–1748). Hermann erhielt 1707 eine Professur in Padua und schrieb dort 1710 einen italienischen Artikel über die Lösung des Kepler-Problems, in welcher bereits die Invariante K auftauchte. Die Hermannsche Lösung beschreibt Volk [123] als „in Eleganz und Bedeutung nicht zu übertreffen", dennoch wurde sie lange Zeit kaum beachtet. In einem Brief vom 12. Juli 1710 an seinen ehemaligen Lehrer Johann Bernoulli erklärte Hermann seinen Zugang, und dieser machte sie, leicht verallgemeinert, bekannt. Hermann lehrte später an der Universität Frankfurt (Oder) und ging 1725 an die neugegründete Akademie der Wissenschaften nach St. Petersburg, zusammen mit den Söhnen Nikolaus (1695–1729) und Daniel (1700–1782) Bernoulli; wenig später kam mit Leonhard Euler (1707–1783) ein weiterer Schüler von Johann Bernoulli hinzu: Euler avancierte danach zum wohl größten Mathematiker des 18. Jahrhunderts. Welche immense Wirkung Johann Bernoulli gehabt hat, mag man daran ersehen, dass all diese Mathematiker ersten Ranges aus einer einzigen Stadt stammen, nämlich Basel.

Später taucht die Invariante in den Arbeiten von Pierre Simon de Laplace über Himmelsmechanik auf, der sie vermutlich unabhängig fand, weswegen die Franzosen diesen Vektor gerne als „Laplace-Vektor" bezeichnen.

Dass der Vektor heute nach Runge und Lenz benannt ist, kommt daher, dass der Hamburger Physiker Wilhelm Lenz diesen Vektor 1924 in einer Abhandlung über die damals noch in ihren Kinderschuhen steckende Quantentheorie verwendete und dabei auf das Buch [110] über Vektoranalysis von Runge hingewiesen hat.

Der Hodograph

Nachdem wir bereits gesehen haben, dass der vom irischen Mathematiker William Hamilton in [48] eingeführte Hodograph uns in der Theorie des schiefen Wurfs nützliche Dienste geleistet hat, erscheint es angebracht, auch noch die Rolle des Hodographen bei der Lösung des Kepler-Problems zu beleuchten. Nebenbei bemerkt taucht in den Arbeiten Hamiltons aus den 1840er-Jahren auch eine Variante des Runge-Lenz-Vektors auf, den Hamilton als Maß für die Exzentrizität der Ellipse betrachtet und Exzentrizitätsvektor genannt hat.

Der Hodograph zeichnet die Geschwindigkeitsvektoren eines Planeten auf (siehe Abb. 5.7): Bringt man diesen Vektor nicht am Planeten, sondern an einem festen Punkt an, so stellt man fest, dass diese Vektoren einen Kreis beschreiben!

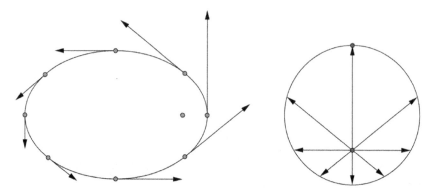

Abb. 5.7. Hodograph der Keplerbewegung auf einer Ellipsenbahn

Allerdings wollen wir uns damit begnügen zu begründen, warum der Hodograph kreisförmig ist; für Anwendungen auf das Kepler-Problem verweisen wir auf den bereits eingangs erwähnten Artikel von Wittmann [129] und die ganz vorzügliche Feynmansche Vorlesung [44]. Feynman hatte den Hodographen in einem 1959 erschienenen Physikbuch gefunden und ihn in seiner Vorlesung dazu benutzt, eine stark an die ursprüngliche Herleitung von Newton angelehnte Lösung des Kepler-Problems zu geben, die ganz auf elementargeometrischen Eigenschaften von Ellipsen aufgebaut war. Die Herausgeber der Vorlesung schreiben, dass der Hodograph auf das Buch *Matter and Motion* des Physikers James Clerk Maxwell zurückgeht, der dieses Verfahren wiederum Hamilton zuschreibt.

Wir benutzen Polarkoordinaten und beschreiben jeden Punkt P in der Bahnebene durch einen Winkel ϕ gegenüber der Achse $F'F$ und den Abstand $r = \overline{FP}$ von einem fest gewählten Brennpunkt F aus. Parallel dazu benutzen wir die uns vertrauten kartesischen Koordinaten.

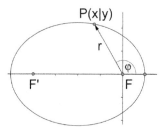

Für einen Punkt $P(x|y)$ mit Polarkoordinaten (r, ϕ) gilt offenbar $x = r\cos\phi$ und $y = r\sin\phi$. Schreiben wir dies in Vektorform, liest sich das so:

$$\begin{pmatrix} x \\ y \end{pmatrix} = r \begin{pmatrix} \cos\phi \\ \sin\phi \end{pmatrix} = r\,\vec{e}_r \quad \text{mit} \quad \vec{e}_r = \begin{pmatrix} \cos\phi \\ \sin\phi \end{pmatrix}.$$

Sowohl r als auch ϕ sind hierbei Funktionen der Zeit t; setzen wir $\vec{e}_\phi = \begin{pmatrix} -\sin\phi \\ \cos\phi \end{pmatrix}$, so erhalten wir durch Ableiten nach t

$$\frac{d}{dt}\vec{e}_r = \begin{pmatrix} -\sin\phi \\ \cos\phi \end{pmatrix} = \vec{e}_\phi \quad \text{und} \quad \frac{d}{dt}\vec{e}_\phi = -\vec{e}_r.$$

Wegen $\dot{\vec{v}} = \vec{a} = -\frac{GM}{r^2}\vec{e}_r$ ist

$$\frac{d\vec{v}}{d\phi} = \frac{\frac{d}{dt}\vec{v}}{\frac{d}{dt}\phi} = \frac{\dot{\vec{v}}}{\dot{\phi}} = -\frac{GMm}{L}\vec{e}_r = \frac{GMm}{L}\frac{d\vec{e}_\phi}{d\phi}.$$

Hier haben wir zu Beginn die Kettenregel verwendet, die aber einfach durch den Grenzübergang $\Delta t \to 0$ aus der Identität

$$\frac{\Delta \vec{v}}{\Delta \phi} = \frac{\frac{\Delta \vec{v}}{\Delta t}}{\frac{\Delta \phi}{\Delta t}}$$

folgt. Dies bedeutet, dass der Vektor $\vec{w} = \vec{v} - \frac{GMm}{L}\vec{e}_\phi$ konstant ist. Also gilt

$$\vec{v} = \vec{w} + \frac{GMm}{L}\vec{e}_\phi. \tag{5.19}$$

Insbesondere ist $\vec{v} - \vec{w}$ ein Vektor konstanter Länge, folglich durchläuft $\vec{v} - \vec{w}$ einen Kreis. Damit beschreiben die Vektoren $\vec{v}$ einen Kreis, dessen Mittelpunkt M durch $\vec{w} = \overrightarrow{FM}$ gegeben ist.

Die Ableitung der Kegelschnittgleichung aus (5.19) ist ein Kinderspiel: Skalare Multiplikation der Gleichung mit $\vec{e}_\phi$ liefert einerseits

$$\vec{v} \cdot \vec{e}_\phi = \vec{w} \cdot \vec{e}_\phi + \frac{GMm}{L} = w \cos \phi + \frac{GMm}{L},$$

andererseits gilt

$$\vec{v} \cdot \vec{e}_\phi = v_\phi = \frac{L}{mr}.$$

Die Verbindung beider Gleichungen liefert die Kegelschnittsgleichung

$$r = \frac{q}{1 + e \cos \phi} \quad \text{mit} \quad e = \frac{|\vec{w}|\, L}{GMm} \quad \text{und} \quad q = \frac{L^2}{GMm^2},$$

die wir bereits in (5.18) gefunden haben.

In der Kegelschnittgleichung bedeutet e die Exzentrizität; dies lässt sich auch physikalisch plausibel machen, wenn wir die verschiedenen Möglichkeiten nacheinander durchgehen:

- $e = 0$ bedeutet, dass der Ursprung der Mittelpunkt des Hodographen ist, dass also $\vec{v}$ konstant ist und der Planet mit konstanter Geschwindigkeit um die Sonne kreist. Da sich die Geschwindigkeit wegen der Energieerhaltung ändert, wenn sich der Abstand des Planeten von der Sonne ändert, muss die Bahn in diesem Fall eine Kreisbahn sein.

- $0 < e < 1$ bedeutet, dass der Ursprung des Geschwindigkeitsraums im Inneren des Hodographen liegt. Die Geschwindigkeit nimmt das Minimum $(1-e)\frac{GMm}{L}$ und das Maximum $(1+e)\frac{GMm}{L}$ an, die Planetenbahn ist in diesem Falle eine Ellipse.

- $e = 1$ bedeutet, dass der Ursprung des Geschwindigkeitsraums auf dem Hodographen liegt. In diesem Punkt verschwindet die Geschwindigkeit des Planeten; es handelt sich also um eine Parabelbahn, und der Bahnpunkt mit Geschwindigkeit 0 entspricht dem unendlich fernen Punkt auf der Parabel.

- $e > 1$ bedeutet, dass der Ursprung O des Geschwindigkeitsraums außerhalb des Hodographen liegt. Berühren die Tangenten durch O an den Kreis diesen in A und B, so wird nur der äußere Teil des Kreises zwischen A und B durchlaufen. Der Punkt des Hodographen, der am weitesten von O entfernt ist, in welchem die Geschwindigkeit also maximal ist, entspricht dem sonnennächsten Punkt der Bahn.

Zum Schluss wollen wir auf die Frage eingehen, wie der konstante Vektor $\vec{w}$ mit dem Runge-Lenz-Vektor, der ja ebenfalls zeitlich konstant ist, zusammenhängt. Dazu setzen wir $\vec{L} = L\,\vec{e}_L$ und bilden das Produkt

$$\vec{L} \times \vec{w} = \vec{L} \times \vec{v} - GMm(\vec{e}_L \times \vec{e}_\phi) = \vec{L} \times \vec{v} - GMm\vec{e}_r$$
$$= -\frac{1}{m}(\vec{p} \times \vec{L} - GMm^2\vec{e}_r) = -\frac{1}{m}\vec{K},$$

also ist das Kreuzprodukt der beiden Vektoren $\vec{L}$ und $\vec{w}$ bis auf einen konstanten Faktor der Runge-Lenz-Vektor.

Eine ganze Reihe weiterer Details findet man in dem exzellenten Buch [100] von T. Padmanabhan, das man aber wohl nur genießen kann, wenn man ein Studium der Physik hinter sich gebracht hat.

5.8 Übungen

5.1 Zeige: Ist die Abwurfhöhe h positiv, dann ist der durch (5.7) gegebene optimale Winkel α immer kleiner als $45°$.

5.2 Eine Aufgabe aus den *Neun Büchern arithmetischer Technik* (Vogel [121, S. 92]), das aus den ersten Jahrhunderten vor Christus stammt: Ein Baum ist 20 Fuß hoch und hat einen Umfang von 3 Fuß; eine Schlingpflanze windet sich 7-mal um den Baum und erreicht dann dessen Höhe. Wie lang ist die Schlingpflanze?

In der Lösung wird der Umfang mit der Anzahl der Windungen multipliziert und dann die Hypotenuse des Dreiecks bestimmt, deren Katheten dieses Produkt und die Länge des Baums sind. Erkläre diese Lösung.

5.3 (B. de Finetti [35, S. 21]) Um einen Kegel wird eine dünne Schnur gelegt, an welcher in einem Punkt ein Gewicht befestigt ist. Welche Kurve beschreibt die gespannte Schnur?

Hinweis: Marienkäfer.

5.4 Bestimme die Masse der Sonne aus der Beobachtung, dass die Erde eine Umlaufsdauer von etwa 365,25 Tagen und einen mittleren Abstand von 149,6 Mio. km von der Sonne hat.

5.5 Bestimme die Gesamtmasse des Erde-Mond-Systems.

5.6 Der Mond Io des Jupiter umkreist diesen in 1,77 Tagen und hat einen Bahnradius von 422.000 km. Europas Umlaufsdauer ist doppelt so groß; welche Entfernung von Jupiter hat Europa durchschnittlich?

Was sagen diese Daten über die Masse des Jupiter aus?

5.7 (Siehe Abb. 5.8) Zeige, dass die Anziehungskraft zwischen Sonne und Mond größer ist als die zwischen Erde und Mond.

Warum kann die Sonne den Mond der Erde nicht entreißen?

Wie weit darf der Mond sich von der Erde entfernen, bis er von der Sonne entrissen wird?

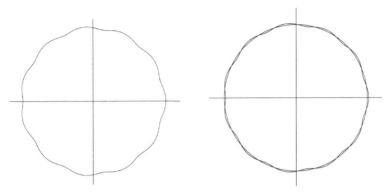

Abb. 5.8. Die Bahn des Mondes um die Sonne ist trotz der Bewegung um die Erde von einem Kreis kaum verschieden.

5.8 Fernsehsatelliten werden in der Regel in geostationäre Umlaufsbahnen gebracht: Das sind solche, in welchen die Umlaufsdauer 24 h beträgt (genau genommen ist die Umlaufsdauer 1 Sterntag, d.h. ca. 23 h 56 min, also die Zeit, welche die Erde braucht, bis die Sterne wieder an exakt derselben Stelle stehen). Dies hat zur Folge, dass sich der Satellit genau mit der Erde mitdreht und folglich immer über demselben Punkt der Erdoberfläche steht.

Zeige, dass geostationäre Satelliten 35.860 km über der Erdoberfläche kreisen.

5.9 Gegeben seien zwei linear unabhängige Vektoren $\vec{a}$ und $\vec{b}$. Dann kann man $\vec{b} = \vec{c} + \vec{d}$ schreiben, wobei $\vec{c} = r\vec{a}$ parallel zu $\vec{a}$ und $\vec{d} = s\vec{n}$ parallel zu einem geeigneten Vektor $\vec{n}$ ist, der auf $\vec{a}$ senkrecht steht, also $\vec{a} \cdot \vec{n} = 0$ genügt.

Bilde das Skalarprodukt der Gleichung $\vec{b} = r\vec{a} + s\vec{n}$ mit $\vec{a}$ und $\vec{n}$, um die Beziehungen

$$r = \frac{\vec{a} \cdot \vec{b}}{|\vec{a}|^2} \quad \text{und} \quad s = \frac{\vec{n} \cdot \vec{b}}{|\vec{n}|^2}$$

herzuleiten.

5.10 Verifiziere die Identität (5.17) durch Ausrechnen beider Seiten mit $\vec{u} = \begin{pmatrix} u_1 \\ u_2 \\ u_3 \end{pmatrix}$, $\vec{v} = \begin{pmatrix} v_1 \\ v_2 \\ v_3 \end{pmatrix}$, $\vec{w} = \begin{pmatrix} w_1 \\ w_2 \\ w_3 \end{pmatrix}$ und $\vec{v} \times \vec{w} = \begin{pmatrix} v_2 w_3 - v_3 w_2 \\ v_3 w_1 - v_1 w_3 \\ v_1 w_2 - v_2 w_1 \end{pmatrix}$.

5.11 Zeige analog, dass $\vec{u} \times (\vec{v} \times \vec{w}) = (\vec{u} \cdot \vec{w}) \cdot \vec{v} - (\vec{u} \cdot \vec{v}) \cdot \vec{w}$ gilt.

5.12 Beweise die Identität von Lagrange:

$$|\vec{a}|^2 \cdot |\vec{b}|^2 = (\vec{a} \cdot \vec{b})^2 + |\vec{a} \times \vec{b}|^2.$$

Hierbei sind $\vec{a}$ und $\vec{b}$ Vektoren mit drei Komponenten.

Zeige weiter, dass die Identität von Lagrange mit den Gleichungen

$$\vec{a} \cdot \vec{b} = |\vec{a}| \cdot |\vec{b}| \cdot \cos\alpha \quad \text{und} \quad |\vec{a} \times \vec{b}| = |\vec{a}| \cdot |\vec{b}| \cdot \sin\alpha$$

kompatibel sind, wo α den von den beiden Vektoren aufgespannten Winkel bezeichnet.

5.13 Ein Körper möge sich zum Zeitpunkt t im Punkt P befinden, dessen Ortsvektor durch

$$\vec{r}(t) = \begin{pmatrix} r\cos\omega t \\ r\sin\omega t \\ ct \end{pmatrix}$$

gegeben ist. Berechne den Geschwindigkeits- und Beschleunigungsvektor des Körpers, sowie seinen Drehimpuls.

5.14 Eine Kugel wird vom Boden aus unter einem Winkel α und mit konstanter Geschwindigkeit v abgeschossen. Bestimme für jeden Winkel $0 < \alpha < 90°$ das Maximum der Flugbahn und bestimme die Ortskurve dieser Maxima.

5.15 Zeige: Beim Hodographen des schiefen Wurfs (oder allgemeiner bei jeder gleichförmig beschleunigten Bewegung) ist die mittlere Geschwindigkeit des Körpers gleich der Länge der Seitenhalbierenden der beiden Vektoren, die den Hodographen aufspannen.

6. Arithmetik der Kegelschnitte

In Kap. 5 und 6 haben wir Kegelschnitte von einem geometrischen und einem physikalischen Standpunkt aus betrachtet. In diesem Kapitel wird es um ihre Arithmetik gehen: Wir werden sehen, dass man Punkte auf Kegelschnitten „addieren" kann, und diese Addition werden wir untersuchen. Zu diesem Thema ließe sich viel mehr sagen als wir das hier tun: Diese Arithmetik kann man in der Kryptographie anwenden, und man kann damit beispielsweise Primfaktoren von großen Zahlen finden.

6.1 Vietas Wurzelwechsel und der unendliche Abstieg

In diesem Abschnitt wollen wir uns mit einem Problem beschäftigen, das Stephan Beck[1] für die Internationale Mathematik-Olympiade von 1998 eingereicht hat, und das als eines der schwersten IMO-Probleme aller Zeiten gilt:

Problem. *Seien a und b positive ganze Zahlen derart, dass $ab + 1$ ein Teiler von $a^2 + b^2$ ist. Dann ist zu zeigen, dass $\frac{a^2+b^2}{ab+1}$ eine Quadratzahl ist.*

Die inzwischen zum Standard gewordene Lösung verwendet eine besondere Form einer Technik, die zum ersten Mal in Euklids *Elementen* aufgetaucht und von Fermat kultiviert worden ist, nämlich den unendlichen Abstieg. Bevor wir diese Lösung vorstellen, wollen wir an zwei Beispielen erklären, was es mit dem unendlichen Abstieg auf sich hat.

Der unendliche Abstieg

Euklid selbst hat den unendlichen Abstieg beim Beweis des (wenig überraschenden) Satzes benutzt, dass jede zusammengesetzte Zahl N durch eine Primzahl teilbar ist. In der Tat: Weil N zusammengesetzt ist, muss $N = a_1 a_2$ sein für Zahlen $a_1, a_2 \geq 2$. Ist eine dieser Zahlen prim, sind wir fertig. Andernfalls sind beide zusammengesetzt, also $a_1 = b_1 b_2$ und $a_2 = b_3 b_4$ für Zahlen $b_j \geq 2$; dann ist $N = b_1 b_2 b_3 b_4$, und wenn auch nur eine der Zahlen b_i prim ist, haben wir einen Primfaktor von N gefunden. Andernfalls setzen wir das Spiel fort. Weil die Faktoren aber immer kleiner werden, kann das nicht beliebig lange so weitergehen, und nach endlich vielen Schritten müssen wir einen Primfaktor gefunden haben.

---

[1] Über die Person Stephan Beck habe ich nichts herausfinden können; ich weiß auch nicht, auf welchem Wege er diese Aufgabe entdeckt hat.

Das Vierzahlenspiel [38]

Hier geht es um Folgendes: Gegeben sind vier natürliche Zahlen a_0, b_0, c_0, d_0; jetzt bildet man aus diesen vier neue Zahlen $a_1 = |a_0 - b_0|$, $b_1 = |b_0 - c_0|$, $c_1 = |c_0 - d_0|$, $d_1 = |d_0 - a_0|$, und entsprechend fährt man fort. Beispiel:

$$
\begin{array}{cccc}
1 & 2 & 3 & 4 \\
1 & 1 & 1 & 3 \\
0 & 0 & 2 & 2 \\
0 & 2 & 0 & 2 \\
2 & 2 & 2 & 2 \\
0 & 0 & 0 & 0
\end{array}
$$

Sobald eine Reihe aus lauter Nullen auftaucht, ist das Spiel vorbei. Beginnt man mit anderen Zahlen, so wird man feststellen, dass jedes Spiel früher oder später mit einer Nullreihe endet. Wir wollen das nun zeigen. Zuerst versuchen wir, das entsprechende Ergebnis im Falle $n = 2$ zu beweisen. Wir geben uns daher zwei Zahlen a_0 und b_0 vor und machen alles wie oben. Die erste Reihe lautet dann $a_1 = |a_0 - b_0|$, $b_1 = |b_0 - a_0|$, und damit ist natürlich $a_2 = b_2 = 0$.

Im Falle $n = 3$ bringt ein entsprechender Ansatz nichts, und tatsächlich findet man nach etwas Probieren die Kette

$$
\begin{array}{ccc}
0 & 1 & 1 \\
1 & 0 & 1 \\
1 & 1 & 0 \\
0 & 1 & 1
\end{array}
$$

dies zeigt, dass bei $n = 3$ das Spiel in einem periodischen Zyklus enden kann. Sollte so etwas auch für $n = 4$ passieren können? Nach weiterem Probieren sehen wir, dass, egal wie wir anfangen, alle Zahlen ab Reihe 4 gerade sind. Das können wir auch beweisen: In der ersten Zeile stehen vier Zahlen, von denen jede gerade oder ungerade sein kann; wir brauchen nur alle 16 Möglichkeiten durchgehen und feststellen, was sich tut; beispielsweise zeigt

$$
\begin{array}{cccc}
g & u & u & u \\
u & g & g & u \\
u & g & u & g \\
u & u & u & u \\
g & g & g & g
\end{array}
\qquad
\begin{array}{cccc}
g & g & u & u \\
g & u & g & u \\
u & u & u & u \\
g & g & g & g
\end{array}
\qquad
\begin{array}{cccc}
g & u & g & u \\
u & u & u & u \\
g & g & g & g
\end{array}
$$

dass die vierte Zeile in der Tat aus lauter geraden Zahlen besteht, wenn in der ersten Zeile genau eine (ob sie an erster, zweiter usw. Stelle steht, ist offenbar unerheblich) oder genau zwei gerade Zahl stehen .

Jetzt folgt aber, dass spätestens ab der 8. Zeile alle Zahlen durch 4 teilbar sind: Wenn wir nämlich die geraden Zahlen der vierten Zeile durch 2 teilen, stehen spätestens in der achten Zeile wieder lauter gerade Zahlen. Wenn wir dann die Teilung durch 2 rückgängig machen, folgt die Behauptung. Jetzt ist klar, dass alle Zahlen ab der 12. Zeile durch 8 teilbar sind, und alle ab der $4n$-ten durch 2^n. Sei nun M das Maximum aller Zahlen in der Ausgangszeile; da die Zahlen der folgenden Zeilen nie größer als M werden können, müssen irgendwann einmal lauter Nullen in der Zeile stehen, da es keine ganze Zahl $\neq 0$ gibt, die durch eine beliebig hohe Zweierpotenz teilbar ist.

Ein weiteres Ergebnis der griechischen Mathematik lässt sich mit dem unendlichen Abstieg beweisen, nämlich die Irrationalität von $\sqrt{2}$. Wäre nämlich $\sqrt{2} = \frac{p}{q}$ rational, dann folgt aus $2q^2 = p^2$, dass p gerade ist, sagen wir $p = 2r$. Einsetzen liefert $2q^2 = 4r^2$, also $q^2 = 2r^2$. Wenn also $\sqrt{2} = \frac{p}{q}$ rational ist (mit natürlichen Zahlen $p > q$), dann ist auch $\sqrt{2} = \frac{q}{r}$ mit *kleineren* natürlichen Zahlen $q > r$. Dies ist aber wieder unmöglich, weil man nach endlich vielen Schritten $\sqrt{2} = \frac{m}{n}$ finden muss mit $n = 1$: In diesem Fall müsste $2 = m^2$ aber eine Quadratzahl sein, was nicht der Fall ist.

Ein weniger bekannter Beweis der Irrationalität von $\sqrt{2}$ (und einer, den wir später noch einmal aufgreifen werden) ist der folgende: Wäre etwa $\sqrt{2} = \frac{p}{q}$, dann auch $\sqrt{2} = \frac{2q-p}{p-q}$. In der Tat folgt aus $\sqrt{2} = \frac{p}{q}$ durch Erweitern der linken Seite mit $\sqrt{2} - 1$, dass

$$\sqrt{2} = \frac{2 - \sqrt{2}}{\sqrt{2} - 1} = \frac{2 - \frac{p}{q}}{\frac{p}{q} - 1} = \frac{2q - p}{p - q}$$

ist. Wegen $0 < p - q < q$ haben wir eine neue Darstellung von $\sqrt{2}$ als Quotient natürlicher Zahlen gefunden, und zwar eine mit kleinerem Nenner. Aus demselben Grund wie oben (natürliche Zahlen können nicht immer kleiner werden) liefert dies einen Widerspruch zur Annahme, $\sqrt{2}$ sei rational.

Eine weitere einfache Anwendung des unendlichen Abstiegs geben wir im Zusammenhang mit dem „Vierzahlenspiel" (siehe den vorherigen Kasten).

Der Vietasche Wurzelwechsel

Vieta Jumping ist eine Technik zur Lösung einer ganz speziellen Art von Problemen, wie sie in jüngster Zeit bei diversen mathematischen Olympiaden aufgetaucht sind, zum ersten Mal, wie bereits erwähnt, bei der IMO 1988:

Problem. *Seien a und b positive ganze Zahlen derart, dass $ab + 1$ ein Teiler von $a^2 + b^2$ ist. Dann ist zu zeigen, dass $\frac{a^2+b^2}{ab+1}$ eine Quadratzahl ist.*

Nehmen wir also an, es sei $ab + 1$ ein Teiler von $a^2 + b^2$; dann setzen wir

$$k = \frac{a^2 + b^2}{ab + 1}.$$

Wir müssen zeigen, dass k eine Quadratzahl ist. Dies ist sicherlich der Fall, wenn $b = 0$ ist: Dann erhalten wir ja $k = a^2$.

Angenommen, wir haben Zahlen a und b gefunden, für welches k zwar eine ganze Zahl, aber keine Quadratzahl ist. Dann ist $x = a$ und $y = b$ eine Lösung der Gleichung

$$x^2 + y^2 - kxy - k = 0.$$

Weil $k > 0$ keine Quadratzahl ist, muss $k \geq 2$ sein. Wir fragen uns, ob es zum selben Wert von $y = b$ außer der Lösung $x = a$ noch eine weitere Lösung gibt. Setzt man $y = b$ in die Gleichung ein, folgt

$$x^2 + b^2 - kbx - k = 0. \tag{6.1}$$

Dies ist eine quadratische Gleichung, deren eine Lösung $x_1 = a$ ist. Nach Vieta ist die andere Lösung also gegeben durch

$$x_2 = \begin{cases} kb - a & \text{wegen } x_1 + x_2 = kb, \\ \frac{b^2 - k}{a} & \text{wegen } x_1 x_2 = b^2 - k. \end{cases}$$

Sind also a, b und k ganze Zahlen, dann auch $x_2 = kb - a$, und aus $x_2 = (b^2 - k)/a$ folgt, dass $x_2 \neq 0$ sein muss, da sonst $k = b^2$ ein Quadrat wäre im Gegensatz zu unserer Annahme. Wäre $x_2 < 0$, so folgte $x_2 \leq -1$, also

$$x_2^2 - kbx_2 + b^2 - k \geq 1 + k + b^2 - k = b^2 + 1 > 0$$

im Widerspruch zu (6.1). Also ist $x_2 > 0$ eine ganze Zahl, und es gibt außer dem Lösungspaar $x = a$, $y = b$ noch eine zweite ganzzahlige Lösung x_2 zum gleichen y-Wert b.

Wenn es also eine ganzzahlige Lösung $x = a$, $y = b$ gibt, für welche k keine Quadratzahl ist, dann dürfen wir annehmen, dass $a \geq b$ ist, weil wir sonst wegen der Symmetrie a und b vertauschen dürfen. Dann haben wir gezeigt, dass es eine weitere ganzzahlige Lösung $x = x_2$, $y = b$ gibt, und zwar ist wegen $a \geq b$ und $k > 0$ sicherlich

$$x_2 = \frac{b^2 - k}{a} < \frac{b^2}{a} \leq b.$$

Aus der Lösung $x = a$, $y = b$ mit $a \geq b$ haben wir also eine zweite Lösung $x = x_2$, $y = b$ mit $0 < x_2 < b$ gewonnen; damit ist aber auch $x = b$, $y = x_2$ eine ganzzahlige Lösung mit $b > x_2$. Nach demselben Prinzip wie eben konstruieren wir uns mit Vieta dann eine dritte Lösung $x = x_3$, $y = x_2$ mit $0 < x_3 < x_2$, und so fahren wir fort. Weil ganze Zahlen aber nicht unbegrenzt abnehmen können, erhalten wir einen Widerspruch, der zeigt, dass es keine ganzzahlige Lösung $x = a$, $y = b$ geben kann, für die das zugehörige k keine Quadratzahl ist.

Geometrisch läuft die Beweisidee auf folgende Prozedur hinaus: Zu einem gegebenen (ganzzahligen) Punkt $P_1(x_1|y_1)$ im ersten Quadranten mit $x_1 < y_1$ sucht man sich einen zweiten (notwendig ebenfalls ganzzahligen) Punkt mit den Koordinaten $Q_1(x_1|y_2)$ und $0 < y_2 < x_1$, dann einen dritten ganzzahligen Punkt $P_2(x_2|y_2)$ mit $0 < x_2 < y_2 < x_1$.

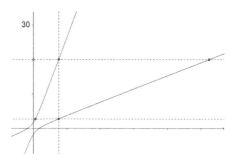

Dies ist zweifellos ein Juwel von einem Beweis; Ziel dieses Kapitels ist es zu erklären, was dabei eigentlich passiert. Dazu holen wir etwas weiter aus und beginnen mit den Anfängen der analytischen Geometrie.

6.2 Descartes und die Geometrie der Grundrechenarten

René Descartes (latinisiert: Renatus Cartesius) wurde am 31. März 1596 in La Haye en Touraine geboren. Sein Vater war Gerichtsrat, seine Mutter starb früh bei der Geburt ihres letzten Kindes, und so wuchs René bei seiner Großmutter auf. Nach seiner Schulausbildung studierte er Jura in Poitiers, wurde aber danach Soldat und nahm unter anderem an der Eroberung Prags im Dreißigjährigen Krieg teil. In Prag besichtigte er die Arbeitsstätte von Tycho Brahe und Johannes Kepler, die mit ihren Beobachtungen das moderne astronomische Weltbild revolutionierten. Er beschloss, sich fortan der Wissenschaft und der Philosophie zu widmen, machte eine große Bildungsreise durch ganz Europa und ließ sich 1629 in Holland nieder, einem Land, das sich in Sachen Wissenschaft weiter von der Knute der katholischen Kirche befreit hatte als dies Deutschland, Frankreich oder Italien gelungen war – in Deutschland wütete damals der Dreißigjährige Krieg und machte eine wissenschaftliche Arbeit dort auf Jahrzehnte hinaus unmöglich, in Italien und Frankreich kämpfte die Kirche gegen die Idee, die Erde könne sich um die Sonne drehen.

Descartes dachte in Holland über philosophische Fragen nach und begann, eine Abhandlung über seine Sicht der Welt (*Traité du Monde*) zu schreiben; als er von Galileis Verurteilung durch die Inquisition hörte, ließ er es unvollendet. Sein großes Werk *Discours de la méthode* veröffentlichte er sicherheitshalber anonym, dennoch eckte er in den Folgejahren des Öfteren mit Theologen an und dachte über einen Umzug nach England nach. 1649 wurde Descartes von Königin Christina von Schweden eingeladen, um sie in Philosophie zu unterrichten, aber bereits am 11. Februar 1650 starb er in Stockholm – Gerüchte, er sei durch Arsen vergiftet worden, stehen der offiziellen Todesursache einer Lungenentzündung gegenüber.

Descartes hat Koordinaten in die Geometrie eingeführt mit dem Ziel, komplizierte geometrische Überlegungen durch einfache algebraische Rechnungen zu ersetzen. Zwar gab es eine Verknüpfung von Algebra und Geometrie schon bei den Griechen: Ihre „geometrische Algebra" im zweiten Buch von Euklids *Elementen* drückte algebraische Sachverhalte in geometrischer Sprache aus; allerdings war dies eher eine Einbahnstraße, da die algebraische Sprache der Griechen in keinster Weise so weit entwickelt war, dass man hätte daran denken können, geometrische Probleme durch Algebra zu lösen.

Die Geschichte der Mathematik hat eindrucksvoll bewiesen, dass jede Brücke zwischen zwei mathematischen Disziplinen in beide Richtungen begehbar ist: Obwohl Descartes ursprünglich geometrische Probleme mithilfe der Algebra lösen wollte, wurden später oft umgekehrt algebraische Probleme unter Benutzung geometrischer Eisichten gelöst. Das Paradebeispiel für einen derartigen Erfolg ist die Theorie der diophantischen Gleichungen: Dies sind Gleichungen wie $x^2 + y^2 = z^2$, in denen nur ganzzahlige (oder auch rationale) Lösungen gesucht sind. Dividiert man diese Gleichung durch z^2 und setzt $X = x/z$ und $Y = y/z$, so erhält man die Gleichung $X^2 + Y^2 = 1$ des Einheitskreises und kann dann geometrische Ideen zur Bestimmung aller rationalen Punkte auf diesem Kreis benutzen. Auch der Beweis der Fermatschen Vermutung durch Wiles (und einer ganzen Reihe anderer Mathe-

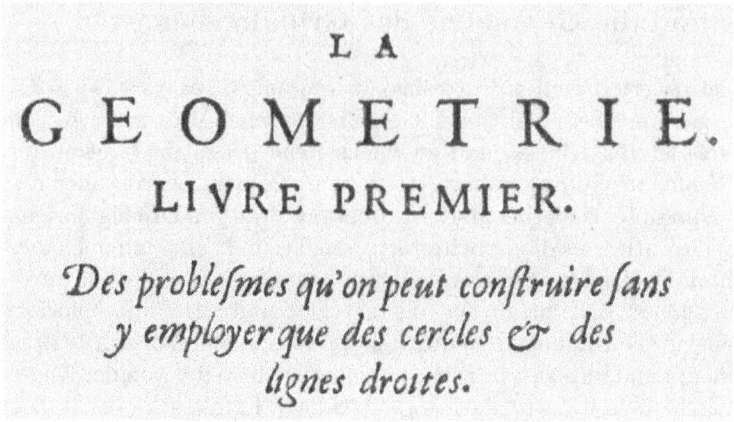

L A

GEOMETRIE.

LIVRE PREMIER.

Des problefmes qu'on peut conftruire fans
y employer que des cercles & des
lignes droites.

Abb. 6.1. Erstes Kapitel von Descartes' *Geometrie*: Probleme, die man konstruieren kann, ohne etwas anderes zu benutzen als Kreise und Geraden.

matiker), nämlich dass die Gleichung $x^n + y^n = z^n$ für ganzzahliges $n \geq 3$ keine Lösungen in positiven ganzen Zahlen hat, basiert auf Objekten, die von Haus aus eine geometrische und eine arithmetische Seite haben, den sogenannten „elliptischen Kurven". Am Ende dieses Kapitels werden wir zumindest erklären können, was elliptische Kurven sind und was sie für die Zahlentheorie interessant macht. Wer den Beweis von Wiles verstehen möchte, wird ohne ein ausgiebiges Studium der Mathematik nicht weit kommen. Das Band zwischen Arithmetik und Geometrie lässt sich, und darum wird es hier gehen, allerdings auf einer viel einfacheren Ebene verstehen.

In diesem Abschnitt begnügen wir uns mit sehr viel weniger, nämlich mit der geometrischen Interpretation von Addition und Multiplikation, wie sie von Descartes gegeben wurde. Zahlen kann man durch Strecken der entsprechenden Länge darstellen; die Summe zweier Zahlen erhält man durch das „Hintereinanderlegen" der beiden Strecken.

Etwas komplizierter ist die Sache bei der Multiplikation: Bei den Griechen (insbesondere bei Euklid) war das Produkt der Strecken mit den Längen a und b das Rechteck mit den Seitenlängen a und b und dem Flächeninhalt ab. Diese Interpretation produzierte eine Menge Probleme: Das Produkt zweier Strecken war keine Strecke, sondern eine Fläche, Produkte dreier Zahlen wurden durch Volumina interpretiert, und Produkte von vier und mehr Faktoren konnten geometrisch gar nicht dargestellt werden.

Addition und Subtraktion von Strecken

Die Addition und Subtraktion zweier Strecken ist ganz banal: Bei der Addition werden sie hintereinander-, bei der Subtraktion aufeinandergelegt (siehe Abb. 6.2 oben).

Multiplikation und Division von Strecken

Um zwei Strecken der Längen 2 und 3 zu multiplizieren, tragen wir die eine auf der x- und die andere auf der y-Achse ab (vgl. Abb. 6.2) und ziehen die Parallele zur Geraden durch $(0|1)$ und $(2|0)$ durch den Punkt $(0|3)$; die x-Koordinate des Schnittpunkts dieser Geraden mit der x-Achse ist $6 = 2 \cdot 3$.

Dies funktioniert allgemein, und die Achsen müssten dazu nicht einmal orthogonal sein: Trägt man auf zwei sich schneidenden Geraden Strecken der Länge 1, a und b ab wie in Abb. 6.2, und bezeichnet man die Strecke, welche die Parallele durch b zur Geraden durch 1 und a auf der einen Geraden abschneidet, mit x, so gilt nach dem Strahlensatz $b : 1 = x : a$, woraus sofort $x = ab$ folgt.

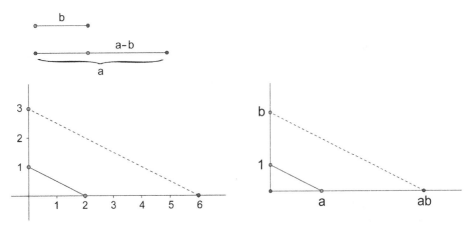

Abb. 6.2. Descartes' Subtraktion und Multiplikation von Strecken.

Auch die Division durch a gelingt geometrisch mithilfe des Strahlensatzes: Bezeichnet man die Strecke, welche von der Geraden durch 1 und a von der Quadratseite in der linken Figur in Abb. 6.3 abgeschnitten wird, mit x, so ist wegen der Ähnlichkeit der beiden sichtbaren Dreiecke $x : 1 = 1 : a$.

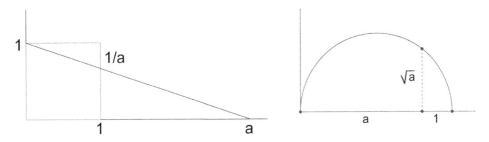

Abb. 6.3. Descartes' Division von Strecken und die Quadratwurzel.

Die Multiplikation mit einem „Bruch" der Form $\frac{a}{b}$ läuft auf die Multiplikation mit a und anschließende Division durch b hinaus, verlangt also nichts Neues.

Um Descartes' Konstruktion vor der Belanglosigkeit zu retten, stellen wir uns eine Frage, wie sie vielleicht banaler nicht sein könnte: Ist $2 \cdot 3 = 3 \cdot 2$, oder allgemeiner, ist $ab = ba$? Genauer wollen wir wissen, welche geometrische Bedeutung diese arithmetische Tatsache der Kommutativität der Multiplikation besitzt.

Bereits die Griechen haben hinter dieser Frage einen Sinn erkannt und bewiesen, dass in der Tat $a \cdot b$ (hierbei nimmt man das a-Fache von b) und $b \cdot a$ (das b-Fache von a) dasselbe Ergebnis liefern. Legt man das Produkt mit kleinen Steinchen aus, besagt die Kommutativität eigentlich nur, dass sich die Anzahl der Steine bei Drehung um $90°$ nicht ändert (vgl. Abb. 6.4 links).

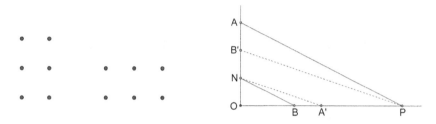

Abb. 6.4. Kommutativität der Multiplikation bei den Griechen und bei Descartes

Bezeichnet in Descartes' Konstruktion $\overline{ON} = 1$ die Einheit, und ist $\overline{OA} = a$ und $\overline{OB} = b$, so wird das Produkt durch $\overline{OP} = ab$ geliefert. Vertauscht man die Rollen von a und b, setzt also $a = \overline{OA'}$ und $b = \overline{OB'}$, so muss die analoge Konstruktion denselben Punkt P liefern.

Analysieren wir das Diagramm, so müssen wir Folgendes zeigen: Sind in der Figur $BB' \parallel AA'$ (dies folgt daraus, dass $\overline{OB} = \overline{OB'}$ und $\overline{OA} = \overline{OA'}$ ist) und $NB \parallel AP$ (dies folgt aus der ersten Konstruktion des Produkts), dann muss auch $NA' \parallel B'P$ sein. Dies ist offenbar ein Spezialfall des Satzes von Pappos (Satz 4.24).

Hilbert hat in [56] als Erster ausführlich und im Detail untersucht, welche Aussagen zum Beweis von Kommutativität und Distributivität bei der Addition und Multiplikation von Strecken notwendig und hinreichend sind.

In Descartes' *Geometrie* finden sich bei der Erklärung der geometrischen Interpretation der Grundrechenarten noch keine Koordinatenachsen (und erst recht keine Koordinaten: Diese wurden erst später von anderen Autoren eingeführt). Auch hat er Multiplikation und Division am selben Diagramm (sh. Abb. 6.5) erklärt. Mit $\overline{AB} = 1$ ist ja nach dem Strahlensatz

$$\overline{BD} = \frac{\overline{BD}}{\overline{AB}} = \frac{\overline{BE}}{\overline{BC}},$$

d.h. $\overline{BE} = \overline{BD} \cdot \overline{BC}$. Zeichnet man A, B, C und D ein und zieht, wie von Descartes beschrieben, die Parallele zu AC durch D, so erhält man E. Hat man umgekehrt A,

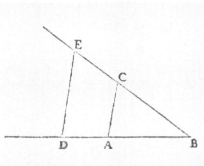

Soit par exemple
A B l'vnité, & qu'il fail-
le multiplier B D par
B C, ie n'ay qu'a ioindre
les poins A & C, puis ti-
rer D E parallele a C A,
& B E eſt le produit de
cete Multiplication.

Abb. 6.5. Multiplikation in Descartes' *Geometrie*

B, C und E gegeben, so liefert dieselbe Konstruktion D und damit den Quotienten von $\overline{BE}$ und $\overline{BC}$.

Quadratwurzeln lassen sich ebenfalls einfach konstruieren, und zwar leichter mit dem Höhensatz als direkt mit dem Satz des Pythagoras: Schneidet man den Halbkreis über dem Durchmesser der Länge $a + 1$ mit der Lotgeraden durch a (vgl. die rechte Figur in Abb. 6.3), so hat der Schnittpunkt nach dem Höhensatz $h^2 = a \cdot 1$ den Abstand $h = \sqrt{a}$ von a.

6.3 Arithmetik auf Kegelschnitten

Mit Punkten auf Parabeln kann man mehr machen als die Tangenten in diesen Punkten zu berechnen; wir werden sehen, dass die Parabel zu denjenigen Kurven gehört, deren Punkte man „addieren" kann.

Die Parabel als Gruppe

Die Normalparabel $\mathcal{P} : y = x^2$ scheint zum Langweiligsten zu gehören, was die Schulmathematik zu bieten hat. Und die wenigen Dinge, die man mit Parabeln macht, sind eher angsteinflößend als aufregend: Man verschiebt sie (die gefürchtete Scheitelform), man berechnet ihre Tangenten (das konnten schon die Griechen, und zwar ganz ohne Ableitung), und man bestimmt die Fläche unter ihrem Schaubild (auch das hat bereits Archimedes hinbekommen).

Wir wollen uns der Parabel auf einem wenig bekannten Weg nähern, der zu Beginn ebenfalls nicht sehr aufregend aussieht, aber letztendlich doch einen großartigen Ausblick verspricht.

Betrachten wir die Punkte $A(3|9)$ und $B(-2|4)$ auf der Parabel $y = x^2$. Die Verbindungsgerade $y = x + 6$ schneidet die y-Achse in $P(0|6)$, und es ist $6 = -(-2) \cdot 3$. In der Tat:

Aufgabe 6.1. *Zeige: Verbindet man die Punkte $A(-a|a^2)$ und $B(b|b^2)$ auf der Normalparabel, wobei wir $a \neq -b$ annehmen, so hat der Schnittpunkt P der Geraden AB und der y-Achse die Koordinaten $P(0|ab)$.*

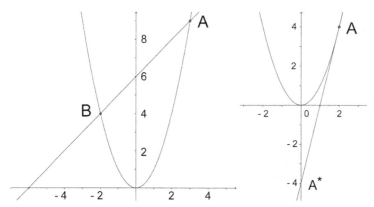

Abb. 6.6. „Multiplikation" und „Quadrieren" mit der Parabel.

Weil bei dieser „Multiplikation" immer das falsche Vorzeichen herauskommt, modifizieren wir unsere Konstruktion dadurch, dass wir am Schluss P am Ursprung (bzw., was hier dasselbe ist, an der x-Achse) spiegeln.

Satz 6.1. *Sei P^* der Schnittpunkt der Geraden durch die beiden Punkte $A(a|a^2)$ und $B(b|b^2)$ mit der y-Achse, und sei $P(0|p)$ der Spiegelpunkt von P^* an der x-Achse. Dann ist $p = ab$.*

Mit dieser Idee kann man sogar dividieren: Um $6 : 3$ „auszurechnen", nimmt man den Punkt $(0|6)$ auf der y-Achse und den Punkt $(-3|9)$ auf der Parabel und verbindet die beiden. Die x-Koordinate des zweiten Schnittpunkts ist dann $6 : 3 = 2$. Arg aufregend ist dies nicht: Aber die Triebfeder eines Mathematikers ist nicht der sofortige Nutzen, sondern die Neugier; machen wir also weiter.

Zum Berechnen von $a \cdot a$ verbindet man bei der ursprünglichen Methode[2] die Punkte $A(-a|a^2)$ und $B(a|a^2)$ und findet den Punkt $P(0|a^2)$ auf der y-Achse, wie es sich gehört. Um aber $a \cdot (-a)$ mit der ersten, oder a^2 mit der zweiten Methode zu bestimmen, müssten wir $A(a|a^2)$ „mit sich selbst" verbinden, was auf den ersten Blick problematisch erscheint.

Um zu verstehen, was passiert, halten wir den Punkt A fest und lassen einen zweiten Punkt $B \neq A$ auf A zulaufen. Je näher B an A herankommt, desto mehr nähert sich die Gerade AB der Tangente in A. In unserer obigen Konstruktion sollte in diesem Fall der Schnittpunkt von Tangente in A und y-Achse der Punkt $P(0| -a^2)$ mit y-Achsenabschnitt $-a \cdot a = -a^2$ sein, was sofort aus unseren Ergebnissen in Kap. 4 folgt.

Eine etwas kompliziertere Konstruktion eines dritten Punkts aus zwei Punkten der Normalparabel benötigt überhaupt keine zusätzliche Gerade. Dazu fixieren wir den Scheitel $N(0|0)$ und „addieren" die Punkte $A(a|a^2)$ und $B(b|b^2)$ wie folgt: Wir

---

[2] Es mag ziemlich überflüssig erscheinen, das Produkt a^2 mit dieser Methode zu bestimmen, weil man a^2 ja direkt an der y-Koordinate ablesen kann. Uns geht es darum zu zeigen, dass die Methode auch in diesem Ausnahmefall die richtige Antwort liefert – und vor allen Dingen, „wie" sie das tut.

ziehen die Parallele zu AB durch N und erhalten den Punkt $P = A \oplus B$ als den zweiten Schnittpunkt dieser Geraden mit der Parabel.

Aufgabe 6.2. *Zeige, dass für $A(a|a^2)$ und $B(b|b^2)$ der Punkt $P = A \oplus B$ die Koordinaten $P(a + b|(a + b)^2)$ besitzt.*

Dies bedeutet, dass diese Konstruktion im Wesentlichen die Summe der x-Koordinaten liefert. Arg aufregend ist das nicht: Einfacher geht das sicherlich ohne Parabel.

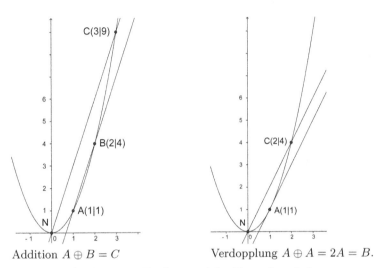

Addition $A \oplus B = C$ Verdopplung $A \oplus A = 2A = B$.

Abb. 6.7. Addition von Punkten auf der Normalparabel

Was machen wir, wenn $A = B$ ist? In diesem Fall gibt es unendlich viele Geraden durch A. Um herauszufinden, was passiert, lassen wir B gegen A gehen: Die Gerade AB nähert sich dann der *Tangente* im Punkt A an. Wenn unsere obige Konstruktion „richtig" bleiben sollte, dann wird der Punkt $P = A \oplus A$, also der Schnittpunkt der Parallelen zur Tangente in A durch N, die Koordinaten $P(2a|4a^2)$ besitzen. Das bedeutet, dass die Tangentensteigung gleich der Steigung der Geraden OP, also gleich

$$m = \frac{4a^2}{2a} = 2a$$

sein müsste – und das ist sie! Natürlich kann man das auch direkt nachrechnen.

Aufgabe 6.3. *Zeige, dass die Parallele zur Tangente in $A(a|a^2)$ durch $N(0|0)$ den zweiten Schnittpunkt $P = A \oplus A$ mit der Parabel besitzt, wobei $P(2a|4a^2)$ ist.*

Damit haben wir eine „Addition" von Punkten auf der Parabel definiert, welche die folgenden Eigenschaften besitzt (siehe Abb. 6.7):

Satz 6.2. *Die obige Konstruktion des Punktes $P = A \oplus B$ hat folgende Eigenschaften:*

1. $A \oplus B = B \oplus A$ *für alle Punkte A, B auf der Parabel.*

2. $A \oplus N = A$ *für alle Punkte A auf der Parabel.*

3. *Zu jedem Punkt A auf der Parabel gibt es einen Punkt B mit $A \oplus B = N$.*

4. *Für alle Punkte A, B, C auf der Parabel gilt $(A \oplus B) \oplus C = A \oplus (B \oplus C)$.*

Aufgabe 6.4. *Beweise den obigen Satz rechnerisch und (für die ersten drei Eigenschaften) zeichnerisch.*

Der rechnerische Beweis für die vierte Eigenschaft ist nicht schwer: Mit $A(a|a^2)$, $B(b|b^2)$ und $C(c|c^2)$ finden wir

$$
\begin{aligned}
(A \oplus B) \oplus C &= (a + b|(a + b)^2) \oplus (c|c^2) \\
&= ((a + b) + c|((a + b) + c)^2) = (a + b + c|(a + b + c)^2), \\
A \oplus (B \oplus C) &= (a|a^2) \oplus (b + c|(b + c)^2) \\
&= (a + (b + c)|(a + (b + c))^2) = (a + b + c|(a + b + c)^2),
\end{aligned}
$$

und damit in der Tat $(A \oplus B) \oplus C = A \oplus (B \oplus C)$. Dass wir $a + b + c$ ohne Klammern schreiben dürfen liegt daran, dass auch für Zahlen das Gesetz $(a + b) + c = a + (b + c)$ gilt, also das Ergebnis nicht von der Klammerung abhängt. Überhaupt gelten die Gesetze 1.–4. aus Satz 6.2 auch für Zahlen:

Satz 6.3. *Für alle ganzen Zahlen $a, b, c \in \mathbb{Z}$ gilt*

1. *das Kommutativgesetz: $a + b = b + a$,*

2. *die Existenz eines neutralen Elements: Es gibt eine ganze Zahl 0, für welche $a + 0 = a$ für alle a gilt,*

3. *die Existenz eines Inversen: Zu jedem $a \in \mathbb{Z}$ gibt es ein $b \in \mathbb{Z}$ mit $a + b = 0$, nämlich $b = -a$,*

4. *das Assoziativgesetz: Es ist $(a + b) + c = a + (b + c)$.*

Für die natürlichen Zahlen $\mathbb{N}$ ist der Satz nicht richtig, selbst dann, wenn man die 0 hinzurechnet; es gibt nämlich zu $a = 1$ keine natürliche Zahl b mit $a + b = 0$. Man sagt, dass eine Menge G von irgendwelchen Objekten, beispielsweise Zahlen, Punkte, Vektoren und manchmal sogar Funktionen, eine *Gruppe* bezüglich eines „Additionsgesetzes" $\oplus$ bildet, wenn die obigen vier Eigenschaften erfüllt sind.

- Die natürlichen Zahlen $\mathbb{N}$ bilden keine Guppe bezüglich der Addition, weil es z.B. zu $a = 1$ kein inverses Element $b \in \mathbb{N}$ gibt mit $1 + b = 0$.

- Die ganzen Zahlen $\mathbb{Z}$ bilden eine Gruppe bezüglich der Addition.

- Die natürlichen Zahlen $\mathbb{N}$ und die ganzen Zahlen $\mathbb{Z}$ bilden keine Gruppe bezüglich der Multiplikation. Zwar gibt es ein neutrales Element, nämlich die 1 (es ist $a \cdot 1 = a$ für alle a), aber die Zahl 2 hat kein Inverses, d.h. die Gleichung $2a = 1$ ist weder in $\mathbb{N}$, noch in $\mathbb{Z}$ lösbar.

- Die von 0 verschiedenen rationalen Zahlen $\mathbb{Q} \setminus \{0\}$ bilden eine Gruppe bezüglich der Multiplikation.

- Die Polynome $a_n x^n + \ldots + a_1 x + a_0$ mit ganzzahligen (oder auch mit reellen) Koeffizienten bilden eine Gruppe bezüglich der Addition.

- Die Vektoren $\left(\begin{smallmatrix} a \\ b \end{smallmatrix}\right)$ mit reellen Koordinaten a und b bilden eine Gruppe bezüglich der Addition.

- Die Punkte mit ganzzahligen (bzw. rationalen oder reellen) Koordinaten auf der Parabel bilden eine Gruppe bezüglich $\oplus$.

Man sollte sich der Tatsache bewusst sein, dass „Addition" in diesen Beispielen immer etwas anderes bedeutet.

Aufgabe 6.5. *Zeige, dass Polynome mit reellen Koeffizienten eine Gruppe bezüglich der Addition bilden.*

Hinter dem Begriff der Gruppe steht der Wunsch nach einer gewissen „Vereinheitlichung": Ähnliche Erscheinungen werden nach einem gemeinsamen Prinzip geordnet. Die Einführung solcher abstrakten Strukturen durch Richard Dedekind, Emmy Noether (sicherlich die bedeutendste Mathematikerin des 20. Jahrhunderts) und später von etwa Alexander Grothendieck hat die Mathematik revolutioniert.

Die eingangs besprochene „Multiplikation" mithilfe der Parabel ist übrigens kein Gruppengesetz im eigentlichen Sinne, da es zwei Punkten auf der Parabel einen Punkt auf der y-Achse (anstatt auf der Parabel, wie das bei einem Gruppengesetz der Fall sein müsste) zuordnet.

Das Assoziativgesetz auf der Parabel läuft, wie wir jetzt zeigen wollen, geometrisch auf einen Spezialfall des Satzes von Pascal hinaus. Dazu seien auf der Parabel neben $N(0|0)$ noch drei weitere Punkte A, B und C gegeben.

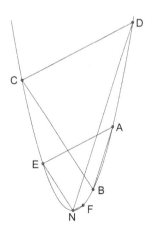

Wir setzen nun $A \oplus B = D$ und $B \oplus C = E$. Damit ist $(A \oplus B) \oplus C = D \oplus C = F$, sowie $A \oplus (B \oplus C) = A \oplus E = F'$. Die Assoziativität der Addition von Punkten auf der Parabel ist daher gleichbedeutend mit der Aussage $F = F'$. Diese Gleichheit wiederum läuft darauf hinaus zu zeigen, dass die Geraden NF und NF' parallel und damit gleich sind.

Nach Definition der Addition von Punkten auf der Parabel wissen wir, dass $AB \parallel ND$ und $BC \parallel NE$ ist. Nach dem Satz von Pascal ist dann auch $AE \parallel CD$.

Nun wissen wir aber, dass wegen $C \oplus D = F$ die Geraden CD und NF parallel sind. Andererseits sind wegen $A \oplus E = F'$ auch die Geraden AE und NF' parallel. Nach dem Satz von Pascal ist aber $AE \parallel CD$ und damit auch $NF \parallel NF'$, also $F = F'$ wie behauptet.

Umgekehrt folgt, wie man sich leicht überlegt, aus $F = F'$, also aus der Assoziativität der Addition von Punkten, auch der Satz von Pascal im Falle der

Parabel. Damit haben wir durch den Nachweis der Assoziativität diesen Spezialfall des Satzes von Pascal rechnerisch bewiesen.

Die Hyperbel als Gruppe

Auch Punkte auf der Hyperbel $\mathcal{H} : y = \frac{1}{x}$ (die wir oft „bruchfrei" in der Form $xy = 1$ schreiben werden) lassen sich „addieren", und zwar mit derselben geometrischen Konstruktion wie im Falle der Parabel. Wir fixieren einen Punkt $N(1|1)$ und bestimmen zu $A(a|\frac{1}{a})$ und $B(b|\frac{1}{b})$ einen Punkt $P = A \oplus B$, indem wir die Parallele zu AB durch N mit der Hyperbel schneiden und den zweiten Schnittpunkt P nennen. Eine kleine Rechnung zeigt

Satz 6.4. *Sind $A(a|\frac{1}{a})$ und $B(b|\frac{1}{b})$ Punkte auf der Hyperbel $\mathcal{H} : xy = 1$, dann hat $P = A \oplus B$ Koordinaten $P(ab|\frac{1}{ab})$.*

Die Konstruktion, die uns im Falle der Parabel die „Addition" beschert hat, liefert also für die Hyperbel die Multiplikation sowohl der x- als auch der y-Koordinaten.

Aufgabe 6.6. *Beweise Satz 6.4. Beschreibe die Konstruktion von $A \oplus B$ im Falle $A = B$ und zeige, dass das Resultat auch in diesem Falle richtig bleibt. Zeige, dass die Punkte auf $\mathcal{H}$ mit rationalen Koordinaten eine Gruppe bilden.*

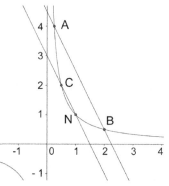

Auch im Falle der Hyperbel läuft das Assoziativgesetz auf Spezialfälle des Satzes von Pascal für Hyperbeln hinaus.

Der Einheitskreis als Gruppe

Die Addition von rationalen Punkten auf dem Einheitskreis $\mathcal{C} : x^2 + y^2 = 1$ wird definiert wie oben: Wir legen als neutrales Element $N(1|0)$ fest und definieren die Summe $P \oplus Q$ zweier Punkte als den zweiten Schnittpunkt der Parallelen zu PQ durch N.

Aufgabe 6.7. *Ein pythagoreisches Tripel (a, b, c) ist eine Lösung der Gleichung $a^2 + b^2 = c^2$ in positiven ganzen Zahlen a, b und c. Jedes pythagoreische Tripel (a, b, c) entspricht einem Punkt $(x, y) = (\frac{a}{c}|\frac{b}{c})$ auf dem Einheitskreis $x^2 + y^2 = 1$.*
* Betrachte $P(\frac{3}{5}|\frac{4}{5})$; die Parallele durch $N(1|0)$ zur Tangente an den Kreis in P schneidet den Kreis in N und einem Punkt Q; berechne dessen Koordinaten.*

Addiert man einige Punkte auf dem Einheitskreis mit unserem Additionsgesetz, dann stellt man schnell fest, dass die Addition von Punkten der Addition der zugehörigen Winkel entspricht:

Satz 6.5. *Die Addition von Punkten auf dem Einheitskreis (vgl. Abb. 6.8) entspricht der Addition der zugehörigen Winkel.*

Um diesen Satz zu beweisen, müssen wir $\sphericalangle NOA + \sphericalangle NOB = \sphericalangle NOC$ zeigen, was mit $\sphericalangle NOA = \sphericalangle BOC$ gleichbedeutend ist. Spiegelt man die komplette Figur an der Mittelsenkrechten von AB, dann geht der Kreis in sich selbst über, und B wird auf A sowie C auf N abgebildet. Daraus folgt aber die Behauptung.

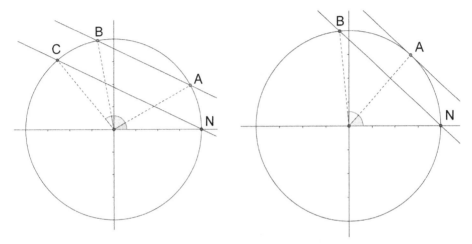

Abb. 6.8. Addition auf dem Einheitskreis: $A \oplus B = C$ bzw. $2A = B$

Da die Addition von Winkeln assoziativ ist, gilt das Gleiche auch für die Addition von Punkten auf dem Einheitskreis. Auch hier kann man sich leicht davon überzeugen, dass diese Assoziativität auf den Satz von Pascal für Kreise hinausläuft.

Um mit den Punkten auf dem Einheitskreis wirklich rechnen zu können, brauchen wir eine Formel, mit deren Hilfe man die Koordinaten von C durch diejenigen von A und B ausdrücken kann. Mit $N(1|0)$, $A(x_1|y_1)$, $B(x_2|y_2)$ und $C(x_3|y_3)$ finden wir, dass die Steigung m der Geraden AB gegeben ist durch $m = \frac{y_2 - y_1}{x_2 - x_1}$; hierbei müssen wir allerdings annehmen, dass $x_1 \neq x_2$ ist: Diesen Fall müssen wir daher nachher gesondert behandeln. Die Parallele zu AB durch N hat die Gleichung $y = m(x-1)$, und zum Berechnen des zweiten Schnittpunkts dieser Gerade mit dem Einheitskreis setzen wir dies in die Kreisgleichung ein:

$$1 = x^2 + y^2 = x^2 + m^2(x-1)^2.$$

Subtrahieren wir 1 und klammern den Faktor $x-1$ aus (das muss gehen, weil $x = 1$ Lösung der Gleichung ist; dies wiederum liegt daran, dass N ein Schnittpunkt der Geraden mit dem Kreis ist), so erhalten wir

$$0 = (x-1)(x+1+m^2(x-1)).$$

Die Nullstelle des ersten Faktors gibt uns den bereits bekannten Schnittpunkt N; die Nullstelle des zweiten Faktors liefert $x = \frac{m^2-1}{m^2+1}$, und setzt man dies in die Geradengleichung ein, so erhält man für die Koordinaten $(x_3|y_3)$ des zweiten Schnittpunkts die Formeln

$$x_3 = \frac{m^2 - 1}{m^2 + 1}, \quad y = m(x - 1) = \frac{-2m}{m^2 + 1}. \tag{6.2}$$

Damit folgt beispielsweise

$$\left(\frac{3}{5}\Big|\frac{4}{5}\right) \oplus \left(\frac{5}{13}\Big|\frac{12}{13}\right) = \left(-\frac{33}{65}\Big|\frac{56}{65}\right), \tag{6.3}$$

denn in diesem Fall ist

$$m = \frac{\frac{12}{13} - \frac{4}{5}}{\frac{5}{13} - \frac{3}{5}} = -\frac{4}{7}.$$

Die beiden Ausgangspunkte $(\frac{3}{5}|\frac{4}{5})$ und $(\frac{5}{13}|\frac{12}{13})$ entsprechen den beiden pythagoreischen Tripeln $(3, 4, 5)$ und $(5, 12, 13)$, die Summe dieser beiden Punkte dem Tripel $(33, 56, 65)$.

Aufgabe 6.8. *(Vgl. [40]) Zeige, dass die folgende Addition von Punkten auf dem Einheitskreis mit der oben vorgestellten übereinstimmt: Zur Addition von zwei Punkten A und B spiegelt man N an der Mittelsenkrechten von A und B; der Spiegelpunkt N^* ist dann gleich $N^* = A \oplus B$.*
Wie hat man im Falle $A = B$ vorzugehen?

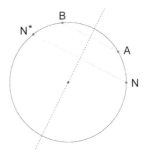

Die Formeln (6.2) sollten wir noch nicht als die endgültigen betrachten, denn wir wollen letztendlich x_3 und y_3 direkt aus den Koordinaten x_1, y_1, x_2 und y_2 berechnen. Dazu brauchen wir aber nur den Wert von m in diese Formeln einzusetzen; eine leichte Umformung des Doppelbruchs ergibt dann

$$x_3 = \frac{(y_2 - y_1)^2 - (x_2 - x_1)^2}{(y_2 - y_1)^2 + (x_2 - x_1)^2} \quad \text{und} \quad y_3 = \frac{-2(x_2 - x_1)(y_2 - y_1)}{(y_2 - y_1)^2 + (x_2 - x_1)^2}. \tag{6.4}$$

Diese Formeln zeichnen sich nicht gerade durch eine großartige Ästhetik aus, und sie lassen sich auch nicht auf eine offensichtliche Art und Weise vereinfachen. Dass dies möglich sein muss, erkennt man, wenn sich bei Vieta schlau macht: Das werden wir jetzt tun.

Vietas Genesis Triangulorum

In seiner Schrift *Ad logisticen speciosam notae priores* beschäftigt sich Vieta mit der *Genesis triangulorum*, der Erzeugung von (rechtwinkligen) Dreicken. In Proposition 40 zeigt er, wie man solche Dreiecke mit ganzzahligen Seiten konstruiert, wie man also alle pythagoreischen Tripel findet.

Vieta benutzt bereits die heutigen Symbole $+$ und $-$ sowie ein weiteres Symbol, das einem Gleichheitszeichen ähnelt (Vieta drückte Gleichheit immer in Worten aus), und mit dem er andeutet, dass man bei $BG - DF$ die kleinere von der größeren Zahl abziehen soll; mit anderen Worten: „B in $G = D$ in F" ist zu lesen als $|BG - DF|$.

Vieta leitet für die ganzzahligen Lösungen der pythagoreischen Gleichung $x^2 + y^2 = z^2$ die Formeln

$$x = A^2 - B^2, \quad y = 2AB, \quad z = A^2 + B^2$$

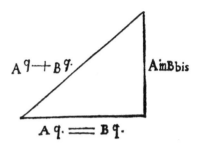

her; Quadratzahlen kennzeichnet er durch ein leicht hochgestelltes „q.", und für $2AB$ schreibt er „A in B bis", was soviel heißt wie „A in B zweimal".

In Proposition 41 geht es darum, aus zwei gegebenen rechtwinkligen Dreiecken ein drittes zu konstruieren. Dazu gibt sich Vieta zwei Dreiecke mit den Seiten B, D, Z bzw. F, G, X vor und zeigt dann, dass auch die beiden Dreiecke mit den Seiten

$$|BF - DG|, \quad BG + DF, \quad ZX, \quad \text{bzw.} \quad |BG - DF|, \quad BF + DG, \quad ZX$$

rechtwinklig sind.

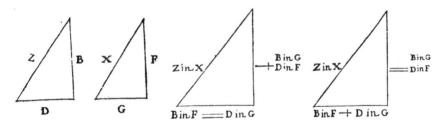

Algebraisch läuft der Beweis auf das Nachrechnen der Identität

$$(B^2 + D^2)(F^2 + G^2) = (BF - DG)^2 + (BG + DF)^2 = (BG - DF)^2 + (BF + DG)^2$$

hinaus. Der wesentliche Inhalt dieser Formeln ist nicht neu: Bereits Diophant und Leonardo von Pisa wussten, wie man ein Produkt zweier Summen zweier Quadrate wieder als Summe zweier Quadrate schreibt.

Diese Identität von Vieta lässt sich aber auch so verstehen: Lassen wir für B, D, F und G rationale Zahlen zu und nehmen wir an, dass $B^2 + D^2 = F^2 + G^2 = 1$ ist, dass also (B, D) und (F, G) rationale Punkte auf dem Einheitskreis sind, dann ist auch $(BG - DF, DF + DG)$ ein solcher Punkt. Vietas Dreiecksrechnung liefert uns also eine Art „Addition" von Punkten auf dem Einheitskreis. Es ist nun ganz natürlich zu fragen, was Vietas Addition mit unserer Addition (6.4) zu tun hat. Addiert man einige Punkte mit (6.4) und dann mit der Formel Vietas, so beginnt man schnell zu ahnen, dass beide Formeln immer dasselbe Ergebnis liefern. Die Gleichungen in (6.4) lassen sich also tatsächlich vereinfachen!

Satz 6.6. *Die Formeln (6.4) lassen sich einfacher so schreiben:*

$$x_3 = x_1 x_2 - y_1 y_2, \quad y_3 = x_1 y_2 + x_2 y_1. \tag{6.5}$$

Zum Beweis rechnen wir nicht nach, dass $(x_3|y_3)$ der Schnittpunkt der Parallelen durch N zur Geraden durch $(x_1|y_1)$ und $(x_2|y_2)$ ist, sondern dass

1. $(x_3|y_3)$ auf dem Einheitskreis liegt, und

2. die Gerade durch $N(1|0)$ und $(x_3|y_3)$ dieselbe Steigung besitzt wie diejenige durch $(x_1|y_1)$ und $(x_2|y_2)$.

Dabei müssen wir für die letzte Beziehung den Fall besonders behandeln, in welchem $x_1 = x_2$ ist, weil im Beweis ein Bruch mit Nenner $x_2 - x_1$ auftauchen wird.

Die erste Behauptung ist die Vietasche Identität, wonach

$$x_3^2 + y_3^2 = (x_1^2 + y_1^2)(x_2^2 + y_2^2) = 1$$

ist. Die zweite Behauptung läuft auf den Nachweis der Gleichung

$$\frac{y_2 - y_1}{x_2 - x_1} = \frac{x_1 y_2 + x_2 y_1}{x_1 x_2 - y_1 y_2 - 1}$$

hinaus. Wegschaffen der Nenner samt Ausmultiplizieren und Kürzen gleicher Ausdrücke auf beiden Seiten liefert

$$y_1^2 y_2 - y_1 y_2^2 + y_1 - y_2 = x_2^2 y_2 - x_1^2 y_2.$$

Umformen ergibt, dass dies gleichbedeutend ist mit

$$y_1 - y_2 = y_1(x_2^2 + y_2^2) - y_2(x_1^2 + y_1^2),$$

was wegen $x_1^2 + y_1^2 = x_2^2 + y_2^2 = 1$ sicherlich richtig ist. Der Satz ist damit bewiesen für alle Fälle, in denen $x_1 \neq x_2$ ist.

Es bleiben also noch die folgenden beide Fälle zu betrachten:

1. $x_1 = x_2$ und $y_1 = -y_2$: In diesem Fall ist die Parallele zu $(x_1|y_1)$ und $(x_2|y_2) = (x_1| - y_1)$ die Vertikale durch N; diese ist Tangente in N, und damit muss $(x_1|y_1) \oplus (x_1| - y_1) = N$ sein. Dasselbe Ergebnis liefert (6.5), da hier $x_1 x_2 - y_1 y_2 = x_1^2 + y_1^2 = 1$ und $x_1 y_2 + x_2 y_1 = -x_1 y_1 + x_1 y_1 = 0$ ist.

2. $x_1 = x_2$ und $y_1 = y_2$: Dann haben wie die Parallele durch N zur Tangente in $(x_1|y_1)$ zu bestimmen. Diese ist vertikal genau dann, wenn $(x_1|y_1) = (1|0)$ oder wenn $(x_1|y_1) = (-1|0)$ ist. In beiden Fällen ist $2(x_1|y_1) = (1|0)$ in Übereinstimmung mit (6.5). Andernfalls ist $y_1 \neq 0$ und $m = -\frac{x_1}{y_1}$ die Steigung der Tangente. Schneidet man $y = m(x - 1)$ mit dem Kreis, erhält man nach (6.3)

$$x_3 = \frac{m^2 - 1}{m^2 + 1} = \frac{x_1^2 - y_1^2}{x_1^2 + y_1^2} = x_1^2 - y_1^2, \quad y_3 = -\frac{2m}{m^2 + 1} = -\frac{2x_1 y_1}{x_1^2 + y_1^2} = 2x_1 y_1$$

in Übereinstimmung mit (6.5).

Damit ist alles gezeigt.

Die Additionsformeln für Sinus und Cosinus

Wir haben bereits gesehen, dass die Addition von Punkten auf dem Einheitskreis der Addition ihrer Winkel entspricht. Um diese ins Spiel zu bringen, schreiben wir jeden Punkt A auf dem Einheitskreis in der Form $(\cos\alpha|\sin\alpha)$. Addition von A und $B(\cos\beta|\sin\beta)$ ergibt via Addition der Winkel den Punkt $C(\cos(\alpha+\beta)|\sin(\alpha+\beta))$; auf der anderen Seite gilt nach (6.5) mit $x_1 = \cos\alpha$, $y_1 = \sin\alpha$, $x_2 = \cos\beta$ und $y_2 = \sin\beta$

$$\cos(\alpha+\beta) = x_3 = x_1 x_2 - y_1 y_2 = \cos\alpha\cos\beta - \sin\alpha\sin\beta,$$
$$\sin(\alpha+\beta) = y_3 = x_1 y_2 + x_2 y_1 = \cos\alpha\sin\beta + \cos\beta\sin\alpha.$$

Auch für den Tangens gelten entsprechende Formeln: Aus der linken Figur in Abb. 6.9 liest man mit dem Strahlensatz ab, dass $\tan\alpha = \frac{\sin\alpha}{\cos\alpha}$ gilt. Mithilfe der obigen Additionstheoreme folgt dann

$$\tan(\alpha+\beta) = \frac{\sin(\alpha+\beta)}{\cos(\alpha+\beta)} = \frac{\cos\alpha\sin\beta + \cos\beta\sin\alpha}{\cos\alpha\cos\beta - \sin\alpha\sin\beta} = \frac{\tan\alpha + \tan\beta}{1 - \tan\alpha\tan\beta},$$

wobei wir im letzten Schritt sowohl im Zähler als auch im Nenner durch $\cos\alpha\cdot\cos\beta$ dividiert haben.

Satz 6.7. *Die Additionsformeln für die trigonometrischen Funktionen lauten:*

$$\cos(\alpha+\beta) = \cos\alpha\cos\beta - \sin\alpha\sin\beta, \tag{6.6}$$

$$\sin(\alpha+\beta) = \cos\alpha\sin\beta + \cos\beta\sin\alpha, \tag{6.7}$$

$$\tan(\alpha+\beta) = \frac{\tan\alpha + \tan\beta}{1 - \tan\alpha\tan\beta}. \tag{6.8}$$

Da die Additionsformeln für $\sin x$ und $\cos x$ mit der Addition von Punkten auf dem Einheitskreis zu tun haben, kann man sich fragen, welche Punkte die Additionsformel für $\tan x$ addiert. Dazu erinnern wir uns an die Definition des Tangens am Einheitskreis (Abb. 6.9 links). Daraus ersieht man Folgendes: Definiert α einen rationalen Punkt auf dem Einheitskreis, sind also $x = \cos\alpha$ und $y = \sin\alpha$ rational, dann ist auch $\tan\alpha = \frac{\sin\alpha}{\cos\alpha}$ rational. Jeder rationale Punkt auf dem Einheitskreis liefert also einen rationalen Punkt auf der Tangente in $(1|0)$, mit Ausnahme der beiden Punkten $(0|\pm 1)$, für welche $\tan\alpha = \infty$ wird.

Sind $x = \tan\alpha$ und $y = \tan\beta$ rational, dann ist auch $z = \tan(\alpha+\beta) = \frac{x+y}{1-xy}$ rational. Die Punkte $(0|x)$ und $(0|y)$ auf der Tangente an den Einheitskreis werden also „addiert", indem man $(0|z) = (0|x) \oplus (0|y)$ setzt mit $z = \frac{x+y}{1-xy}$. Damit diese Addition immer ausführbar ist, müssen wir der Summe $(0|1) \oplus (0|1)$ einen Wert zuordnen: Wir setzen daher $(0|1) \oplus (0|1) = (0|\infty)$ und stellen uns den dazugehörigen Punkt als unendlich fernen Punkt auf der Tangente vor.

Damit haben wir die rationalen Punkte auf einer Geraden zusammen mit einem „unendlich fernen Punkt" ∞ zu einer Gruppe gemacht. Es gäbe an dieser Stelle noch sehr viel mehr zu erzählen, von rationalen Werten der trigonometrischen Funktionen, von Gruppenhomomorphismen (die Abbildung, welche rationale Punkte auf dem Einheitskreis auf rationale Punkte der Tangente abbildet,

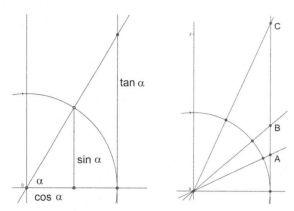

Abb. 6.9. Addition auf der Tangente an den Einheitskreis

ist so einer), oder von Zusammenhängen zwischen den Gruppengesetzen und dem Newton-Verfahren zur Berechnung von Nullstellen und einer ganzen Menge anderer Dinge – ich hoffe aber, mit dem Wenigen, was in diesem Kapitel steht, schon deutlich gemacht zu haben, warum diese Dinge interessant sein können.

Bevor wir dieses Thema verlassen, wollen wir noch einmal auf die Darstellung der Punkte auf dem Einheitskreis $x^2 + y^2 = 1$ durch $x = \cos t$ und $y = \sin t$ zurückkommen. Lambert hat als Erster gründlich die Funktionen $x = \cosh t$ und $y = \sinh t$ untersucht, die man erhält, wenn man auf gleiche Weise die Punkte auf einer Hyperbel $x^2 - y^2 = 1$ „parametrisiert". Setzt man nämlich

$$\cosh t = \frac{e^t + e^{-t}}{2} \quad \text{und} \quad \sinh t = \frac{e^t - e^{-t}}{2},$$

so rechnet man sofort nach, dass $x = \cosh t$ und $y = \sinh t$ die Gleichung $x^2 - y^2 = 1$ erfüllen. Mithilfe der Gleichung $e^{t+u} = e^t e^u$ rechnet man die „Additionsgesetze"

$$\cosh(t + u) = \cosh t \cosh u + \sinh t \sinh u,$$
$$\sinh(t + u) = \cosh t \sinh u + \cosh u \sinh t$$

schnell nach. Tatsächlich geht das so einfach, dass man sich fragt, ob man nicht auch die Additionsgesetze für Sinus und Cosinus auf so glattem Weg herleiten kann. Das ist möglich: Um aus dem Einheitskreis $x^2 + y^2 = 1$ die Hyperbel $x^2 - y^2 = 1$ zu bekommen, muss man „nur" y ersetzen durch $y \cdot \sqrt{-1}$: Mithilfe dieser „komplexen Zahlen" wird die ganze Theorie der trigonometrischen Funktionen genauso einfach wie die der Exponentialfunktion.

6.4 Rationale Punkte auf Kegelschnitten

In diesem Abschnitt werden wir zeigen, wie man alle rationalen Punkte auf einem Kegelschnitt bestimmen kann, wenn man nur einen einzigen davon kennt. Wir beginnen mit dem Fall des Einheitskreises.

Aus [75] wissen wir, dass die pythagoreische Gleichung $x^2 + y^2 = z^2$ unendlich viele verschiedene ganzzahlige Lösungen hat, nämlich

$$x = r^2 - s^2, \quad y = 2rs, \quad z = r^2 + s^2.$$

Division der Gleichung durch z^2 liefert uns dann sofort unendlich viele „rationale Punkte" auf dem Einheitskreis $\mathcal{C} : X^2 + Y^2 = 1$, also Punkte auf $\mathcal{C}$, deren Koordinaten rationale Zahlen sind:

$$X = \frac{x}{z} = \frac{r^2 - s^2}{r^2 + s^2}, \quad Y = \frac{y}{z} = \frac{2rs}{r^2 + s^2}.$$

Diophant, ein Mathematiker, der vermutlich[3] im dritten Jahrhundert n. Chr. in Alexandria gelebt hat, hat die Gleichung $X^2 + Y^2 = 1$ in rationalen Zahlen in etwa wie folgt gelöst: Der Ansatz $Y = mX - 1$ wird auf der linken Seite einen Ausdruck liefern, der höchstens quadratische Terme in X und ein konstantes Glied 1 enthält; nach Subtraktion von 1 wird man also X ausklammern und die Gleichung lösen können. Die Ausführung dieser Idee ist einfach: Einsetzen von $Y = mX + 1$ liefert

$$X^2 + (mX - 1)^2 = 1 \qquad \mid \text{binomische Formeln}$$
$$X^2 + m^2 X^2 - 2mX + 1 = 1 \qquad \mid -1$$
$$X^2 + m^2 X^2 - 2mX = 0 \qquad \mid \text{ausklammern}$$
$$X(X + m^2 X - 2m) = 0$$

Die Lösung $X = 0$ liefert nach Einsetzen in $Y = mX - 1$ den offensichtlichen Punkt $(0 \mid -1)$; die Gleichung $X + m^2 X - 2m = 0$ dagegen führt auf $X = \frac{2m}{1+m^2}$ und damit

$$Y = mX - 1 = \frac{2m^2}{1+m^2} - \frac{1+m^2}{1+m^2} = \frac{m^2 - 1}{m^2 + 1}.$$

Vertauschen von X und Y liefert also für jedes rationale m die Lösung

$$X = \frac{m^2 - 1}{m^2 + 1}, \quad Y = \frac{2m}{m^2 + 1}.$$

Setzt man die rationale Zahl m in der Form $m = \frac{r}{s}$ mit ganzen Zahlen r und $s \neq 0$ an, so erhält man die Formeln

$$X = \frac{r^2 - s^2}{r^2 + s^2}, \quad Y = \frac{2rs}{r^2 + s^2}, \tag{6.9}$$

die wir bereits aus den Formeln für pythagoreische Tripel hergeleitet haben.

Erst gegen Ende des 19. Jahrhunderts ist den Mathematikern aufgefallen, dass die diophantische Substitution $Y = mX - 1$ sich als die Gleichung einer Geraden durch den Punkt $(0 \mid -1)$ interpretieren lässt.

---

[3] Über das Leben Diophants weiß man praktisch gar nichts. Von seinen 13 Büchern über die Lösung unbestimmter Gleichungen sind sechs in Abschriften der griechischen Originale erhalten, vier weitere hat man vor etwa 50 Jahren in einer arabischen Überarbeitung aus dem 9. Jahrhundert entdeckt.

Das Einsetzen dieser Gleichung in die Kreis-
gleichung $\mathcal{K}$ entspricht dann der Bestimmung
der Schnittpunkte dieser Geraden mit dem
Kreis $\mathcal{K}$. Einer der beiden Schnittpunkte wird
natürlich der Ausgangspunkt $(0|-1)$ sein,
und der andere muss daher notwendig ebenfalls rational sein: Dessen X-Koordinate ist
nämlich die Lösung einer quadratischen Gleichung mit rationalen Koeffizienten, deren eine Lösung rational (sogar ganz) ist, und nach
Vieta muss daher die zweite Lösung ebenfalls
rational sein.

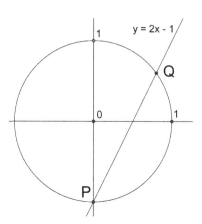

Die geometrische Interpretation der Lösung der Gleichung $X^2 + Y^2 = 1$ in
rationalen Zahlen erlaubt es uns auch zu zeigen, dass die Lösungen in (6.9) alle
Lösungen angeben außer $(0|1)$. Ist nämlich $Q(a|b)$ irgendein rationaler Punkt $\neq$
$P(0|1)$ auf dem Einheitskreis, dann ist die Steigung der Geraden durch P und Q
rational, nämlich gleich $m = \frac{b-1}{a}$, und umgekehrt liefert diese Wahl von m den
rationalen Punkt Q.

Dieselbe Technik liefert uns unendlich viele rationale Punkte auf jeder Ellipse
oder Hyperbel, sobald wir nur einen einzigen solchen Punkt P kennen; wir brauchen nur die Geraden durch P mit dem Kegelschnitt zu schneiden:

Aufgabe 6.9. *Zeige entsprechend, dass die rationalen Lösungen der Gleichung*
$X^2 - dY^2 = 1$ *gegeben sind durch*

$$X = \frac{r^2 + ds^2}{r^2 - ds^2}, \quad Y = \frac{2rs}{r^2 - ds^2}.$$

Hierbei gehe man aus vom bekannten rationalen Punkt $(-1|0)$.

Es gibt allerdings Kegelschnitte, die überhaupt keinen rationalen Punkt be-
sitzen, wie etwa $X^2 + Y^2 = 3$. Wäre nämlich $P(x|y)$ ein Punkt mit rationalen
Koordinaten x und y, so können wir, wenn m den Hauptnenner von x und y bezeichnet, $x = \frac{r}{m}$ und $y = \frac{s}{m}$ schreiben. Dies liefert die Gleichung $r^2 + s^2 = 3m^2$ in
ganzen Zahlen. Von dieser Gleichung werden wir zeigen, dass sie keine Lösung in
von 0 verschiedenen ganzen Zahlen besitzt. Dazu nehmen wir an, es gäbe eine solche Lösung (r, s, m). Solange alle drei Zahlen gerade sind, kürzen wir gemeinsame
Faktoren 2, ersetzen also r, s und m jeweils durch $r/2$, $s/2$ und $m/2$. Wenn es also
eine von $(0,0,0)$ verschiedene ganzzahlige Lösung gibt, dann auch eine, in welcher
mindestens eine der Zahlen r, s und m ungerade sind. Weil es nicht möglich ist,
dass genau eine ungerade ist (sind r und s gerade, dann auch $3m^2$ und damit m),
sind also zwei Zahlen gerade und die dritte ungerade.

Wir behandeln den Fall, in welchem r und s ungerade sind (die anderen Fälle
werden genauso erledigt). In diesem Falle sind $r - 1$ und $s - 1$ gerade, haben also
die Form $r - 1 = 2R$ und $s - 1 = 2S$. Daher setzen wir $r = 2R + 1$ und $s = 2S + 1$
in die Gleichung $r^2 + s^2 = 3m^2$ ein und finden

$$3m^2 = (2R+1)^2 + (2S+1)^2 = 4R^2 + 4R + 1 + 4S^2 + 4S + 1 = 4(R^2 + R + S^2 + S) + 2.$$

Weil die rechte Seite gerade ist, muss auch die linke Seite und damit m gerade sein; dann ist m^2 aber durch 4 teilbar, die rechte Seite dagegen nicht, weil sie genau zwischen zwei aufeinanderfolgenden Vielfachen von 4 liegt: Dieser Widerspruch zeigt, dass der Kreis $X^2 + Y^2 = 3$ keinen einzigen rationalen Punkt besitzt.

Aufgabe 6.10. *Zeige, dass die Kreise $X^2 + Y^2 = n$ für jede natürliche Zahl $n = 4k + 3$ keinen rationalen Punkt besitzen.*

Die Frage, für welche natürlichen Zahlen n der Kreis $X^2 + Y^2 = n$ rationale Punkte besitzt, ist sehr reizvoll und wurde von Fermat zuerst beantwortet: Dies ist genau dann der Fall, wenn jeder Primteiler p von n, der die Form $4k + 3$ besitzt (also 3, 7, 11 usw.), mit einem geraden Exponenten in der Primfaktorzerlegung von n auftaucht.

Für gewisse Kurven höheren Grades ist die Bestimmung der rationalen Punkte ebenfalls leicht:

Aufgabe 6.11. *Bestimme alle rationalen Lösungen der diophantischen Gleichung $x^3 + y^3 = 3xy$.*

Auch hier hat man nur Geraden $y = mx$ durch den Ursprung zu legen und zu beachten, dass jede dieser Geraden die Kurve in genau einem weiteren Punkt schneidet.

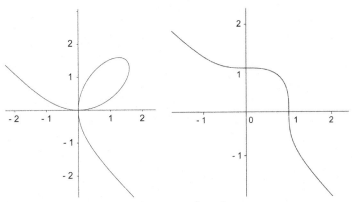

Abb. 6.10. Folium von Descartes $x^3 + y^3 = 3xy$ und Fermat-Kurve $x^3 + y^3 = 1$

Ganz anders dagegen sieht es mit der Kurve $x^3 + y^3 = 1$ aus: Deren einzige rationale Punkte sind, was aus einer Vermutung von Fermat folgt, die Euler erstmals beweisen konnte, $(1|0)$ und $(0|1)$. Um den Eulerschen Beweis vorstellen zu können, müssten wir etwas weiter ausholen. Wir wollen uns damit begnügen einzusehen, dass die üblichen Techniken zur Konstruktion neuer rationaler Punkte hier nicht funktionieren. So können wir durch das Ziehen der Tangenten in $(1|0)$ und $(0|1)$ keine neuen rationalen Punkte auf der Fermatschen Kurve $x^3 + y^3 = 1$

finden, weil diese beiden Punkte Wendepunkte sind und das Schneiden von Kurve und Tangente daher auf Gleichungen mit jeweils einer dreifachen Nullstelle führt. Auch die Sekante $y = 1 - x$ durch die beiden bekannten Punkte liefert keinen neuen rationalen Punkt, weil sie parallel zur Asymptote $y = -x$ ist und daher eine Schnittgleichung vom Grad 2 mit den beiden Ausgangslösungen $x_1 = 0$ und $x_2 = 1$ ergibt.

Insbesondere folgt aus Eulers Beweis, dass es im Falle der kubischen Fermat-Kurve keine Parametrisierung wie bei $x^3 + y^3 = 3xy$ geben kann, denn parametrisierbare Kurven haben unendlich viele rationale Punkte. Die Frage nach der Existenz von solchen Parametrisierungen kubischer Kurven ist allerdings leichter zu beantworten als die Frage nach allen rationalen Lösungen; in der Tat existiert eine rationale Parametrisierung einer Kurve vom Grad 3 genau dann, wenn die Kurve einen sogenannten „Doppelpunkt" mit rationalen Koordinaten besitzt. Die Frage, wie es mit rationalen Punkten auf kubischen Kurven ohne Doppelpunkt aussieht, liegt sehr tief: Ein Kriterium zu finden, wann es auf solchen Kurven unendlich viele rationale Punkte gibt und wann nicht, ist eines der ganz großen ungelösten Probleme der modernen Zahlentheorie. Wie unübersichtlich die Lage hier ist, mag man daran erkennen, dass die Kurve $x^3 + y^3 = 1$ außer den offensichtlichen rationalen Punkten $(1|0)$ und $(0|1)$ keine weiteren solchen Punkte besitzt, während $x^3 + y^3 = 6$ zwar keine offensichtliche rationale Lösung besitzt, bei näherem Hinsehen sich dagegen herausstellt, dass es davon unendlich viele gibt. Wir werden ganz zum Schluss im Zusammenhang mit dem Neujahrsquiz des Sunday Telegraph darauf zurückkommen.

6.5 Auf- und Abstieg auf der Platonschen Hyperbel

So einfach es gewesen ist, rationale Punkte auf Kegelschnitten zu finden, die einen bekannten rationalen Punkt besitzen, so schwer ist es bisweilen, auf einem Kegelschnitt ganzzahlige Punkte zu finden. Ein Paradebeispiel dafür ist die Hyperbel $XY = N$ für eine gegebene Zahl N: Hier kennen wir die ganzzahligen Punkte $(X|Y) = (1|N)$, $(-1|-N)$, $(N|1)$ und $(-N|-1)$; ist N prim, so wird es keine weiteren ganzzahligen Punkte geben, und ist N zusammengesetzt, dann entspricht jeder weitere ganzzahlige Punkt einer Zerlegung von N in zwei Faktoren. Die Bestimmung der Faktoren einer (großen) ganzen Zahl ist aber ein schwieriges Probleme der modernen Zahlentheorie.

Kegelschnitte wie Kreise oder Ellipsen können zwar beliebig viele ganzzahlige Punkte besitzen, allerdings nicht unendlich viele: Die Gleichung $X^2 + Y^2 = N$ hat sicherlich nur Lösungen mit $|X| \leq \sqrt{N}$ und $|Y| \leq \sqrt{N}$, und das sind immer nur endlich viele. Hier beeinflusst also die Geometrie der Kegelschnitte das Verhalten in Bezug auf die Anzahl ganzzahliger Punkte: Wenn ein nicht entarteter Kegelschnitt unendlich viele ganzzahlige Punkte besitzt, dann ist es eine Parabel oder eine Hyperbel.

Die Platonsche Hyperbel

Es gibt allerdings Kegelschnitte, auf denen es leicht ist, ganzzahlige Punkte zu finden, oder von einem ganzzahligen Punkt auf unendlich viele weitere zu kommen. Ein ganz triviales Beispiel ist die Parabel $Y = X^2$ mit den unendlich vielen ganzzahligen Punkten $(a|a^2)$. Ein viel interessanterer Kegelschnitt in dieser Hinsicht ist die „Platonsche" Hyperbel

$$\mathcal{H} : Y^2 - 2X^2 = 1, \tag{6.10}$$

die wir nun betrachten werden, und die wir nach Platon benannt haben wegen des Zusammenhangs mit den Platonschen Seiten- und Diagonalzahlen, auf den wir weiter unten genauer eingehen werden.

Die Platonsche Hyperbel besitzt, wovon man sich leicht überzeugen kann, neben $(\pm 1|0)$ noch die vier ganzzahligen Punkte $(\pm 3| \pm 2)$. Mithilfe des Gruppengesetzes können wir aus $P(3|2)$ unendlich viele weitere ganzzahlige Punkte auf $\mathcal{H}$ konstruieren. Der erste Schritt zur expliziten Konstruktion dieser Punkte besteht in der Aufstellung von Formel zum Addieren zweier Punkte auf der Hyperbel nach dem oben definierten Gruppengesetz.

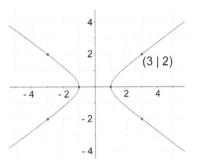

Gegeben seien also zwei (beliebige, also nicht notwendig ganzzahlige) Punkte $P_1(x_1|y_1)$ und $P_2(x_2|y_2)$ auf dem Kegelschnitt

$$\mathcal{H} : \ X^2 - dY^2 = 1.$$

Wir legen das neutrale Element als $N(1|0)$ fest und wollen die Koordinaten des Punktes $P_3 = P_1 \oplus P_2$ bestimmen, also des zweiten Schnittpunkts von $\mathcal{H}$ mit der Parallelen zu $P_1 P_2$ durch N.

Die Steigung der Geraden $P_1 P_2$ ist

$$m = \frac{y_2 - y_1}{x_2 - x_1}, \tag{6.11}$$

falls nicht gerade $x_1 = x_2$ ist: Diesen Fall müssen wir nachher gesondert betrachten. Die Parallele zu $P_1 P_2$ durch N ist also gegeben durch $Y = m(X-1)$, und Schneiden dieser Geraden mit dem Kegelschnitt liefert die Gleichung

$$X^2 - dm^2(X - 1)^2 = 1.$$

Da wir wissen, dass N ein Schnittpunkt und damit $X = 1$ eine Lösung dieser Gleichung ist, können wir $X-1$ ausklammern, wenn wir alles auf eine Seite bringen. In der Tat ist

$$0 = X^2 - 1 - dm^2(X - 1)^2 = (X - 1)(X + 1) - dm^2(X - 1)^2$$
$$= (X - 1)(X + 1 - dm^2(X - 1)).$$

Setzt man den ersten Faktor gleich 0, erhält man $X = 1$ und damit den (bekannten) Schnittpunkt N; Nullsetzen des zweiten Faktors ergibt

$$X = \frac{dm^2 + 1}{dm^2 - 1} \quad \text{und damit} \quad Y = m(X - 1) = \frac{2m}{dm^2 - 1}. \tag{6.12}$$

Einsetzen von (6.11) nebst einigen kosmetischen Umformungen liefert

$$X = \frac{d(y_2 - y_1)^2 + (x_2 - x_1)^2}{d(y_2 - y_1)^2 - (x_2 - x_1)^2} \quad \text{und} \quad Y = \frac{2(x_2 - x_1)(y_2 - y_1)}{d(y_2 - y_1)^2 - (x_2 - x_1)^2}. \tag{6.13}$$

Jetzt ist noch die Sonderbehandlung des Falls $x_1 = x_2$ nachzuholen. Hier gibt es zwei Möglichkeiten: Entweder ist auch $y_1 = y_2$ und damit $P_1 = P_2$, oder es ist $y_1 = -y_2$. Im letzten Fall sieht man sofort, dass die Gerade $P_1 P_2$ senkrecht verläuft und die Parallele durch N gleich der Tangente in N ist; in diesem Fall fallen also der erste und zweite Schnittpunkt zusammen, und es ist $P_1 \oplus P_2 = N$, mit anderen Worten: P_1 und P_2 sind Inverse voneinander, d.h. es ist $P_2 = \ominus P_1$.

Der erste Fall erfordert mehr Sorgfalt: Hier sieht die Konstruktion des Punktes $P_1 \oplus P_1 = 2P_1$ vor, die Parallele durch N zur Tangente in P_1 zu ziehen. Die Steigung der Tangente in P_1 erhält man durch implizites Ableiten der Gleichung $X^2 - dY^2 = 1$, was auf $2X - 2dYY' = 0$ und damit auf $m = Y' = \frac{X}{dY}$ führt. Einsetzen von P_1 ergibt also $m = \frac{x_1}{dy_1}$.

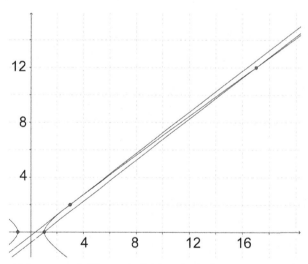

Abb. 6.11. Addition $2 \cdot (3|2) = (17|12)$; die schnelle Annäherung der Hyperbel an ihre Asymptoten erschwert die Veranschaulichung etwas.

Setzt man diesen Wert von m in die Gleichungen (6.12) ein, so erhält man

$$X = \frac{x_1^2 + dy_1^2}{x_1^2 - dy_1^2} \quad \text{und} \quad Y = m(X - 1) = \frac{2x_1 y_1}{x_1^2 - dy_1^2}.$$

Weil P_1 ein Punkt auf der Hyperbel $\mathcal{H}$ ist, gilt $x_1^2 - dy_1^2 = 1$, folglich vereinfachen sich die Gleichungen zu

$$2(x_1|y_1) = (x_1^2 + dy_1^2 \mid 2x_1y_1). \tag{6.14}$$

Mit $d = 2$ und $P_1(3|2)$ erhält man aus (6.14)

$$2P_1 = P_1 \oplus P_1 = (17|12)$$

(siehe Abb. 6.11). Zur Bestimmung von $3P_1 = P_1 \oplus 2P_2$ verwenden wir (6.13): Hier erhalten wir

$$X = \frac{2(12-2)^2 + (17-3)^2}{2(12-2)^2 - (17-3)^2} = 99 \quad \text{und} \quad Y = \frac{2(17-3)(12-2)}{2(12-2)^2 - (17-3)^2} = 70.$$

Auch hier liefern die Gleichungen (6.13), in welchen die Koordinaten mit Nennern behaftet sind, ganzzahlige Werte; dies bleibt auch für die weiteren Vielfachen von P_1 so: Setzt man $kP_1 = (x_k \mid y_k)$, so erhalten wir

k	1	2	3	4	5	6
x_k	3	17	99	577	3363	19601
y_k	2	12	70	408	2378	13860

Von den Platonschen Seiten- und Diagonalzahlen, die hier auftreten, und derentwegen wir die Hyperbel nach Plato benannt haben, wissen wir aus [75, S. 14, Aufg. 3], dass sie der Rekursion

$$x_{k+1} = 3x_k + 4y_k, \quad y_{k+1} = 2x_k + 3y_k$$

genügen. Dies bedeutet, dass auch alle weiteren Koordinaten von kP_1 für $k \geq 4$ ganzzahlig sein werden. Diese Überraschung muss sich erklären lassen, und die einfachste Erklärung wäre, dass man die Formeln in (6.13) so vereinfachen kann, dass die Nenner wegfallen. Dies ist in der Tat möglich, wenn auch nur auf verwickeltem Weg.

Wie beim Kreis lassen sich die mühsamen Umformungen abkürzen, wenn man erraten kann, wie die vereinfachten Additionsformeln aussehen. Das lässt sich nun in der Tat machen: Dazu schreiben wir

$$1 = x^2 - 2y^2 = (x - y\sqrt{2})(x + y\sqrt{2}).$$

Wenn wir zwei Punkte $P_1(x_1|y_1)$ und $P_2(x_2|y_2)$ auf der Hyperbel haben, dann entsprechen diesen Punkten die Zahlen $x_1 - y_1\sqrt{2}$ und $x_2 - y_2\sqrt{2}$; Multiplikation dieser Ausdrücke ergibt

$$(x_1 - y_1\sqrt{2})(x_2 - y_2\sqrt{2}) = x_1x_2 + 2y_1y_2 - (x_1y_2 + x_2y_1)\sqrt{2},$$

und der Punkt $P_3(x_1x_2+2y_1y_2 \mid x_1y_2+x_2y_1)$ tut uns nicht nur den Gefallen, wieder auf der Hyperbel zu liegen, sondern stellt sich auch noch als derjenige heraus, den wir mit $P_1 \oplus P_2$ bezeichnet haben.

Dass P_3 wieder auf der Hyperbel liegt, folgt aus der Identität

$$(x_1^2 - 2y_1^2)(x_2^2 - 2y_2^2) = (x_1x_2 + 2y_1y_2)^2 - 2(x_1y_2 + x_2y_1)^2. \qquad (6.15)$$

Den Nachweis, dass $P_1 \oplus P_2 = P_3$ ist, überlassen wir dem Leser:

Aufgabe 6.12. *Zeige, dass $P_1 \oplus P_2 = P_3$ ist; es genügt nachzurechnen, dass die Steigung der Geraden durch P_3 und N gleich der Steigung der Geraden durch P_1 und P_2 ist.*

Das Addieren von Punkten auf der Platonschen Hyperbel entspricht also der gewöhnlichen Multiplikation von Zahlen der Form $x - y\sqrt{2}$; insbesondere entsprechen die Vielfachen von $P(3|2)$ den Potenzen von $3 - 2\sqrt{2}$ oder auch $3 + 2\sqrt{2}$:

nP	$x_n - y_n\sqrt{2}$	$x_n + y_n\sqrt{2}$
$P(3|2)$	$3 - 2\sqrt{2}$	$3 + 2\sqrt{2}$
$2P = (17|12)$	$(3 - 2\sqrt{2})^2 = 17 - 12\sqrt{2}$	$(3 + 2\sqrt{2})^2 = 17 + 12\sqrt{2}$
$3P = (99|70)$	$(3 - 2\sqrt{2})^3 = 99 - 70\sqrt{2}$	$(3 + 2\sqrt{2})^3 = 99 + 70\sqrt{2}$

Allgemein gilt für die Platonschen Zahlen x_n und y_n

$$(3 + 2\sqrt{2})^n = x_n + y_n\sqrt{2}. \qquad (6.16)$$

Denn offenbar ist (6.16) für $n = 1$ richtig, und Multiplikation mit $3 + 2\sqrt{2}$ liefert

$$(3 + 2\sqrt{2})^n = (x_n + y_n\sqrt{2})(3 + 2\sqrt{2})$$
$$= 3x_n + 4y_n + (3x_n + 3y_n)\sqrt{2} = x_{n+1} + y_{n+1}\sqrt{2},$$

mit anderen Worten: Multiplikation von $x_n + y_n\sqrt{2}$ mit $3 + 2\sqrt{2}$ entspricht der Addition von $(x_n|y_n)$ und $(3|2)$. Aus demselben Grund ist auch

$$(3 - 2\sqrt{2})^n = x_n - y_n\sqrt{2}, \qquad (6.17)$$

und Subtraktion von (6.16) und (6.17) liefert

$$(3 + 2\sqrt{2})^n - (3 - 2\sqrt{2})^n = 2y_n\sqrt{2}, \quad \text{also} \quad y_n = \frac{(3 + 2\sqrt{2})^n - (3 - 2\sqrt{2})^n}{2\sqrt{2}}.$$

Entsprechend folgt aus der Addition der beiden Gleichungen

$$x_n = \frac{(3 + 2\sqrt{2})^n + (3 - 2\sqrt{2})^n}{2}.$$

Wegen $3 + 2\sqrt{2} = (1 + \sqrt{2})^2$ können wir allgemeiner die beiden Folgen

$$S_n = \frac{(\sqrt{2} + 1)^n - (\sqrt{2} - 1)^n}{2\sqrt{2}} \quad \text{und} \quad D_n = \frac{(\sqrt{2} + 1)^n + (\sqrt{2} - 1)^n}{2} \qquad (6.18)$$

betrachten; für kleine n erhalten wir

n	1	2	3	4	5	6	7	8
D_n	1	3	7	17	41	99	239	577
S_n	1	2	5	12	29	70	169	408

Diese Zahlen genügen der Gleichung $D_n^2 - 2S_n^2 = (-1)^n$, folglich liegen die Punkte $(S_{2n}|D_{2n})$ mit geradem Index auf der Platonschen Hyperbel $x^2 - 2y^2 = 1$, während diejenigen mit ungeradem Index zur Hyperbel $x^2 - 2y^2 = -1$ gehören.

Beschreibung aller Lösungen durch Auf- und Abstieg

Damit haben wir nun unendlich viele ganzzahlige Punkte auf der Hyperbel $X^2 - 2Y^2 = 1$ konstruiert: Ausgehend von $N(1|0)$ und $P(3|2)$ haben wir durch wiederholte Addition von P die Punkte nP für $n = 1, 2, 3 \ldots$ auf dem Teilast im ersten Quadranten erhalten. Spiegelt man diese Punkte an der x-Achse, erhält man die Punkte $-nP$; zusammen mit $0P = N$ liefert dies die ganzzahligen Vielfachen von P auf dem rechten Ast der Hyperbel. Spiegelt man diese Punkte am Ursprung, was der Addition von $Q(-1|0)$ entspricht, erhält man entsprechend Punkte auf dem linken Ast der Hyperbel.

Die Methode, von einer nichttrivialen Lösung aus unendlich viele andere ganzzahlige Punkte auf der Hyperbel $\mathcal{H} : X^2 - 2Y^2 = 1$ zu gewinnen, nennt man unendlichen Aufstieg. Jetzt wollen wir durch *Abstieg* zeigen, dass wir damit alle Punkte erhalten haben. Es genügt zu zeigen, dass es auf dem Ast der Hyperbel im ersten Quadranten keine ganzzahligen Punkte gibt außer den Vielfachen nP für natürliche Zahlen $n \geq 1$.

Dazu nehmen wir an, es gäbe einen solchen Punkt Q. Dieser Punkt muss dann zwischen zwei aufeinanderfolgenden Vielfachen von P liegen. Liegt er z.B. zwischen P und $2P$, dann muss $Q \ominus P$ zwischen N und P liegen. Da mit Q und P auch $Q \ominus P$ ganzzahlig ist, muss es also einen ganzzahligen Punkt zwischen $N(1|0)$ und $P(3|2)$ geben. Man prüft aber sofort nach, dass ein solcher Punkt nicht existiert, weil die Gleichung $x^2 - 2y^2 = 1$ keine Lösung in ganzen Zahlen mit $1 \leq x \leq 3$ und $0 \leq y \leq 2$ besitzt.

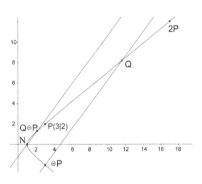

Liegt Q zwischen nP und $(n+1)P$, so folgt analog, dass $Q \ominus nP$ ein ganzzahliger Punkt zwischen N und P ist, dessen Existenz wir bereits ausgeschlossen haben. Also kann es auch keinen ganzzahligen Punkt Q zwischen nP und $(n+1)P$ geben.

Satz 6.8. *Jeder ganzzahlige Punkt auf dem rechten Ast der Platonschen Hyperbel* $\mathcal{H} : X^2 - 2Y^2 = 1$ *hat die Form* $Q = nP$ *für ein* $n \in \mathbb{Z}$.

Bemerkung

Das Rechnen mit Zahlen der Form $x + y\sqrt{2}$ hat uns in (6.15) auf die Formel

$$(x^2 - 2y^2)(z^2 - 2w^2) = (xz + 2yw)^2 - 2(xw + yz)^2$$

geführt, die zeigt, dass wenn zwei Zahlen a und b sich in der Form $x^2 - 2y^2$ schreiben lassen, dasselbe auch für deren Produkt ab gilt.

Allgemeiner gilt für beliebige ganze Zahlen m die Identität

$$(x^2 - my^2)(z^2 - mw^2) = (xz + myw)^2 - m(xw + yz)^2, \qquad (6.19)$$

welche vor vielen Jahrhunderten bereits vom indischen Mathematiker Brahmagupta benutzt worden ist. Der Inhalt des Spezialfalls $m = -1$ war dagegen bereits Diophant aus Alexandria, vermutlich im dritten Jahrhundert n. Chr., bekannt:

$$(x^2 + y^2)(z^2 + w^2) = (xz - yw)^2 + (xw + yz)^2.$$

Diese Formel kann man wie die entsprechende für $m = 2$ herleiten, wenn man $m = -1$ setzt, seine Bedenken beiseite schiebt und einfach

$$x^2 + y^2 = (x + y\sqrt{-1})(x - y\sqrt{-1})$$

schreibt; warum diese „imaginäre" Faktorisierung tatsächlich zu sinnvollen Ergebnissen führt, werden wir an anderer Stelle erklären. Mit $\sqrt{-1} \cdot \sqrt{-1} = -1$ findet man dann ganz zwanglos

$$(x + y\sqrt{-1})(z + w\sqrt{-1}) = xz + yw + (xw + yz)\sqrt{-1},$$

woraus sich Diophants Identität sofort ergibt.

Auf- und Abstieg auf Hyperbeln

Sei $d \geq 1$ eine natürliche Zahl und $\mathcal{H} : x^2 - dy^2 = 1$ eine Hyperbel mit zwei ganzzahligen Punkten $N(x_0|y_0)$ und $P(x_1|y_1)$. Wir wollen zeigen, dass die Vielfachen kP für $k \in \mathbb{Z}$ lauter ganzzahlige Punkte auf der Hyperbel sind.

Wir beginnen damit zu zeigen, dass $2P$ ebenfalls ganzzahlig ist. Die Steigung der Tangente in P erhalten wir durch implizites Ableiten der Hyperbelgleichung: $2x - 2dyy' = 0$ liefert $y' = \frac{x}{dy}$, also $m = \frac{x_1}{dy_1}$. Die Gleichung der Geraden durch N mit dieser Steigung ist $y = m(x - x_0) + y_0$. Zum Schneiden mit der Hyperbel subtrahieren wir die Gleichung $x_0^2 - dy_0^2 = 1$ von der Hyperbelgleichung und erhalten nach Anwendung einer binomischen Formel

$$(x - x_0)(x + x_0) = d(y - y_0)(y + y_0).$$

In diese setzen wir $y = m(x - x_0) + y_0$ und erhalten

$$(x - x_0)(x + x_0) = dm(x - x_0)(2y_0 + m(x - x_0)).$$

Ein Olympiade-Problem

Das folgende Problem aus der Moskauer Mathematikolympiade des Jahres 1985 wurde von keinem Teilnehmer gelöst; es stammt aus den Notizbüchern von Euler. In diesen Notizbüchern hat Euler seine mathematischen Gedanken festgehalten; die Originale liegen in St. Petersburg und warten immer noch darauf, vollständig veröffentlicht zu werden.

Die Zahl 2^n kann für jedes $n \geq 3$ in der Form $x^2 + 7y^2$ für ungerade ganze Zahlen x und y geschrieben werden.

Der erste Impuls ist sicherlich, die Gleichung für kleine n zu lösen, um vielleicht ein Muster hinter den Darstellungen zu finden:

n	3	4	5	6	7	8	9	10	11	12
x	1	3	5	1	11	9	13	31	5	57
y	1	1	1	3	1	5	7	3	17	11

Das sieht nicht sehr vielversprechend aus: Wenn es ein Muster gibt, dann ist es schwer zu sehen.

Die Lösung wird ganz einfach, wenn man Brahmaguptas Identität (6.19) für $m = -7$ benutzt:
$$(x^2 + 7y^2)(z^2 + 7w^2) = (xz - 7yw)^2 + 7(xw + yz)^2$$

Wenn wir dann $x^2 + 7y^2 = 2^n$ haben, und wenn wir $z^2 + 7w^2 = 2$ setzen könnten, dann hätten wir eine Darstellung von 2^{n+1} in der Form $a^2 + 7b^2$ gefunden. Dies ist allerdings nicht möglich, weil sich 2 nicht in der Form $z^2 + 7w^2$ schreiben lässt. Stattdessen haben wir aber $8 = 1^2 + 7 \cdot 1^2$, d.h. mit $x^2 + 7y^2 = 2^n$ folgt

$$2^{n+3} = 2^n \cdot 8 = (x^2 + 7y^2)(1^2 + 7 \cdot 1^2) = (x - 7y)^2 + 7(x + y)^2.$$

Damit haben wir 2^{n+3} in der gewünschten Form dargestellt, allerdings sind die Zahlen $x - 7y$ und $x + y$ nicht wie verlangt ungerade: Vielmehr sind, wenn x und y ungerade sind, beide Zahlen gerade; damit können wir die letzte Gleichung aber durch 4 teilen und erhalten

$$2^{n+1} = \left(\frac{x - 7y}{2}\right)^2 + 7\left(\frac{x + y}{2}\right)^2.$$

Ersetzen wir hier y durch $-y$, so folgt entsprechend

$$2^{n+1} = \left(\frac{x + 7y}{2}\right)^2 + 7\left(\frac{x - y}{2}\right)^2.$$

Es ist klar, dass die Zahlen in den großen Klammern entweder beide gerade oder beide ungerade sein müssen. Mindestens eine der beiden Formeln liefert aber eine Darstellung in ungeraden Zahlen, weil $\frac{x+y}{2} + \frac{x-y}{2} = x$ ungerade ist und damit die Zahlen $\frac{x+y}{2}$ und $\frac{x-y}{2}$ nicht beide gerade sein können.

Jetzt folgt die Behauptung mittels vollständiger Induktion: Die Aussage ist richtig für $n = 3$ wegen $2^3 = 1^2 + 7 \cdot 1^2$, und wenn sie für irgendeinen Exponenten n stimmt, dann ist sie nach dem eben Bewiesenen auch für $n + 1$ richtig.

Die Lösung $x = x_0$ entspricht dem Schnittpunkt N; den anderen erhalten wir nach Division durch $x - x_0$ aus

$$x + x_0 = dm(2y_0 + m(x - x_0))$$

zu

$$x = \frac{dm^2 x_0 - 2dm y_0}{dm^2 - 1}.$$

Einsetzen von $m = \frac{x_1}{dy_1}$ ergibt dann nach weiteren Vereinfachungen

$$x = \frac{dx_0 y_1^2 - 2dx_1 y_0 y_1 + x_0 x_1^2}{x_1^2 - dy_1^2}$$

oder, da ja $x_1^2 - dy_1^2 = 1$ ist, einfach

$$x = x_0 x_1^2 + dx_0 y_1^2 - 2dy_0 x_1 y_1.$$

Wegen $x_1^2 - dy_1^2 = 1$ können wir hier noch $x_1^2 = dy_1^2 + 1$ setzen und erhalten dann

$$x = x_0 + 2dy_1(x_0 y_1 - y_0 x_1).$$

Setzen wir endlich diesen Wert von x in die Geradengleichung ein, so folgt

$$y = y_0 + \frac{x_1}{dy_1}\Big(2dy_1(x_0 y_1 - y_0 x_1)\Big) = y_0 + 2x_1(x_0 y_1 - y_0 x_1).$$

Damit haben wir gezeigt:

Satz 6.9. *Sind $N(x_0|y_0)$ und $P(x_1|y_1)$ verschiedene ganzzahlige Punkte auf der Hyperbel $x^2 - dy^2 = 1$, dann ist auch $2P = P \oplus P$ ein solcher ganzzahliger Punkt, und dieser hat die Koordinaten*

$$(x_0 + 2dy_1(x_0 y_1 - y_0 x_1) \mid y_0 + 2x_1(x_0 y_1 - y_0 x_1)). \tag{6.20}$$

Im Falle $x_0 = 1$ und $y_0 = 0$ vereinfachen sich die Koordinaten zu

$$(1 + 2dy_1^2 \mid 2x_1 y_1),$$

was wegen $1 + 2dy_1^2 = 1 + dy_1^2 + dy_1^2 = x_1^2 + dy_1^2$ mit unseren früheren Ergebnissen übereinstimmt.

Es ist nicht ganz offensichtlich, dass Satz 6.9 auch den folgenden Fall mit abdeckt:

Korollar 1. *Sind $N(x_0|y_0)$ und $P(x_1|y_1)$ verschiedene ganzzahlige Punkte auf der Hyperbel $x^2 - dy^2 = 1$, dann ist auch $\ominus P$ ein solcher ganzzahliger Punkt.*

In der Tat: Vertauschen wir in Satz 6.9 die Rollen von N und P, so zeigt er sofort, dass auch $\ominus P$ ganzzahlige Koordinaten besitzt. Weil dies für jeden ganzzahligen Punkt auf der Hyperbel gilt, ist mit N, P, $2P$ und $\ominus P$ auch $\ominus 2P$ ganzzahlig. Sogar die Ganzzahligkeit von $3P$ folgt aus unserer Rechnung, wenn man N und P durch P und $2P$ ersetzt. Damit haben wir:

Der Flächeninhalt von Dreiecken

Es gibt eine recht einfache und dennoch wenig bekannte Formel für den Flächeninhalt F eines Dreiecks OAB, wobei $O(0|0)$ der Ursprung und $A(a|b)$ und $B(c|d)$ Punkte in der euklidischen Ebene sind, nämlich

$$F = \frac{1}{2}(ad - bc).$$

Hierbei haben wir angenommen, dass OAB „positiv orientiert" ist; vertauscht man nämlich A und B, erhält man für den Flächeninhalt einen negativen Wert.

Von den vielen einfachen Beweisen stellen wir hier denjenigen vor, den man in dem Buch [18, S. 5–6] von John Casey findet; John Casey (1820–1891) war ein Geometer, der aus dem County Limerick in Irland stammt und zuerst als Lehrer, später als Professor an der Katholischen Universität Irlands und am University College in Dublin tätig war.

Den Nachweis der einzelnen Behauptungen im folgenden Beweis dürfen wir getrost den Lesern überlassen – notfalls hilft ein Vergleich mit Euklids Beweis des Satzes von Pythagoras durch Scherungen in [75].

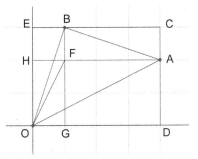

- Das Dreieck FAB ist die Hälfte des Rechtecks FACB.
- Das Dreieck OFB hat den gleichen Flächeninhalt wie HFB, ist also die Hälfte des Rechtecks BEHF.
- Das Dreieck OFA hat den gleichen Flächeninhalt wie GFA, also die halbe Fläche des Rechtecks AFGD.

Zusammen ergibt dies, dass die Fläche des Dreiecks die Hälfte der Differenz des großen Rechtecks ODCE und des kleinen Rechtecks OGFH ist, also gleich

$$\frac{1}{2}(\overline{GD} \cdot \overline{OE} - \overline{OG} \cdot \overline{OH}) = \frac{1}{2}(ad - bc),$$

und das war behauptet.

Aufgabe 6.13. *Zeige, dass die Formel $F = \frac{1}{2}(ad - bc)$ auch dann gilt, wenn B unterhalb der Parallelen zur x-Achse durch A liegt.*

Der Grund für unseren kleinen Ausflug in die elementare Koordinatengeometrie ist der Ausdruck $x_0 y_1 - y_0 x_1$, der zweimal in der Formel (6.20) auftaucht. Dies ist offenbar der doppelte Flächeninhalt des Dreiecks, das vom Ursprung O, dem neutralen Element $N(x_0|y_0)$ und dem Punkt $P(x_1|y_1)$ gebildet wird.

Aufgabe 6.14. *Zeige, dass jedes Dreieck, das aus dem Ursprung und zwei aufeinanderfolgenden Vielfachen kP und (k + 1)P von P(3|2) auf der Platonschen Hyperbel $x^2 - 2y^2 = 1$ gebildet wird, den Flächeninhalt 1 besitzt.*

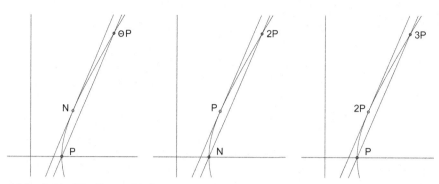

Abb. 6.12. Die Ganzzahligkeit von $\ominus P$, $2P$ und $3P$

Satz 6.10. *Sind N und P ganzzahlige Punkte auf der Hyperbel $x^2 - dy^2 = 1$, wo $d \geq 1$ eine natürliche Zahl ist, dann sind alle Vielfachen kP ($k \in \mathbb{Z}$) ebenfalls ganzzahlig (siehe Abb. 6.12).*

Daraus folgt allerdings noch nicht, dass all diese Punkte kP auch verschieden sind: Im Falle $d = -1$, dem Einheitskreis, liefert unsere Konstruktion mit $N(1|0)$ und $P(0|1)$ die Punkte $2P = (-1|0)$, $3P = (0|-1)$ und $4P = N$. Um zu zeigen, dass dies für positive Werte von d nicht eintreten kann, zeigen wir, dass die y-Koordinaten der Punkte kP unbegrenzt zunehmen. Das ist aber klar, denn die y-Koordinaten sind ganze Zahlen und steigen daher, wenn wir auf dem Hyperbelast nach rechts gehen, immer um mindestens 1.

Proposition 6.11. *Sind $N(x_0|y_0)$ und $P(x_1|y_1)$ ganzzahlige Punkte auf der Hyperbel $x^2 - dy^2 = 1$ mit $d \geq 1$ im ersten Quadranten, dann wachsen die x- und y-Koordinaten der Punkte $2P$, $3P$, ... unbegrenzt.*

Damit haben wir durch unendlichen Aufstieg auf jeder Hyperbel $x^2 - dy^2 = 1$, wo $d \geq 1$ eine natürliche Zahl ist, unendlich viele ganzzahlige Punkte kP gefunden, sobald diese Hyperbel auch nur zwei solche ganzzahligen Punkte N und P besitzt. Jetzt zeigen wir umgekehrt:

Satz 6.12. *Liegt auf der Hyperbel $\mathcal{H} : x^2 - dy^2 = 1$ kein ganzzahliger Punkt zwischen den ganzzahligen Punkten N und P, dann sind alle ganzzahligen Punkte auf $\mathcal{H}$ gegeben durch die Vielfachen von P.*

Dies ist jetzt ein einfaches geometrisches Argument: Ist Q irgendein ganzzahliger Punkt auf der Hyperbel $\mathcal{H}$, der kein Vielfaches von P ist, dann muss es ein k geben, sodass Q echt zwischen kP und $(k+1)P$ liegt. Dann ist aber $Q - kP$ ein ganzzahliger Punkt, der echt zwischen $N = 0P$ und P liegt. Nach Voraussetzung gibt es aber einen solchen nicht.

Wir weisen en passant darauf hin, dass die obigen Ergebnisse nicht an die spezielle Form der Hyperbelgleichung $x^2 - dy^2 = 1$ gebunden sind, sondern dass alle Rechnungen sich ebenso im allgemeineren Fall $x^2 - ax - by^2 = 1$ durchziehen lassen. Auch auf diesen Hyperbeln gibt es also unendlich viele ganzzahlige Punkte, sobald es auch nur einen einzigen neben $(\pm 1|0)$ gibt.

Mit Satz 6.12 ist die Bestimmung aller ganzzahliger Punkte auf Hyperbeln $\mathcal{H} : x^2 - dy^2 = 1$, da wir ja $N(1|0)$ sozusagen geschenkt bekommen, auf die Bestimmung eines einzigen ganzzahligen Punkts $P(x_1|y_1)$ mit minimalem positivem y_1 zurückgeführt. Dass es immer einen solchen gibt, wenn $d > 0$ keine Quadratzahl ist, hat bereits Lagrange gezeigt. Die explizite Bestimmung des erzeugenden Punktes P bei gegebenem d ist oft erstaunlich mühsam: Bereits Fermat hat seine Zeitgenossen mit der Aufgabe geärgert, sie mögen doch die kleinste Lösung der Gleichungen $x^2 - 67y^2 = 1$ und $x^2 - 109y^2 = 1$ finden. Zu seinem größten Bedauern ist dies dem Engländer Lord Brouncker tatsächlich gelungen; er fand etwa

$$48842^2 - 67 \cdot 5967^2 = 1 \quad \text{und} \quad 8890182^2 - 109 \cdot 851525^2 = 1.$$

Euler hat später das Buch von Brounckers Landsmann Wallis nur oberflächlich gelesen, in welchem dieser Brounckers Leistung detailliert vorgestellt hat, und hat die Gleichung $x^2 - dy^2 = 1$ versehentlich dem Engländer Pell zugeschrieben, nach dem diese Gleichung bis heute fälschlicherweise benannt ist.

Ein Großteil unserer Ergebnisse für die Platonsche Hyperbel ordnet sich einem sehr allgemeinen Satz unter, den wir hier leider nicht vollständig beweisen werden können, aber dennoch formulieren wollen:

Satz 6.13. *Die Hyperbel $\mathcal{H} : X^2 - mY^2 = 1$, bei der m eine positive natürliche Zahl ist, besitzt die beiden Asymptoten $Y = \pm\frac{1}{\sqrt{m}} X$. Weiter gilt:*

1. *Ist m eine Quadratzahl, so liegen auf den Asymptoten unendlich viele ganzzahlige Punkte, auf der Hyperbel $\mathcal{H}$ dagegen nur zwei.*

2. *Ist m keine Quadratzahl, dann ist $(0|0)$ der einzige ganzzahlige Punkt auf den Asymptoten, während die Hyperbel in diesem Fall unendlich viele ganzzahlige Punkte besitzt.*

Die erste Behauptung ist banal: Ist $m = k^2$ eine positive Quadratzahl, so haben die Asymptoten die Gleichungen $y = \pm\frac{1}{k}x$, folglich liegen darauf die ganzzahligen Punkte $(kt| \pm t)$ für alle ganzen Zahlen t. In diesem Fall liegen auf der Hyperbel $X^2 - k^2Y^2 = 1$ nur die beiden ganzzahligen Punkte $(\pm1|0)$: Nach der dritten binomischen Formel kann man nämlich die Gleichung in der Form $(X - kY)(X + kY) = 1$ schreiben, und 1 ist nur auf zwei Arten das Produkt ganzer Zahlen: Entweder ist also $X - kY = X + kY = 1$ oder $X - kY = X + kY = -1$, was in der Tat sofort $y = 0$ und $x = \pm1$ liefert.

Ist m dagegen keine Quadratzahl, so liegt auf den Asymptoten nur ein einziger rationaler Punkt, nämlich der Ursprung. Der Grund dafür ist die Irrationalität von $\sqrt{m}$ in diesem Fall: Ist nämlich m keine Quadratzahl, dann liegt sie zwischen zwei aufeinanderfolgenden Quadratzahlen, d.h. es ist etwa $k^2 < m < (k+1)^2$. Wäre nun $\sqrt{m} = \frac{p}{q}$ rational, so liefert Erweitern mit $\sqrt{m} - k$ die folgende Gleichungskette:

$$\sqrt{m} = \frac{m - k\sqrt{m}}{\sqrt{m} - k} = \frac{m - k\frac{p}{q}}{\frac{p}{q} - k} = \frac{mq - kp}{p - kq}.$$

Wenn wir zeigen können, dass Zähler und Nenner positiv sind und $p - qk < q$ ist, haben wir eine rationale Darstellung von $\sqrt{m}$ mit kleinerem Nenner gefunden. Diese Prozedur setzen wir dann so lange fort, bis sich durch unendlichen Abstieg ein Widerspruch ergibt.

Jetzt bleiben noch ein paar Hausaufgaben zu erledigen.

- $p - kq > 0$ folgt aus $k < m = \frac{p}{q}$,

- $p - kq < q$ folgt aus $\frac{p}{q} = m < k + 1$.

Damit ist gezeigt, dass m kein Quadrat einer rationalen Zahl sein kann, dass also auf dem Geradenpaar $Y^2 = mX^2$ kein einziger ganzzahliger Punkt außer $(0|0)$ liegt.

Schwierig zu beweisen ist also nur die letzte Aussage über die Lösbarkeit der „Pellschen" Gleichung $x^2 - dy^2 = 1$ für natürliche Zahlen d, die keine Quadrate sind.

6.6 Auf- und Abstieg auf der Fibonacci-Hyperbel

Die Fibonacci-Zahlen gehen auf ein Problem zurück, das Leonardo von Pisa, auch Fibonacci genannt, Anfang des 13. Jahrhunderts in seinem *liber abaci* veröffentlicht hat. Diese Fibonacci- Zahlen F_n bezeichneten bei Fibonacci die Anzahl der Kaninchenpaare nach n Monaten, die jeweils einen Monat bis zur Geschlechtsreife brauchten und dann nach jedem weiteren Monat ein neues Paar zur Welt brachten. Bezeichnen wir die Anzahl der jungen Kaninchenpaare nach n Monaten mit J_n, die der geschlechtsreifen mit G_n, und die Anzahl aller Paare mit F_n, dann finden wir

n	1	2	3	4	5	6
J_n	1	0	1	1	2	3
G_n	0	1	1	2	3	5
F_n	1	1	2	3	5	8

Die Ausgangslage im ersten Monat ist ein junges Paar, im zweiten ein geschlechtsreifes Paar. Jedes geschlechtsreife Paar bringt ein junges Paar zur Welt, folglich muss $J_{n+1} = G_n$ sein. Weiter sind alle Paare nach einem Monat geschlechtsreif, also ist $G_{n+1} = F_n$. Daraus folgt $F_{n+1} = J_{n+1} + G_{n+1} = G_n + G_{n+1} = F_{n-1} + F_n$. Man definiert Fibonacci-Zahlen also durch $F_1 = F_2 = 1$ und die Rekursionsformel

$$F_{n+1} = F_n + F_{n-1} \qquad (6.21)$$

für alle $n \geq 1$.

Mithilfe dieser Rekursionsformel (6.21) kann man die ersten Fibonacci-Zahlen problemlos ausrechnen:

n	1	2	3	4	5	6	7	8	9	10	11	12
F_n	1	1	2	3	5	8	13	21	34	55	89	144

Mehr als ein halbes Jahrtausend lang hat sich kaum jemand für diese Zahlen interessiert; das änderte sich erst, als der französische Zahlentheoretiker Eduard Lucas derartige Zahlenreihen in einer ganzen Reihe von Aufsätzen bekannt machte. In einer seiner Arbeiten hat er gezeigt, dass aufeinanderfolgende Fibonacci-Zahlen x und y den Gleichungen $x^2 - xy - y^2 \pm 1 = 0$ genügen. Der Lehrer J. Wasteels (1865–1909) am Athenäum in Gand hat umgekehrt in [126] gezeigt, dass jede positive ganzzahlige Lösung dieser Gleichung ein Paar aufeinanderfolgender Fibonacci-Zahlen ist.

Wir haben in diesem Kapitel gelernt, was diesen beiden Beweisen zugrunde liegen muss: Ein Aufstieg auf der Fibonacci-Hyperbel $y^2 - xy - x^2 = 1$ wird die Existenz unendlich vieler ganzzahliger Lösungen nachweisen, und mit einem Abstieg werden wir zeigen, dass damit alle solchen Lösungen gefunden sind.

Für den Aufstieg brauchen wir außer dem neutralen Element $N(0|1)$ einen zweiten ganzzahligen Punkt, etwa $P(1|2)$. Wiederholte Addition dieses Punktes zu sich selbst liefert $2P = (3|5)$ und $3P = (8|13)$. Allgemein wird $nP = (F_{2n}|F_{2n+1})$ sein; zum Beweis benötigen wir lediglich explizite Additionsformeln.

Dazu zerlegen wir die „quadratische Form" $x^2 - xy - y^2$ in ihre Linearfaktoren (z.B. indem wir $x^2 - xy - y^2 = 0$ durch Division durch y^2 und Substitution $z = \frac{x}{y}$ auf $z^2 - z - 1 = 0$ zurückführen):

$$x^2 - xy - y^2 = \left(x - \frac{1 + \sqrt{5}}{2}y \right)\left(x - \frac{1 - \sqrt{5}}{2}y \right).$$

Um die Notation etwas glatter zu machen, setzen wir $\omega = \frac{1+\sqrt{5}}{2}$ und $\omega' = \frac{1-\sqrt{5}}{2}$; damit ist $\omega + \omega' = 1$ und $\omega\omega' = -1$, sodass nach Vieta diese beiden Zahlen Nullstellen von $z^2 - (\omega + \omega')z + \omega\omega' = z^2 - z - 1$ sind wie erwartet.

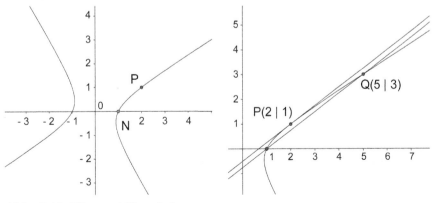

Abb. 6.13. Fibonacci-Hyperbel

Ordnen wir den beiden Punkten $P_1(x_1|y_1)$ und $P_2(x_2|y_2)$ die beiden Zahlen $x_1 - y_1\omega$ und $x_2 - y_2\omega$ zu, dann erwarten wir wie im Falle der Platonschen Hyperbel, dass die Summe $P_1 \oplus P_2$ dem Produkt der beiden Zahlen entspricht. Wir finden

$$(x_1 - y_1\omega)(x_2 - y_2\omega) = x_1 x_2 + y_1 y_2 \omega^2 - (x_1 y_2 + x_2 y_1)\omega$$
$$= x_1 x_2 + y_1 y_2 - (x_1 y_2 + x_2 y_1 - y_1 y_2)\omega,$$

und zum Nachweis der Additionsformeln

$$(x_1|y_1) \oplus (x_2|y_2) = (x_2|y_3) \quad \text{mit} \quad x_3 = x_1 x_2 + y_1 y_2, \quad y_3 = x_1 y_2 + x_2 y_1 - y_1 y_2$$

müssen wir nur nachrechnen, dass

- $P_3(x_3|y_3)$ auf der Fibonacci-Hyperbel $x^2 - xy - y^2 = 1$ liegt, und dass

- die Steigung der Geraden durch P_1 und P_2 gleich derjenigen durch P_3 und N ist.

Mit $P(2|1)$ finden wir nun $2P = (5|3)$, $3P = (13|8)$, $4P = (34|21)$ usw. (siehe Abb. 6.13). Der Addition von P auf der Hyperbel entspricht dabei die Multiplikation mit $2 - \omega$:

$$
\begin{aligned}
2 \cdot (2|1) &= (5|3), & (2-\omega)^2 &= 5 - 3\omega, \\
3 \cdot (2|1) &= (13|8), & (2-\omega)^3 &= 13 - 8\omega, \\
4 \cdot (2|1) &= (34|21), & (2-\omega)^3 &= 34 - 21\omega.
\end{aligned}
$$

Daraus folgt mittels vollständiger Induktion, dass $nP = (F_{2n+1}|F_{2n})$, sowie $(2 - \omega)^n = F_{2n+1} - F_{2n}\omega$ ist und damit all diese ganzzahligen Punkte auf der Fibonacci-Hyperbel liegen. Mit unendlichem Abstieg werden wir jetzt zeigen, dass es außer den Vielfachen von $P(2|1)$ keine weiteren ganzzahligen Punkte im ersten Quadranten gibt. Dies machen wir Wort für Wort so wie auf der Platonschen Hyperbel: Ist A ein von allen Punkten kP verschiedener ganzzahliger Punkt auf dem Ast der Fibonacci-Hyperbel im ersten Quadranten, so liegt er zwischen zwei aufeinanderfolgenden Vielfachen von P, sagen wir zwischen kP und $(k+1)P$. Dann ist auch $A \ominus kP$ ganzzahlig und liegt zwischen $N(1|0)$ und $P(2|1)$, was offenbar unmöglich ist.

Die Binetsche Formel

Wir haben oben die Fibonacci-Zahlen durch die Rekursion $F_{n+1} = F_n + F_{n-1}$ definiert. Eine andere rekursiv definierte Reihe ist $P_1 = 1$, $P_2 = 3$, $P_3 = 7$, $P_4 = 15$, ..., wobei hier $P_{n+1} = 2P_n + 1$ ist. Allerdings besitzen die Zahlen P_n offenbar eine andere, explizite Darstellung: Es ist $P_n = 2^n - 1$. Damit kann man die Rekursionsformel leicht bestätigen: $2P_n + 1 = 2(2^n - 1) + 1 = 2^{n+1} - 1 = P_{n+1}$.

Unsere Ergebnisse von oben erlauben es uns, eine Formel für die Fibonacci-Zahlen zu finden, die den Gleichungen in (6.18) entspricht und nach Binet benannt ist. Wir haben nämlich gefunden, dass

$$(2 - \omega)^n = F_{2n+1} - F_{2n}\omega, \quad \text{und} \quad (2 - \omega')^n = F_{2n+1} - F_{2n}\omega'$$

gilt. Subtraktion dieser Gleichungen liefert

$$(2 - \omega)^n - (2 - \omega')^n = F_{2n}(\omega - \omega').$$

Wegen $\omega^2 = 1 + \omega = 2 - \omega'$ und $\omega'^2 = 1 + \omega' = 2 - \omega$ können wir diese Gleichung auch in der Form

$$F_{2n} = \frac{\omega^{2n} - \omega'^{2n}}{\omega - \omega'}$$

schreiben. Daraus erhalten wir dann wie folgt eine entsprechende Gleichung für ungerade Indizes:

$$
\begin{aligned}
F_{2n+1} = F_{2n+2} - F_{2n} &= \frac{\omega^{2n+2} - \omega'^{2n+2}}{\omega - \omega'} - \frac{\omega^{2n} - \omega'^{2n}}{\omega - \omega'} \\
&= \frac{\omega^2 \omega^{2n} - \omega'^2 \omega'^{2n}}{\omega - \omega'} - \frac{\omega^{2n} - \omega'^{2n}}{\omega - \omega'} \\
&= \frac{(\omega^{2n} - 1)\omega^{2n} - (\omega'^2 - 1)\omega'^{2n}}{\omega - \omega'} = \frac{\omega^{2n+1} - \omega'^{2n+1}}{\omega - \omega'}
\end{aligned}
$$

wegen $\omega^2 = 1 + \omega$. Damit haben wir die Binetsche Formel

$$F_n = \frac{\omega^n - \omega'^n}{\omega - \omega'} \tag{6.22}$$

für alle $n \geq 1$.

Eine Diophantische Charakterisierung der Fibonacci-Zahlen

Der folgende Satz ähnelt seiner Struktur nach der Beckschen Aufgabe, die wir zu Beginn dieses Kapitels formuliert haben:

Satz 6.14. *Sind x und y natürliche Zahlen und ist xy ein Teiler von $x^2 + y^2 + 1$, dann gilt $x^2 + y^2 + 1 = 3xy$.*

In diesem Fall sind alle Lösungen gegeben durch $x = F_{2n-1}$, $y = F_{2n+1}$, wobei F_n die Fibonacci-Zahlen sind.

Sei $x^2 + y^2 + 1 = kxy$. Dann ist sicherlich $k \geq 3$: Der Fall $k = 1$ führt auf $x^2 - xy + y^2 = -1$, was nach Multiplikation mit 4 und quadratischer Ergänzung $(2x - y)^2 + 3y^2 = -4$ ergibt, während $k = 2$ sofort $(x - y)^2 = -1$ liefert. Beide Gleichungen sind unmöglich, weil auf der linken Seite Ausdrücke stehen, die keine negativen Werte annehmen können.

Im Falle $k \geq 3$ kann nicht $x = y$ sein, weil dies $2x^2 + 1 = kx^2$ ergibt, was nur für $x = 1$ und $k = 3$ eine Lösung ist.

Für $k = 3$ finden wir folgende kleinen Lösungen:

n	0	1	2	3	4	5	6
x	1	1	2	5	13	34	89
y	1	2	5	13	34	89	144

Ist also (x,y) eine Lösung der Gleichung, so ist $(y,3y-x)$ eine weitere. Das kann man einfach nachrechnen: Ist $x^2 - 3xy + y^2 = -1$, dann gilt auch

$$(3y-x)^2 + y^2 - 3y(3y-x) = x^2 - 3xy + y^2 = -1.$$

Dass die aus (1,2) entstehenden Lösungen allesamt Fibonacci-Zahlen sind, liegt daran, dass das erste Paar $(1,2) = (F_1, F_3)$ ein Paar aufeinanderfolgender Fibonacci-Zahlen mit ungeradem Index ist und dass diese derselben Rekursion genügen: Ist nämlich (F_{2n-3}, F_{2n-1}) ein Paar aufeinanderfolgender Fibonacci-Zahlen mit ungeradem Index, dann ist $F_{2n+1} = 3F_{2n-1} - F_{2n-3}$ wegen

$$F_{2n+1} = F_{2n} + F_{2n-1} = (F_{2n-1} + F_{2n-2}) + F_{2n-1}$$
$$= 2F_{2n-1} + (F_{2n-1} - F_{2n-3}) = 3F_{2n-1} - F_{2n-3}.$$

Ist also (a,b) ein ganzzahliger Punkt auf der Hyperbel, dann auch $(b,3b-a)$. Damit haben wir durch Aufstieg gefunden, dass die Gleichung $x^2 + y^2 + 1 = kxy$ die Lösungen $x = F_{2n-1}$ und $y = F_{2n+1}$ für alle $n \geq 1$ hat.

Jetzt wollen wir durch Abstieg zeigen, dass dadurch alle ganzzahligen Lösungen der Gleichung $x^2 + y^2 + 1 = kxy$ im ersten Quadranten und mit $x \leq y$ gegeben sind. Dazu zeigen wir zuerst, dass die einzige Lösung mit $x = y$ das Paar $(x,y) = (1,1)$ ist. In der Tat folgt aus $2x^2 + 1 = kx^2$ sofort, dass $1 = (k-2)x^2$ und damit $x = 1$ und $k = 3$ sein muss. Weil mit (x,y) auch (y,x) eine ganzzahlige Lösung ist, dürfen wir $y > x$ annehmen.

Sei nun $x = a$, $y = b$ eine ganzzahlige Lösung der Gleichung $x^2 - kxy + y^2 + 1 = 0$ mit $0 < x < y$. Wir betrachten a als fest und suchen eine zweite Lösung (a,y). Aus $a^2 - kay + y^2 + 1 = (y-b)(y-b_1)$ folgt $b + b_1 = ka$ und $bb_1 = a^2 + 1$. Die erste Gleichung zeigt, dass b_1 eine ganze Zahl ist, die zweite, dass $b_1 > 0$ ist.

Wegen $b > a$ ist $b_1 = \frac{a^2+1}{b} = \frac{a^2}{b} + \frac{1}{b} < a + \frac{1}{b} < a + 1$, also $b_1 \leq a$. Im Falle $b_1 = a$ haben wir bereits oben gesehen, dass dies nur für $a = 1$ geht.

Solange also $b \geq a > 1$ ist, können wir aus (a,b) eine Lösung (a,b_1) und damit (b_1, a) mit $b_1 < a$ gewinnen. Nach endlich vielen Schritten muss dann $a = b = 1$ sein, und dies liefert $k = 3$. Da sich k hierbei nicht geändert hat, muss $k = 3$ für alle ganzzahligen Lösungen sein.

Der Zusammenhang mit der Fibonacci-Hyperbel

Dass die Lösungen der diophantischen Gleichungen $x^2 - xy - y^2 = 1$ und $x^2 + y^2 + 1 = 3xy$ die Fibonacci-Zahlen sind, kann kein Zufall sein, sondern muss eine geometrisch-algebraische Erklärung besitzen. Um dies einzusehen, formen wir die zweite Gleichung etwas um:

$$\begin{aligned} x^2 + y^2 + 1 &= 3xy & &| -2xy \\ x^2 - 2xy + y^2 + 1 &= xy & &|\text{binomische Formel} \\ (x-y)^2 + 1 &= xy & &|\text{Substitution } x - y = z \\ z^2 + 1 &= x(x-z) & & \\ 1 &= x^2 - xz - z^2. & & \end{aligned}$$

Bis auf eine einfache Änderung der Variablen (was geometrisch auf Drehungen und Streckungen hinausläuft) sind die Gleichungen also im Wesentlichen dieselben.

Das hätte man ganz ohne Rechnung erahnen können, wenn wir uns die Diskriminante der in x quadratischen Polynome $x^2 - xy - y^2$ bzw. $x^2 - 3xy + y^2$ angesehen hätten: Beide haben dieselbe Diskriminante $5y^2$. Die Frage, ob man alle derartigen quadratischen Formen $Ax^2 + Bxy + Cy^2$ mit derselben Diskriminante durch derartige Transformationen ineinander überführen kann, wird von der Theorie der binären quadratischen Formen mit ganzen Koeffizienten (negativ) beantwortet, die Carl-Friedrich Gauß 1801 in seinem Jahrhundertwerk *Disquisitiones Arithmeticae* in vollständiger Allgemeinheit auseinandergesetzt hat.

6.7 Auf- und Abstieg auf der Beckschen Hyperbel

Jetzt ist es an der Zeit, zu unserem Ausgangsproblem von der IMO 1988 vom Anfang dieses Kapitels zurückzukehren. Setzen wir $\frac{a^2+b^2}{ab+1} = m^2$ einer Quadratzahl gleich und nennen die Variablen x und y statt a und b, so erhalten wir die „Becksche Hyperbel"

$$\mathcal{H}: \quad x^2 - m^2xy + y^2 - m^2 = 0. \tag{6.23}$$

Um alle ganzzahligen Punkte auf der Beckschen Hyperbel zu bestimmen, suchen wir alle solchen Punkte mit ganzzahligen Koordinaten, legen ein neutrales Element fest, und bestimmen durch Aufstieg mit dem Gruppengesetz unendlich viele ganzzahlige Lösungen. Danach werden wir mit Abstieg zeigen, dass dies alle Lösungen sind. Die Lösung des IMO-Problems erfordert den Nachweis, dass die Hyperbel

$$\mathcal{H}_k : x^2 - kxy + y^2 - k = 0$$

überhaupt keine ganzzahligen Punkte hat, wenn $k > 0$ kein Quadrat ist; auch das werden wir mit Abstieg zeigen.

Die Hyperbel $\mathcal{H}$ in (6.23) besitzt einige offensichtliche Punkte mit ganzzahligen Koordinaten, nämlich

$$P(m|0), \ P'(0|m), \ Q(-m|0), \quad \text{und} \quad Q'(0|-m).$$

Wir wählen $N = Q'$ als unser neutrales Element und finden damit $P' \oplus Q = P$, sowie $P \oplus P' = Q$ und $2P' = P' \oplus P' = N$. Weitere Punkte auf der Beckschen Hyperbel erhalten wir durch Verdopplung dieser Punkte:

Aufgabe 6.15. *Zeige, dass auf der Beckschen Hyperbel $2P = P \oplus P = R$ ist mit $R(m^3|m)$.*

Aufstieg. Es ist schwer zu übersehen, dass die Geraden PQ und $P'R$ beide waagrecht sind. Ebenso sind die Geraden NP' und PR' mit $R'(m|m^3)$ beide senkrecht. Ist $P(x|y)$ ein Punkt auf der Beckschen Hyperbel, dann auch $P^*(y|x)$, weil Vertauschen von x und y die Gleichung der Hyperbel $x^2 - kxy + y^2 = k$ nicht verändert, was geometrisch darauf hinausläuft, dass die Hyperbel die Symmetrieachse $y = x$

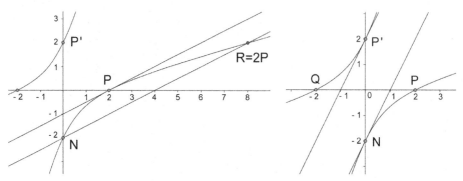

Abb. 6.14. Verdopplung von P und P' auf der Beckschen Hyperbel.

besitzt. Weiter wollen wir mit $\overline{P}(x'|y)$ denjenigen Punkt auf $\mathcal{H}$ bezeichnen, der dieselbe y-Koordinate wie P hat.

Um x' zu bestimmen, lösen wir die Gleichung $X^2 - kXy + y^2 = k$ bei festem y nach x auf. Es ist also $X^2 - kXy + y^2 - k = 0$ eine quadratische Gleichung mit Lösung $X_1 = x$; nach Vieta ist die Summe der beiden Lösungen gleich ky, d.h. die zweite Lösung ist gegeben durch $X_2 = ky - x$. In der Tat rechnet man sofort nach, dass

$$(ky - x)^2 - k(ky - x)y + y^2 = x^2 - kxy + y^2 = k$$

ist.

Satz 6.15. *Mit $S(x|y)$ sind auch $S^*(y|x)$ und $\overline{S} = (ky - x|y)$ Punkte auf $\mathcal{H}_k$. Ist S ganzzahlig, dann auch S^* und $\overline{S}$.*

Ausgehend von $P(m|0)$ auf $\mathcal{H}$ finden wir so $P^* = Q(0|m)$, $\overline{Q} = R(m^3|m)$, $R^* = S(m|m^3)$, $\overline{S} = T(m^5 - m|m^3) \dots$; wir bemerken allerdings, dass diese Punkte im Falle $m = 1$ mit den bereits bekannten Punkten $(1|0)$ und $(0|1)$ übereinstimmen, was nicht weiter verwunderlich ist:

Aufgabe 6.16. *Im Falle $m = 1$ lautet die Gleichung unseres Kegelschnitts*

$$x^2 - xy + y^2 = 1.$$

Zeige, dass auf dieser Kurve nur sechs Punkte mit ganzen Koordinaten liegen.

Der Zusammenhang zwischen den Operationen $Q \mapsto Q^*$ und $Q \mapsto \overline{Q}$ und dem Gruppengesetz ist folgender (siehe Abb. 6.15):

Satz 6.16. *Ist das Gruppengesetz auf $\mathcal{H} : x^2 - m^2xy + y^2 = m^2$ durch $N(0| - m)$ festgelegt und setzt man $P(m|0)$, dann gilt für jeden Punkt S auf $\mathcal{H}$*

$$P \oplus S = \overline{S^*}.$$

Bevor wir diese Behauptung nachrechnen, bemerken wir zuerst, dass $2P' = N$ für $P'(0|m)$ ist. Dazu ist nur nachzurechnen, dass die Tangenten in P' und N dieselbe Steigung haben. Implizites Ableiten von $x^2 - m^2xy + y^2 - m^2 = 0$ ergibt

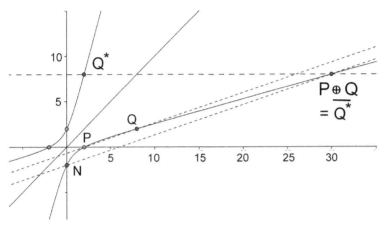

Abb. 6.15. Illustration von Satz 6.16.

$2x - m^2y - m^2yy' + 2yy' = 0$, also $y' = \frac{2x+m^2y}{2y-m^2y}$. Daher ist $y'(P') = \frac{m^3}{2m-m^3} = \frac{m^2}{2-m^2}$
und $y'(N) = \frac{-m^3}{-2m+m^3} = \frac{m^2}{2-m^2}$.

Um die Behauptung von Satz 6.16 nachzurechnen, müssen wir zeigen, dass die Steigung der Geraden durch P und S mit der Steigung der Geraden durch N und $\overline{S^*}$ übereinstimmt; dass all diese Punkte auf $\mathcal{H}$ liegen, haben wir ja bereits gesehen.

Die Steigung der Geraden durch $P(m|0)$ und $S(x|y)$ ist offenbar $\frac{y}{x-m}$, diejenige der Geraden durch $N(0|-m)$ und $\overline{S^*}(m^2x-y|x)$ gleich $\frac{x+m}{m^2x-y}$. Es ist also zu zeigen, dass

$$\frac{y}{x-m} = \frac{x+m}{m^2x-y}$$

gilt; Wegschaffen der Nenner liefert aber die Gleichung

$$x^2 - my^2 + y^2 - m^2 = 0,$$

die gilt, weil $S(x|y)$ auf $\mathcal{H}$ liegt.

Wie ein Blick auf Abb. 6.16 zeigt, ist der Vietasche Wurzelwechsel, bei dem man zu einem ganzzahligen Punkt Q erst einen Punkt $\overline{Q}$ mit gleicher y-Koordinate und dann einen Punkt $\overline{Q}^\perp$ mit gleicher x-Koordinate konstruiert, dasselbe wie der Übergang von Q zu $Q - 2P$ mit dem Gruppengesetz auf $\mathcal{H}$.

Der Aufstieg von S zu $S \oplus P$ (und ganz entsprechend der Abstieg) wird dabei von der Abbildung $(x|y) \mapsto (m^2x-y|x)$ geliefert, die sogar für beliebige Hyperbeln $\mathcal{H}_k$ sinnvoll ist. Dieser „Transfer" des Gruppengesetzes von einer Hyperbel mit ganzzahligen Punkten auf eine Hyperbel, die keine solchen Punkte besitzt, und den wir in einer ähnlichen Form bereits beim Irrationalitätsbeweis von $\sqrt{2}$ gesehen haben (bei dem der Aufstieg auf $x^2 - 2y^2 = 1$ auf das Geradenpaar $x^2 - 2y^2 = 0$ übertragen wurde), ist der eigentliche Kern des Vietaschen Wurzelwechsels.

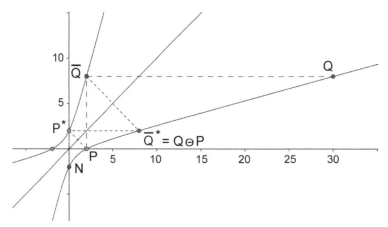

Abb. 6.16. Gruppengesetz und Wurzelwechsel

6.8 Elliptische Kurven

Elliptische Kurven sind der Gegenstand eines ganz zentralen Gebiets der modernen Zahlentheorie. Ihre Arithmetik wird bei der sicheren Übertragung von Nachrichten auf Smartphones ebenso benutzt wie beispielsweise beim Beweis der Fermatschen Vermutung, wonach die Gleichung $x^n + y^n = z^n$ für $n \geq 3$ keine Lösung in positiven ganzen Zahlen hat. Verglichen mit diesem Beweis hat aber die Anwendung in der Nachrichtenübertragung eher Kindergartenniveau.

Für uns sind elliptische Kurven die Punkte $(x|y)$, die einer Gleichung der Form

$$y^2 = x^3 + ax + b$$

genügen. Eine sehr „berühmte" elliptische Kurve hat die Gleichung $y^2 = x^3 - 2$; diese tauchte erstmals in einem Problem von Diophant auf. Dieser gab in seinem Buch *Arithmetika* die Lösung $(3|5)$ dieser Gleichung an. Nachdem man die Werke Diophants ab dem 15. Jahrhundert in Europa wieder entdeckt hatte, fragte sich Claude Gaspar Bachet de Meriziac als Erster, ob es vielleicht noch weitere (rationale) Lösungen dieser Gleichung gebe, und er konnte darauf auch eine Antwort geben. Erst viele Jahrhunderte nach Bachet hat man bemerkt, dass sich dessen Rechnungen geometrisch interpretieren lassen.

Mithilfe der Geometrie ist die Auffindung einer weiteren rationalen Lösung kein Problem (siehe Abb. 6.17): Die Tangente im Punkt $P(3|5)$ schneidet die elliptische Kurve in einem zweiten Punkt Q, dessen Koordinaten, wie die folgende Rechnung zeigen wird, notwendig wieder rational sein müssen. Die Steigung der Tangente erhalten wir aus der Gleichung $y^2 = x^3 - 2$ durch „implizites Ableiten"; dieses liefert $2yy' = 3x^2$, also $y' = \frac{3x^2}{2y}$ und daraus nach Einsetzen von P die Steigung $m = \frac{27}{10}$. Also ist die Tangentengleichung

$$y = \frac{27}{10}(x - 3) + 5.$$

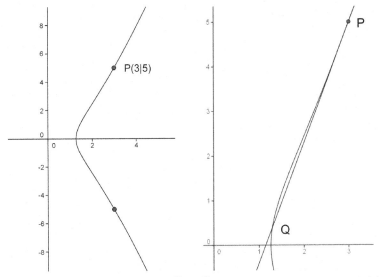

Abb. 6.17. Elliptische Kurve $y^2 = x^3 - 2$ und ihre Tangente in $P(3|5)$.

Schneiden mit der Kurve liefert die Gleichung

$$\left(\frac{27}{10}(x-3) + 5\right)^2 = x^3 - 2,$$

also nach Auflösen der großen Klammer

$$x^3 - \frac{729}{100}(x-3)^2 + 27(x-3) - 27 = 0,$$

von welcher wir die doppelte Lösung $x = 3$ kennen. Also muss nach Vieta das Polynom auf der linken Seite die Form $(x-3)^2(x-q)$ besitzen, wobei $x = q$ die x-Koordinate des zweiten Schnittpunkts Q bezeichnet. Vergleicht man die Koeffizienten von x^2 auf beiden Seiten, so folgt

$$-\frac{729}{100} = -3 - 3 - q, \quad \text{d.h.} \quad q = -6 + \frac{729}{100} = \frac{129}{100}.$$

Einsetzen in die Geradengleichung ergibt dann $y = \frac{27}{10}\left(\frac{129}{100} - 3\right) + 5 = \frac{383}{1000}$ und damit die neue rationale Lösung $x = \frac{129}{100}$, $y = \frac{383}{1000}$ der Gleichung $y^2 = x^3 - 2$. Da sich dieses Verfahren wiederholt, erhält man eine unendliche Folge von Punkten mit rationalen Koordinaten, deren Nenner, wie man zeigen kann, sehr schnell immer größer werden.

Weil Bachets Methode keine weiteren ganzzahligen Lösungen liefert, hat Fermat vermutet, dass der Punkt $P(3|5)$ der einzige Punkt auf der Kurve $y^2 = x^3 - 2$ ist, dessen Koordinaten positive ganze Zahlen sind. Erst Euler konnte dies ein Jahrhundert später mit einem abenteuerlichen Beweis (der unter anderem komplexe Zahlen benutzte) erhärten. Die Bestimmung aller Punkte mit ganzen Koordinaten auf elliptischen Kurven ist ein wichtiges Problem der modernen Zahlentheorie;

noch wichtiger ist die Beschreibung aller rationalen Punkte auf solchen Kurven; die dazugehörige Vermutung von Birch und Swinnerton-Dyer gehört zusammen mit der Riemannschen Vermutung sicherlich zu den bedeutendsten Vermutungen der heutigen Zahlentheorie.

Elliptische Kurven treten manchmal in etwas anderer Gestalt auf; so beschreibt auch $u^3 + v^3 = a$ mit den Variablen u und v und der Konstante $a \neq 0$ eine elliptische Kurve: Der Ansatz $u = r + s$, $v = r - s$ (es ist wichtig, dass dies umkehrbar ist, dass man also u und v aus r und s eindeutig zurückerhalten kann; im vorliegenden Beispiel ist $r = \frac{u+v}{2}$, $s = \frac{u-v}{2}$) liefert

$$a = (r + s)^3 + (r - s)^3 = 2r^3 - 6rs^2.$$

Division durch r^3 ergibt nun

$$\frac{a}{r^3} = 2 - 6\left(\frac{s}{r}\right)^2.$$

Mit $U = \frac{1}{r}$ und $V = \frac{s}{r}$ (auch diese Substitution ist umkehrbar!) liest sich dies so: $aU^3 = 2 - 6V^2$. Multiplikation mit $6^3 a^2$ ergibt $(6aU)^3 = 432a^2 - (36aV)^2$. Setzt man also schließlich $36aV = y$ und $-6aU = x$, dann erhalten wir

$$y^2 = x^3 + 432a^2.$$

Wegen der Umkehrbarkeit der beiden Substitutionen entspricht jeder Punkt mit rationalen Koordinaten auf der Ausgangskurve $u^3 + v^3 = a$ einem rationalen Punkt auf der elliptischen Kurve $y^2 = x^3 + 432a^2$ und umgekehrt.

Elliptische Kurven als Gruppen

Die oben eingeführte Methode, um aus zwei Punkten mit rationalen Koordinaten einen dritten zu finden, lässt sich zur Definition einer Addition von rationalen Punkten verwenden. Allerdings hat man dazu einen „unendlich fernen Punkt" N auf elliptischen Kurven einzuführen, den man sich „ganz oben" vorstellt. Um dann zwei rationalen Punkte A und B zu addieren, bestimmt man den dritten Schnittpunkt C^* der Geraden durch A und B mit der elliptischen Kurve und spiegelt dann C^* an der x-Achse; den so gefundenen Punkt C nennt man dann die Summe $A \oplus B = C$ von A und B.

Der Nachweis, dass dies die Menge der rationalen Punkte auf einer elliptischen Kurve zu einer Gruppe macht, ist geometrisch recht einfach mit Ausnahme des Assoziativgesetzes, für welches man eine Verallgemeinerung des Satzes von Pascal benötigt; wie schon im Falle von Kegelschnitten muss man dabei auch eine Unmenge von verschiedenen Fällen unterscheiden, wenn zwei oder mehr Punkte, die bei der Konstruktion von $A \oplus (B \oplus C)$ auftreten, zusammenfallen.

Aber auch der rechnerische Nachweis der Assoziativität der Addition ist im Falle elliptischer Kurven so kompliziert, dass er sich von Hand kaum ausführen lässt; mithilfe mächtiger Computeralgebrasystemen lässt sich diese Arbeit an den Computer abschieben, aber die Frage bleibt, welche Einsicht man gewonnen hat,

Das Neujahrsquiz des Sunday Telegraph

Der Sunday Telegraph in London veranstaltet jährlich ein Neujahrsquiz; 1995 waren zwei der Fragen die folgenden

- *Löse die Gleichung $A^3/B^3 + C^3/D^3 = 6$, bei der A, B, C, D positive ganze Zahlen unter 100 sind.*
- *Extrafrage mit einem £450-Preis. Gib entweder eine zweite Lösung der obigen Gleichung an, bei der die vier Unbekannten teilerfremde ganze Zahlen größer als 100 sind, oder zeige, dass eine solche zweite Lösung nicht existiert.*

Ein kleines Programm (z.B. in `pari`) liefert schnell die bis auf Vertauschungen (und Vielfache) eindeutige Lösung $a = 17$, $c = 37$, und $b = d = 21$ in ganzen Zahlen unterhalb von 100

Um eine zweite Lösung zu finden, schreiben wir $x = A/B$ und $y = C/B$ (offenbar können wir $B = D$ annehmen, indem wir die beiden Brüche auf den Hauptnenner bringen) und haben dann $E : x^3 + y^3 = 6$. Die Idee ist, die Tangente in $(x_0|y_0)$, wo $x_0 = \frac{17}{21}$ und $y_0 = \frac{37}{21}$ ist, mit der Kurve E zu schneiden. Implizites Ableiten ergibt $3x^2 + 3y^2 y' = 0$, also

$$m = -\frac{x_0^2}{y_0^2} = -\frac{289}{1369}.$$

Jetzt schneidet man die Tangente $y = m(x - x_0) + y_0$ mit $E : x^3 + y^3 = 6$.

Aufgabe 6.17. *Zeige mit Vieta, dass diese Tangente die elliptische Kurve außer im Ausgangspunkt auch noch in $(x_1|y_1)$ schneidet, wobei*

$$x_1 = -\frac{1805723}{960540}, \quad y_1 = +\frac{2237723}{960540}.$$

ist.

Leider x_1 das falsche Vorzeichen. Aber wir können das Verfahren wiederholen:

Aufgabe 6.18. *Zeige, dass die Wiederholung dieses Verfahrens den neuen Punkt $(x_2|y_2)$ mit*

$$x_2 = \frac{x_1^4 + 2x_1 y_1^3}{x_1^3 - y_1^3} = \frac{298351712981144339450111441}{16418498990114429433751236 0},$$

$$y_2 = -\frac{y_1^4 + 2x_1^3 y_1}{x_1^3 - y_1^3} = -\frac{127645453053078955345944 1}{16418498990114429433751236 0}.$$

liefert.

Auch hier stimmen die Vorzeichen nicht; in der nächsten Runde findet man riesige Zahlen. Die kleinste Antwort auf die zweite Frage erhält man, wenn man statt der Tangente an P_2 die Sekante durch P_1 und P_2 mit E schneidet:

$$A = 1498088000358117387964077872464225368637808093957571271237,$$

$$C = 1659187585671832817045260251600163696204266708036135112763,$$

$$B = D = 1097408669115641639274297227729214734500292503382977739220.$$

wenn der Computer am Ende $0 = 0$ ausgibt und die Assoziativität damit bewiesen ist.

Um daher einen Formelsalat zu vermeiden, der sich über Dutzende von Seiten erstreckt, kommt man um die Einführung zusätzlicher Strukturen nicht herum; ein möglicher Zugang benutzt z.B. elliptische Funktionen, die man beim Versuch, den Umfang von Ellipsen zu berechnen, entdeckt hat. Im Mathematikstudium lernt man solche Funktionen in der komplexen Analysis (im Deutschen auch oft Funktionentheorie genannt) kennen, in der Physik tauchen sie z.B. bei der Untersuchung der Schwingung eines einfachen Pendels auf.

6.9 Übungen

6.1 Eine weitere geometrische Art der Multiplikation zweier Strecken ist folgende (sh. [26, Aufg. III.1.3]; vgl. auch die Methode von Carlyle und Lill):

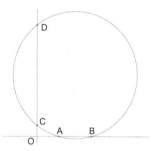

Um die Strecken der Längen a und b zu multiplizieren, benutze man ein rechtwinkliges Koordinatensystem mit Ursprung O und trage die Punkte $A(a|0)$, $B(b|0)$ und $C(0|1)$ ein. Der Kreis durch A, B und C schneidet die y-Achse in einem weiteren Punkt D, für welchen $OD = ab$ ist.

Rechne diese Behauptung nach und finde einen geometrischen Beweis (Hinweis: Der Sehnensatz [75, Satz 5.11]).

6.2 Was bedeutet das Assoziativgesetz $a(bc) = (ab)c$ für positive reelle Zahlen a, b, c geometrisch, wenn man mit Descartes Konstruktion multipliziert?

6.3 Was bedeutet das Distributivgesetz $a(b + c) = ab + ac$ für positive reelle Zahlen a, b, c geometrisch?

6.4 Gegeben sei ein Paar sich schneidender Geraden mit Schnittpunkt S. Fixiere auf einer Geraden einen Punkt $N \neq S$. Um die „Summe" $A \oplus A'$ zweier Punkte A und A' zu definieren, die auf verschiedenen Geraden liegen, gibt es folgende Möglichkeiten:

1. Die Parallele zu AA' durch N schneidet die zweite Gerade in $B = A \oplus A'$.

2. Der Kreis durch N, A und A' schneidet die zweite Gerade in B'. Der Kreis durch B' mit Tangente NS schneidet die zweite Gerade in $B = A \oplus A'$.

Zeige, dass beide Konstruktionen denselben Punkt liefern, und dass $A \oplus B = B \oplus A$ ist. Bestimme die dazugehörigen Additionsformeln im Spezialfall der beiden Geraden $x = 0$ und $y = 0$ mit $N(1|0)$, nämlich $(a|0) \oplus (b|0) = (ab|0)$.

6.5 Definiere das Produkt zweier Punkte A und B auf der von SN verschiedenen Geraden wie folgt: Der Kreis durch A, B und N schneidet die Gerade SN in $C = A \odot B$.

Zeige, dass diese Multiplikation kommutativ ist. Was bedeutet die Assoziativität geometrisch? Bestimme die dazugehörigen Multiplikationsformeln im Spezialfall der Geraden $x = 0$ und $y = 0$ mit $N(1|0)$.

6.6 Definiere das Produkt zweier Punkte A und B auf der Geraden SN wie folgt: Ein Kreis mit hinreichend großem Radius schneidet die zweite Gerade in zwei Punkten A' und B'. Der Kreis durch A', B' und N schneidet die Gerade AN in $C = A \otimes B$.

Zeige, dass C nicht von der Wahl des Radius abhängt, und dass diese Multiplikation kommutativ ist. Was bedeutet die Assoziativität geometrisch?

Bestimme die dazugehörigen Multiplikationsformeln im Spezialfall der Geraden $x = 0$ und $y = 0$ mit $N(1|0)$.

6.7 Zeige: Verbindet man die Punkte $A(a|a^2)$ und $B(b|b^2)$ auf der Normalparabel, so hat der Schnittpunkt P der Geraden AB und der x-Achse die x-Koordinate $x = \frac{ab}{a+b}$, falls nicht gerade $b = -a$ ist.

6.8 Für gegebene Punkte $A(a|\frac{1}{a})$ und $B(b|\frac{1}{b})$ auf der Hyperbel $\mathcal{H} : xy = 1$ bestimme man den Schnittpunkt $P(0|y)$ der Geraden AB mit der y-Achse. Zeige, dass diese „Addition" der Punkte der Addition der y-Koordinaten entspricht.

Welche Konstruktion der Tangente an die Hyperbel $\mathcal{H}$ erhält man daraus im Falle $A = B$?

6.9 Zeige: Sind $P_1(x_1|y_1)$ und $P_2(x_2|y_2)$ Punkte auf der Hyperbel $x^2 - dy^2 = 1$, dann gilt für die Steigung $m = \frac{y_2 - y_1}{x_2 - x_1}$ der Geraden durch P_1 und P_2 die Gleichung

$$dm = \frac{x_1 + x_2}{y_1 + y_2}.$$

Hinweis: Subtrahiere die Gleichungen $x_1^2 - dy_1^2 = 1$ und $x_2^2 - dy_2^2 = 1$ voneinander.

6.10 Für gegebene Punkte $A(a\frac{1}{a})$ und $B(b|\frac{1}{b})$ auf der Hyperbel $\mathcal{H} : xy = 1$ bestimme man den Schnittpunkt $P(0|y)$ der Geraden AB mit der x-Achse. Zeige, dass diese „Addition" der Punkte der Addition der x-Koordinaten entspricht.

Welche Konstruktion der Tangente an die Hyperbel $\mathcal{H}$ erhält man daraus im Falle $A = B$?

6.11 Zeige, dass die Hyperbeln $X^2 - m^2Y^2 = 1$ für jede natürliche Zahl $m \geq 1$ zwar unendlich viele rationale Punkte besitzen, aber nur zwei ganzzahlige.

6.12 Die Hyperbel $\mathcal{H} : \; x^2 - kxy + y^2 - k = 0$ hat die Symmetrieachsen $y = x$ und $y = -x$. Zeige, dass die Substitution $x = s + t$ und $y = s - t$ diese Gleichung in $(k + 2)t^2 - (k - 2)s^2 = k$ verwandelt wird.

Zeige weiter, dass $\mathcal{H}$ für $k = 2$ und $k = 3$ nicht einmal rationale Punkte besitzt.

6.13 Seien x, y natürliche Zahlen, sodass xy ein Teiler von $x^2 + y^2 + 2$ ist. Zeige, dass $x^2 + y^2 + 2 = 4xy$ gilt.

6.14 Seien x, y natürliche Zahlen, sodass xy ein Teiler von $x^2 + y^2 + 3$ ist. Zeige, dass $x^2 + y^2 + 3 = kxy$ mit $k = 4$ oder $k = 5$ gilt.

6.15 Seien x, y natürliche Zahlen, sodass xy ein Teiler von $x^2 + y^2 + 5$ ist. Zeige, dass $x^2 + y^2 + 5 = kxy$ mit $k = 3$ oder $k = 6$ gilt.

6.16 Seien x, y natürliche Zahlen, sodass xy ein Teiler von $x^2 + y^2 + 4$ ist. Zeige, dass $x^2 + y^2 + 4 = kxy$ mit $k = 3$, $k = 5$ oder $k = 7$ gilt.

6.17 Seien x, y natürliche Zahlen, sodass xy ein Teiler von $x^2 + y^2 + 6$ ist. Zeige, dass $x^2 + y^2 + 6 = kxy$ mit $k = 8$ gilt.

6.18 Seien x, y natürliche Zahlen, sodass xy ein Teiler von $x^2 + y^2 + 7$ ist. Zeige, dass $x^2 + y^2 + 7 = kxy$ mit $k = 6$ oder $k = 9$ gilt.

6.19 Seien x, y natürliche Zahlen, sodass $xy - 1$ ein Teiler von $x^2 + y^2 + 1$ ist. Zeige, dass $x^2 + y^2 + 1 = k(xy - 1)$ mit $k = 3$ oder $k = 6$ gilt.

6.20 Seien x, y natürliche Zahlen, sodass $xy + 3$ ein Teiler von $x^2 + y^2 + 1$ ist. Zeige, dass $x^2 + y^2 + 1 = k(xy + 3)$ mit $k = 6$ gilt.

6.21 Finde alle natürlichen Zahlen n, für die es natürliche Zahlen x, y gibt mit

$$\frac{(x + y + 1)^2}{xy + 1} = n.$$

6.22 (IMO 2007) Seien a und b natürliche Zahlen, sodass $4ab - 1$ ein Teiler von $(4a^2 - 1)^2$ ist. Zeige, dass $a = b$ ist.

6.23 Seien a und b natürliche Zahlen mit $ab > 1$, und sei $ab - 1$ ein Teiler von $a^2 + b^2$. Zeige, dass

$$a^2 + b^2 = 5(ab - 1)$$

ist, und dass alle Lösungen gegeben sind durch $(a, b) = (U_n, U_{n+2})$, wo U_n die rekursive Folge $1, 1, 2, 3, 9, 14, 43, 67, 206, \ldots$ bezeichnet.

6.24 (Kieren MacMillan) Zeige: Sind a und b natürliche Zahlen derart, dass $\frac{2(2ab+1)}{a^2+b^2+1}$ ganz ist, dann sind a und b aufeinanderfolgende y-Werte von Lösungen der Gleichung $x^2 - 3y^2 = 1$.

Hinweis: Wegen $a^2 + b^2 \geq 2ab$ folgt, dass $\frac{2(2ab+1)}{a^2+b^2+1} < 1$ ist. Die resultierende Gleichung $a^2 + b^2 + 1 = 2(2ab + 1)$ kann man durch quadratische Ergänzung vereinfachen.

6.25 Eine ganz berühmte diophantische Gleichung ist nach dem russischen Mathematiker Markov benannt:

$$x^2 + y^2 + z^2 = 3xyz.$$

Diese Gleichung hat die offensichltiche Lösung (1,1,1). Zeige, dass alle ganzzahligen Lösungen paarweise auftreten, und dass es unendlich viele ganzzahligen Lösungen gibt mit $z = 1$, dass also die Gleichung $x^2 + y^2 = 3xy - 1$ unendlich viele ganzzahlige Lösungen besitzt.

Zeige weiter, dass alle Lösungen der Gleichung $x^2 + y^2 = 3xy - 1$ mit $0 < x < y$ gegeben sind durch $(x, y) = (F_{2n-1}, F_{2n+1})$, wo F_n die durch $F_1 = F_2 = 1$ und $F_{n+1} = F_n + F_{n-1}$ definierte Folge der Fibonacci-Zahlen ist.

Entsprechend lassen sich auch die Lösungen mit $z = 2$ angeben, also diejenigen der Gleichung $x^2 + y^2 = 6xy - 4$: Sie sind gegeben durch die Teilfolge $(x, y) = (S_{2n-1}, S_{2n+1})$ der Platonschen Seiten- und Diagonalzahlen S_n.

6.26 Zeige: Sind x und y natürliche Zahlen mit $x^2 - 2y^2 = -1$, dann sind $y^2 + x$ und $y^2 - x$ das Doppelte einer Quadratzahl. Wie lautet das entsprechende Ergebnis im Falle $x^2 - 2y^2 = 1$?

Hinweis: Zeige, dass $2y^2 \pm 2x$ Quadrate sind.

6.27 In Abschn. 2.1. haben wir gesehen, dass die Gleichung $x^2 - 2(a + b)x - 8ab = 0$ die beiden Lösungen $x_{1,2} = a + b \pm \sqrt{a^2 + 10ab + b^2}$ hat. Offenbar liefert die Wahl $a = 1$, $b = 2$ ganzzahlige Lösungen. Also hat $a^2 + 10ab + b^2 = 25$ eine Lösung mit $a = 1$ und $b = 2$; welches ist die zweite Lösung, die von Vietas Wurzelwechsel geliefert wird?

6.28 Zeige, dass der Schnittwinkel α zweier Geraden mit den Steigungen m_1 und m_2 gegeben ist durch

$$\tan \alpha = \frac{m_2 - m_1}{1 + m_1 m_2}.$$

6.29 Betrachte die Hyperbel $\mathcal{H} : X^2 - mY^2 = 1$ mit $N(1|0)$. Zeige, dass das Gruppengesetz auf $\mathcal{H}$ auch so definiert werden kann:

1. Seien ℓ und ℓ' die beiden Asymptoten der Hyperbel. Sei g die Gerade durch P parallel zu ℓ und h die Gerade durch N parallel zu ℓ'.

2. Sei A der Schnittpunkt von g und ℓ', und B derjenige von h und ℓ.

3. Die Gerade durch Q parallel zu AB schneidet $\mathcal{H}$ im Punkt $P \ominus Q$

6.30 In der speziellen Relativitätstheorie addieren sich Geschwindigkeiten nicht mehr galileisch in der Form $v = v_1 + v_2$, sondern nach Einsteins Formel

$$v = v_1 \oplus v_2 = \frac{v_1 + v_2}{1 + \frac{v_1 v_2}{c^2}}.$$

Insbesondere ist $v_1 \oplus c = c$ in Übereinstimmung mit der Konstanz der Lichtgeschwindigkeit.

Jerzy Kocik [68] (vgl. auch Lasters und Staelens [74]) hat dafür folgende geometrische Konstruktion vorgeschlagen: Im Einheitskreis trage man auf der x-Achse die Abschnitte a und b ab; der Schnittpunkt von $(0|1)$ mit a sei P, derjenige von $(0|-1)$ mit b sei Q. Zeige: Der Schnittpunkt von x-Achse und Gerade PQ hat dann Koordinate $(c|0)$ mit $c = a \oplus b$.

Zeige weiter geometrisch, dass für alle $-1 \le a, b \le 1$ gilt:

$$a \oplus b = b \oplus a; \quad a \oplus 0 = a, \quad a \oplus 1 = 1.$$

Wie verhält sich diese Addition zum Additionsgesetz für den Tangens und dessen geometrischer Interpretation?

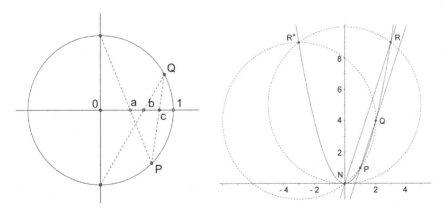

Abb. 6.18. Zu den Übungen 6.30 und 6.31

6.31 Die folgende Konstruktion des Gruppengesetzes auf einer Parabel benutzt Kreise statt Geraden: Sind zwei verschiedene Punkte P und Q auf der Parabel $y = x^2$ gegeben, und sind diese von $N(0|0)$ verschieden, so gibt es genau einen Kreis durch die Punkte N, P und Q. Dieser schneidet die Parabel in einem vierten Punkt $R^*(x|y)$. Sei $R(-x|y)$ der an der Achse der Parabel gespiegelte Punkt. Zeige, dass dann $P \oplus Q = R$ ist.

Anstatt R^* zu spiegeln, kann man auch den Schnittpunkt der Parabel mit demjenigen Kreis durch R^* bestimmen, der die x-Achse in N als Tangente besitzt (vgl. Abb. 6.18).

Wie hat man diese Konstruktion zu modifizieren, wenn $P = Q$ oder $P = N$ ist?

6.32 ([125, S. 121]) Zeige, dass die Normalen von drei Punkten $(x_j|y_j)$ auf der Parabel $y = x^2$ genau dann konkurrent sind (also die drei Normalen durch einen Punkt gehen), wenn $x_1 + x_2 + x_3 = 0$ ist.

6.33 Auf der Hyperbel $xy = 1$ sieht die Definition des Gruppengesetzes mithilfe von Kreisen so aus: Um zwei Punkte P und Q auf der Hyperbel zu addieren, sei R^* der vierte Schnittpunkt der Hyperbel mit dem Kreis durch P, Q und $N(1|1)$; dann ist $P \oplus Q = R$, wobei R der Spiegelpunkt von R^* bezüglich der Symmetrieachse $y = x$ ist.

6.34 (Balitrand [5]) Die Strophoide ist eine Kurve, die durch die kubische Gleichung

$$(y + cx)(x^2 + y^2) = axy$$

beschrieben wird; hierbei nehmen wir an, dass a und c rationale Zahlen sind.

1. Zeige, dass alle rationalen Punkte auf der Strophoide durch die Parameterdarstellung

$$x = \frac{at}{(c+t)(1+t^2)}, \quad y = \frac{at^2}{(c+t)(1+t^2)}$$

gegeben sind.

2. Zeige, dass die Gerade durch die Punkte mit den Parametern t_1 und t_2 gegeben ist durch

$$[c(t_1 + t_2) + t_1 t_2 - t_1^2 t_2^2]x + [-c + c t_1 t_2 + t_1 t_2(t_1 + t_2)]y = a t_1 t_2.$$

3. Zeige, dass die Tangente im Punkt mit Parameter t gegeben ist durch

$$(2ct + t^2 - t^4)x + (-c + ct^2 + 2t^3)y = at^2.$$

4. Zeige, dass die Schnittpunkte der Strophoide mit der Geraden $ux + vy = 1$ zu Parametern t gehören, welche der Gleichung

$$t^3 + (c - av)t^2 + (1 - au)t + c = 0$$

gehören, und dass deren Lösungen t_i $(i = 1, 2, 3)$ der Gleichung $t_1 t_2 t_3 = c$ genügen.

5. Zeige, dass die Schnittpunkte der Strophoide mit dem Kreis

$$x^2 + y^2 - 2\alpha x - 2\beta y + \gamma = 0$$

zu Parametern t gehören, welche der Gleichung

$$\gamma t^4 + 2(\gamma c - \alpha\beta)t^3 + (\gamma + \gamma c + a^2 - 2a\alpha - 2ac\beta)t^2 - 2c(\gamma - a\alpha)t + \gamma c = 0$$

genügen, und dass deren Lösungen t_i $(i = 1, 2, 3, 4)$ der Gleichung $t_1 t_2 t_3 t_4 = c$ genügen.

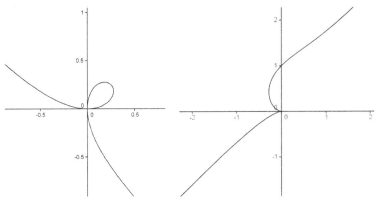

Strophoide und Cissoide

6.35 (Balitrand [5]) Die Cissoide ist eine Kurve, die durch die kubische Gleichung

$$(y - cx)(x^2 + y^2) = ay^2$$

beschrieben wird; hierbei nehmen wir an, dass a und c rationale Zahlen sind.

1. Zeige, dass alle rationalen Punkte auf der Strophoide durch die Parameterdarstellung

$$x = \frac{at}{(1 - ct)(1 + t^2)}, \quad y = \frac{a}{(1 - ct)(1 + t^2)}$$

gegeben sind.

2. Zeige, dass die Gerade durch die Punkte mit den Parametern t_1 und t_2 gegeben ist durch

$$[c - (t_1 + t_2) + c(t_1^2 + t_1 t_2 + t_2^2)]x + [-1 + t_1 t_2 - ct_1 t_2(t_1 + t_2)]y + a = 0.$$

3. Zeige, dass die Tangente im Punkt mit Parameter t gegeben ist durch

$$(c - 2t + 3ct^2)x + (-1 + t^2 - 2ct^3)y + a = 0.$$

4. Zeige, dass die Schnittpunkte der Strophoide mit der Geraden $ux + vy = 1$ zu Parametern t gehören, welche der Gleichung

$$ct^3 - t^2 + (c + au)t + av - 1 = 0$$

gehören, und dass deren Lösungen t_i $(i = 1, 2, 3)$ der Gleichung $t_1 + t_2 + t_3 = \frac{1}{c}$ genügen.

5. Zeige, dass die Schnittpunkte der Strophoide mit dem Kreis

$$x^2 + y^2 - 2\alpha x - 2\beta x + \gamma = 0$$

zu Parametern t gehören, welche der Gleichung

$$c^2\gamma t^4 - 2c\gamma t^3 + (c^2\gamma + \gamma + 2ac\alpha)t^2 + (2ac\beta - 2c\gamma - 2a\alpha)t + \gamma - 2\alpha\beta = 0$$

genügen, und dass deren Lösungen t_i $(i = 1, 2, 3, 4)$ der Gleichung $t_1 + t_2 + t_3 + t_4 = \frac{2}{c}$ genügen.

6.36 Eine Möglichkeit, alle pythagoreischen Tripel zu finden, benutzt statt des Einheitskreises die Hyperbel: Aus $x^2 + y^2 = z^2$ folgt nach Subtraktion von y^2 und Division durch x^2

$$Y^2 - Z^2 = 1, \quad \text{wobei} \quad Y = \frac{y}{x} \text{ und } Z = \frac{z}{x}$$

ist. Diese Gleichung schreibe man in der Form $(Y + Z)(Y - Z) = 1$ und löse sie durch den Ansatz $Y + Z = m$, $Y - Z = \frac{1}{m}$.

6.37 (De la Hire; vgl. Walton [125, S. 156])

Die Parabeln $y^2 = px$ und $y = a(x - e)^2 + f$ mögen sich in vier Punkten $P_j(x_j|y_j)$ schneiden. Zeige, dass $y_1 + y_2 + y_3 + y_4 = 0$ ist.

Zeige weiter, dass alle vier Schnittpunkte auf einem Kreis liegen.

6.38 (Nach Licois [78, S. 107]. Der Satz geht wohl auf Brianchon und Poncelet [16] zurück.)

Gegeben seien vier Punkte A, B, C, D auf der rechtwinkligen Hyperbel $x^2 - y^2 = 1$ mit $A \oplus B \oplus C \oplus D = N$, wobei $N(1|1)$ ist. Zeige: D ist Schnittpunkt der Höhen des Dreiecks ABC.

6.39 Zeige, dass auf der Beckschen Hyperbel $\mathcal{H} : x^2 - m^2xy + y^2 = m^2$ mit $N(0| - m)$ das Inverse von $P(x|y)$ durch $\ominus P = (-x|y - m^2x)$ gegeben ist.

6.40 Auch auf der Beckschen Hyperbel $\mathcal{H} : x^2 - m^2xy + y^2 = m^2$ lässt sich das Gruppengesetz explizit machen. Dazu schreibt man

$$x^2 - m^2xy + y^2 = (x - \alpha y)(x - \alpha' y),$$

wo $\alpha = \frac{1}{2}(m \pm \sqrt{m^2 - 4})$ und α' die beiden Lösungen von $X^2 - m^2X + 1 = 0$ sind.

1. Man rechne nach (oder sehe mit Vieta ein), dass $\alpha + \alpha' = m^2$, $\alpha\alpha' = 1$ und $\alpha^2 = m^2\alpha - 1$ gilt.

2. Verwandle die Gleichung von $\mathcal{H}$ durch die Substitution $x = mX$ und $y = mY$ in

$$\mathcal{H}' : X^2 - m^2Y^2 + Y^2 = 1.$$

3. Ordne jedem Punkt $(X|Y)$ auf der Hyperbel $\mathcal{H}'$ die Zahl $X - \alpha Y$ zu, und rechne nach, dass dem Produkt $(X_1 - \alpha Y_1)(X_2 - \alpha Y_2)$ die Summe $(X_1|Y_1) \oplus (X_2|Y_2)$, wenn man $N(1|0)$ als neutrales Element auf $\mathcal{H}'$ wählt.

4. Leite daraus das Gruppengesetz auf der Beckschen Hyperbel $\mathcal{H}$ mit neutralem Element $N(m|0)$ her:

$$P_1(x_1|y_1) \oplus P_2(x_2|y_2) = \left(\frac{x_1x_2 - y_1y_2}{m} \,\middle|\, \frac{x_1y_2 + x_2y_1 - m^2y_1y_2}{m} \right).$$

5. Rechne nach, dass die ersten Vielfachen von $P(0|m)$ durch die folgende Tabelle gegeben sind:

n	1	2	3	4
nP	$(0|m)$	$(-m| - m^3)$	$(m^3|m^5 - m)$	$(m - m^5|m^7 - 2m^3)$

6.41 ([112, S. 6]) Seien m und n natürliche Zahlen. Schreibe $m^6 + n^6$ auf eine zweite Art als Summe zweier Quadrate.

Hinweis: $m^6 + n^6 = (m^2 + n^2)(m^4 - m^2n^2 + n^4)$. Benutze quadratische Ergänzung, um den zweiten Faktor als Summe zweier Quadrate zu schreiben, und verwende die Identität Diophants.

Literatur

1. A. V. Akopyan, A. A. Zaslavsky, *Geometry of Conics*, AMS 2007; s. S. 85, 94

2. H.-W. Alten, A. Djafari Naini, M. Folkerts, H. Schlosser, K.-H. Schlote, H. Wußing, *4000 Jahre Algebra. Geschichte, Kulturen, Menschen*, Springer-Verlag 2005; s. S. 17

3. T. M. Apostol, G. D. Chakerian, G. C. Darden, J. D. Neff (Hrsg.), *Selected papers on precalculus*, MAA 1977; s. S. 232, 236

4. T. A. Apostolatos, *Hodograph: A useful geometrical tool for solving some difficult problems in dynamics*, Am. J. Phys. **71** (3), March 2003, 261–266; s. S. 152

5. F. Balitrand, *Sur la strophoide et la cissoide*, Nouv. Ann. Math. (3) **12** (1893), 430–451; s. S. 226, 227

6. M. Ballieu, M.-F. Guissard, *Les équations du deuxième degré* in: *Pour une culture mathématique accessible à tous*, CREM 2004; s. S. 18

7. H.-J. Bandelt, *Extremwertprobleme: von der Elementargeometrie zur Elementaranalysis*, Vortrag auf dem 19. Forum für Begabungsförderung in Mathematik an der FH Südwestfalen, 17.–19. März 2016; s. S. 32, 132

8. H. von Baravalle, *Geometrie als Sprache der Formen*, Verlag Freies Geistesleben Stuttgart, 1957; 2. Aufl. 1963; 3. Aufl. 1980; s. S. 129

9. E. Barbeau, *Quadratics and complex numbers*, A Taste of Mathematics vol. 13, Canad. Math. Soc. 2012; s. S. 28, 51

10. E. Bardey, *Zur Formation quadratischer Gleichungen*, Leipzig 1884; s. S. 72, 80, 81

11. A. Baur, *Einführung in die Vektorrechnung. IV. Die Kegelschnitte*, Mathematische Arbeitshefte, Klett 1953; s. S. 84

12. R. Bix, *Conics and Cubics. A concrete introduction to algebraic curves*, Springer-Verlag 1998; 2. Aufl. 2006; s. S. 85

13. P. Bonatz, F. Leonhardt, *Brücken*, Königsstein i. Taunus, 1960; s. S. 145

14. A. V. Borovik, *Shadows of the truth: metamathematics of elementary mathematics*, AMS, in Vorbereitung;
    `http://www.maths.manchester.ac.uk/ avb/ST.pdf`; s. S. 11

15. P. Boulle, *Planet der Affen*, Heyne 2001; franz. Original 1963; s. S. 83

16. Ch. Brianchon, J. Poncelet, *Géométrie des courbes. Recherches sur la détermination d'une hyperbole équilatère, au moyen de quatre conditions données*, Annales Math. Pures Appl. **11** (1820/21), 205–220; s. S. 228

17. E. Brieskorn, H. Knörrer, *Ebene algebraische Kurven*, Birkhäuser 1981; s. S. 85

18. J. Casey, *A treatise on the analytical geometry of the point, line, circle, and conic sections, containing an account of its most recent extensions, with numerous examples*, Dublin 1885; s. S. 207

19. A. Choudhry, J. Wróblewski, *An ancient diophantine equation with applications to numerical curios and geometric series*, `arXiv:1603.06205v1`, 2016; s. S. 78

20. A. C. Clairaut, *Elements of Geometry*, London 1881; frz. Original *Elemens de Geometrie*, Paris 1761; s. S. 38

21. S. R. Conrad, D. Flegler, *Math Contests for High School*, vol. II, 1982/83–1990/91 Math League Press, 1992; s. S. 37

22. J. van de Craats, *Another "proof" that* $0 = 1$, Crux Mathematicorum **7** (1981), 39–40; s. S. 67

23. E. Danson, *Weighing the world. The quest to measure the earth*, Oxford Univ. Press 2006; s. S. 154

24. A. Darnell, *A graphical solution of the quadratic equation*, School Science and Mathematics **11** (1911), 46–47; s. S. 19

25. L. E. Dickson, *First Course in the Theory of Equations*, New York 1922; s. S. 19

26. E. Dintzl, C. Vaselli, *Aufgaben aus der reinen und angewandten Mathematik*, Wien und Leipzig, 1922; s. S. 222

27. H. Dörrie, *Quadratische Gleichungen*, Oldenbourg 1943; s. S. 33, 61, 64

28. H. Dörrie, *Triumph der Mathematik*, Breslau 1932; 2. Aufl. 1940; s. S. 70

29. R. H. Eddy, *Problem 597*, Crux Math. **7** (1981), 315; s. S. 77

30. A. Eisenbach (E. Löffler, Hrsg.), *Mathematische Reifeprüfungsaufgaben aus England*, Klett 1964; s. S. 53

31. A. Engel, *Mathematische Olympiadeaufgaben aus der UdSSR*, Ernst Klett Verlag Stuttgart, 1972; s. S. 81

32. A. Engel, *Problem-Solving Strategies*, Springer-Verlag New York 1998; s. S. 87

33. Euklid, *Die Elemente* (C. Thaer, Hrsg.), Harri Deutsch 2005; s. S. 15, 122

34. R. P. Feynman, R. B. Leighton, M. Sands, *Feynman-Vorlesungen über Physik, Band I. Mechanik, Strahlung, Wärme*, 5. Aufl. Oldenbourg 2007; s. S. 140

35. B. de Finetti, *Die Kunst des Sehens in der Mathematik*, Birkhäuser 1974; Ital. Original *Il saper vedere in matematica*, Turin 1967; s. S. 121, 172

36. K. Fladt, *Elementarmathematik. Band I, Elementargeometrie*, 2. Teil: Der Stoff bis zur Untersekunda, Wiesbaden 1928; s. S. 16, 18

37. K. Fladt, *Geschichte und Theorie der Kegelschnitte und der Flächen zweiten Grades*, Ernst Klett Verlag Stuttgart, 1965; s. S. 84

38. B. Freedman, *The Four number game*, Scripta Math. **14** (1948), 35–47; s. S. 176

39. M. Gardner, *Mathematical Puzzles of Sam Loyd*, vols. 1 and 2, Dover 1960; s. S. 29

40. J. C. H. Gerretsen, *Tangente und Flächeninhalt*, Vandenhoeck & Ruprecht, Göttingen 1964; s. S. 190

41. G. Glaeser, *Das Wunderland der Kegelschnitte. I*, Informationsblätter der Geometrie **2** (2012), 28–34; s. S. 143

42. G. Glaeser, H. Stachel, B. Odehnal, *The Universe of Conics. From the ancient Greeks to 21st century developments*, Springer-Verlag 2016; s. S. 84

43. M. Golomb, *Elementary proofs for the equivalence of Fermat's principle and Snell's law*, Amer. Math. Monthly **71** (1964), 541–543; s. S. 143

44. D. L. Goodstein, J. R. Goodstein, *Feynmans verschollene Vorlesung. Die Bewegung der Planeten um die Sonne*, Piper, 3. Aufl. 2005; s. S. 170

45. R. Grammel, *Die mechanischen Beweise für die Bewegung der Erde*, Springer-Verlag 1922; s. S. 162

46. N. Grinberg, *Lösungsstrategien. Mathematik für Nachdenker*, Harri Deutsch, 2. Aufl. 2011 132

47. M. van Haandel, G. Heckman, *Teaching the Kepler laws for freshmen*, Math. Intell. **31** (2009), 40–44; s. S. 166

48. W. R. Hamilton, *The Hodograph or a new method of expressing in symbolical language the Newtonian law of attraction*, Proc. Royal Irish Academy. **3** (1847), 344–353; s. S. 169

49. V. L. Hansen, *Shadows of the circle. Conic sections, optimal figures and non-Euclidean geometry*, World Scientific 1998; s. S. 84

50. E. v. Hanxleden, R. Hentze, *Lehrbuch der Mathematik für höhere Lehranstalten*, Oberstufe: Arithmetik, Vieweg 1950; s. S. 52, 61, 73, 108, 122, 123

51. F. Hawthorne, *Derivation of the equation of conics*, Amer. Math. Monthly **54** (1947), 219–220; Wiederabdruck in [3, S. 370]; s. S. 101

52. A. Heeffer, *Was Uncle Tom right that quadratic problems can't be solved with the Rule of False Position?*, Math. Intell. **36** (2014), 65–69; s. S. 8

53. J. L. Heilbron, *Geometry civilized. History, culture and technique*, Oxford Univ. Press 1998; s. S. 115

54. H. Helfgott, M. Helfgott, *A noncalculus proof that Fermat's principle of least time implies the law of refraction*, Amer. J. Physics **70** (2002), 1224–1225; s. S. 143

55. W. Herget, H. Heugl, B. Kutzler, E. Lehmann, *Welche handwerklichen Rechenkompetenzen sind im CAS-Zeitalter unverzichtbar?*, Computer-Algebra-Rundbrief **27** (2000), 25–31; s. S. 26

56. D. Hilbert, *Grundlagen der Geometrie*, 2. Aufl., Leipzig 1903; Neuherausgabe in der Reihe „Klassische Texte der Wissenschaft" durch K. Volkert, Springer Spektrum 2015; s. S. 115, 182

57. J. C. V. Hoffmann (Hrsg.), *Sammlung der Aufgaben des Aufgaben-Repertoriums der ersten 25 Bände der Zeitschrift für mathematischen und naturwissenschaftlichen Unterricht*, Leipzig 1898; s. S. 36, 73, 80

58. W. G. Horner, *A new method of solving numerical equations of all orders, by continuous approximation*, Phil. Trans. Royal Soc. London (1819), 308–335; s. S. 47

59. E. J. Hornsby, *Geometrical and graphical solutions of quadratic equations*, College Math. J. **21** (1990), 362–369; s. S. 34

60. B. Ingrao, *Coniques projectives, affines et métriques*, Calvage & Mounet, Paris 2011; s. S. 84

61. R. Kaenders, R. Schmidt (Hrsg.), *Mit GeoGebra mehr Mathematik verstehen*, Vieweg 2011; s. S. 19

62. D. Kalman, *Polynomia and related realms*, Uncommon mathematical excursions, Amer. Math. Soc. 1987; s. S. 19

63. B. Kastner, *Space Mathematics. A resource for secondary school teachers*, NASA 1985; s. S. 162

64. B. Kastner, S. Fraser, *Raumfahrt und Mathematik. Eine Aufgabensammlung mit Lösungen*, Klett 1993; s. S. 162

65. K. Kendig, *Conics*, MAA 2005; s. S. 84

66. F. Kessler, *Über das Minimum der Zeit bei der Brechung des Lichts*, Annalen der Physik **15** (1882), 334–335; s. S. 142

67. W. Knight, *... But don't tell your students*, Crux Math. **6** (1980), 240; s. S. 77

68. J. Kocik, *Geometric diagram for relativistic addition of velocities*, Amer. J. Phys. 80 (8) (2012), 737; s. S. 225

69. A. G. Konforowitsch, *Logischen Katastrophen auf der Spur*, Fachbuchverlag Leipzig 1990; s. S. 77, 78, 79

70. R. Köthe, *Brücken*, Reihe *Was ist Was*, Band 91, Tessloff Verlag, Nürnberg 1991; s. S. 145

71. G. Krauhausen, *Kopfrechnen, halbschriftliches Rechnen, schriftliche Normalverfahren, Taschenrechner: Für eine Neubestimmung des Stellenwerts der vier Rechenmethoden*, Journal für Mathematikdidaktik **14** (1993), 189–219; s. S. 26

72. S. Lange, K. Meyer, *Kegelschnitte I*, Mathematik-Information **31**, 3–53; s. S. 84

73. S. Lange, K. Meyer, *Lösungen der Aufgaben zu Kegelschnitte I*, Mathematik-Information **33**, 3–52; ibid. 52–61; s. S. 84

74. G. Lasters, H. Staelens, *Von Pascal zu Einstein*, Wurzel **39** (2005), Heft 1, 16–22; s. S. 225

75. F. Lemmermeyer, *Mathematik à la Carte. Elementargeometrie an Quadratwurzeln mit einigen geschichtlichen Bemerkungen*, Springer Spektrum, 2015; s. S. vi, 19, 20, 32, 47, 57, 84, 88, 91, 100, 107, 113, 120, 151, 195, 201, 207, 222

76. J. Leslie, *Elements of Geometry, and Plane Trigonometry. With an appendix and copious notes and illustrations*, Edinburgh 1817; s. S. vii, 17

77. K. T. Leung, I. A. C. Mok, S. N. Suen, *Polynomials and Equations*, Hong Kong University Press 1992; s. S. 51, 52

78. J.-R. Licois, *La géométrie élémentaire au fil de son histoire dans les programmes français*, Paris 2005; s. S. 228

79. D.-E. Liebscher, *Einsteins Relativitätstheorie und die Geometrien der Ebene*, Teubner, 1999; s. S. 155

80. W. Lietzmann, *Elementare Kegelschnittlehre*, Ferd. Dümmlers Verlag, Bonn 1949; s. S. 84, 121, 130

81. E. Lill, *Résolution graphique des équations numériques de tous les degrés à une seule inconnue, et description d'un instrument inventé dans ce but*, Nouvelles Annales de mathématiques (2) **6** (1867), 359–362; s. S. 19

82. F. le Lionnais, *Les grands courants de la pensée mathématique*, Paris 1962; s. S. vii

83. J. E. Mayer, *Mathematik für Techniker. Quadratische Gleichungen*, Leipzig 1907; s. S. 36, 78

84. R. McCormmach, *Weighing the World. The Reverend John Michell of Thornhill*, Springer 2012; s. S. 154

85. T. McWalker, `www.parliament.uk`; s. S. 1

86. C. Metger, *Lehrbuch der Gleichungen des II. Grades (Quadratische Gleichungen) mit zwei und mehreren Unbekannten*, Stuttgart 1896; s. S. 81

87. M. Mettler, *Vom Charme der „verblassten" Geometrie*, Eurobit Rumänien, 2000; s. S. 57, 120, 123

88. K. Meyer, *Unverzichtbare Grundlagen der Schulgeometrie aufgezeigt am Beispiel Kegelschnitte*, Mathematik-Information **32**, 27–34; s. S. 84

89. J. Milne, *Weekly Problem Papers*, London, New York 1885; 2. Aufl. 1891; s. S. 81

90. J. Milne, *Companion to the Weekly Problem Papers*, London, New York 1888; s. S. 31

91. E. Müller, *Ungewöhnliche Gleichungssysteme bei der Mathematik-Olympiade*, Mathematik-Information 38; s. S. 37

92. H. Müller, *Die Kepler'schen Gesetze. Eine elementare Ableitung derselben aus dem Newton'schen Anziehungsgesetze*, Vieweg 1870; s. S. 158

93. H. Müller, *Die Mathematik auf den Gymnasien und Realschulen*, Teubner 1899; 2. Aufl. 1915; s. S. 61

94. H. R. Müller, *Trochoidenhüllbahnen und Rotationskolbenmaschinen*, Selecta Mathematica III, HTB 86, Springer-Verlag 1971, 119–138; s. S. 158

95. H. Müller-Sommer, *Gute Argumente mit ähnlichen rechtwinkligen Dreiecken*, Vortrag auf dem 19. Forum für Begabungsförderung in Mathematik an der FH Südwestfalen, 17.–19. März 2016; `www.mueller-sommer.bplaced.net`; s. S. 87

96. K. Mütz, *Ellipse, Hyperbel, Parabel. Gleichartige Behandlung auf Grund einer einfachen Konstruktion der Schnittpunkte mit einer Geraden*, Mathematische Arbeitshefte, Klett Stuttgart, 1964; s. S. 84, 130

97. G. Netto, *Quadratic Equations – a different approach*, Mathematics in School, May (2001), 15; s. S. 37

98. O. Neugebauer, *Mathematische Keilschrift-Texte*, drei Bände; Springer-Verlag 1935; Reprint Springer-Verlag 1973; s. S. 14

99. I. Newton, *Universal Arithmetic*, 1720; s. S. 57

100. T. Padmanabhan, *Sleeping Beauties in Theoretical Physics. 26 Surprising Insights*, Lecture Notes in Physics 895, Springer-Verlag 2015; s. S. 172

101. C. Pearson, *The twentieth century standard puzzle book*, London 1907; s. S. 57

102. D. Pedoe, *A geometric proof of the equivalence of Fermat's principle and Snell's law*, Amer. Math. Monthly **71** (1964), 543–544; s. S. 143

103. D. Perrin, *Mathématiques d'école : Nombres, mesures et géometrie*; Cassini, 2011; s. S. vii

104. J. Petersen, Interm. Math. **10** (1903), S. 112; s. S. 118

105. S. Pickard, *The Puzzle King. Sam Loyd's chess problems and selected mathematical puzzles*, 1996; s. S. 29

106. A. I. Prilepko (Hrsg.), *Problem Book in High-School Mathematics*, MIR, Moskau 1982; Engl. Übers. Moskau 1985; s. S. 74

107. R. A. Roberts, *A collection of examples and problems on conics and some of the higher plane curves*, Dublin 1882; s. S. 127

108. H. Roth, *Sternschnuppern*, Orell Füssli Verlag 1996; s. S. 162, 165

109. Ch. Rousseau, Y. Saint-Aubin, *Mathematics and Technology*, Springer-Verlag 2008; s. S. 135

110. C. Runge, *Vektoranalysis I*, Leipzig 1919; s. S. 169

111. M. Sage, *Coniques*, Juli 2008;
http://www.normalesup.org/~sage/Colles/Geom/Coniques.pdf; s. S. 127

112. S. Savchev, T. Andreescu, *Mathematical Miniatures*, MAA 2003; s. S. 228

113. J. Schlechter, *Die quadratische Gleichung*, Wissenschaftliche Beigabe zum Programm des grossherzoglichen Gymnasiums in Bruchsal, Carlsruhe 1859; s. S. 20

114. F. van Schooten, *Exercitationum Mathematicarum Libri Quinque*, Holland 1557; s. S. 92

115. H. Schupp, *Abbildungsgeometrie*, Beltz Verlag 1968; 3. Aufl. 1973; s. S. 118

116. H. Schupp, *Kegelschnitte*, BI Wissenschaftsverlag 1988; s. S. 84

117. A. K. Sharma, *Textbook of Conic Sections*, New Delhi 2005; s. S. 85

118. F. von Spaun, *Mein Mathematisches Testament*, Passau 1824; s. S. 153

119. T. Simpson, *A Treatise of Algebra*, 1745; s. S. 57

120. D. Sobel, *Längengrad. Die wahre Geschichte eines einsamen Genies, welches das größte wissenschaftliche Problem seiner Zeit löste*, Berlin Verlag 1996; s. S. 140

121. K. Vogel, *Neun Bücher arithmetischer Technik*, Ostwalds Klassiker der exakten Wissenschaften, Vieweg 1968; s. S. 172

122. E. Vogt, *Elementary Derivation of Kepler's laws*, Amer. J. Physics **64** (1996), 392–396; s. S. 107, 158

123. O. Volk, *Miscellanea from the history of celestial mechanics*, Celestial Mechanics **14** (1976), 365–382; s. S. 169

124. H. Walser, *Berührungen*, Vortrag auf dem 19. Forum für Begabungsförderung in Mathematik an der FH Südwestfalen, 17.–19. März 2016; s. S. 131

125. W. Walton, *Problems in illustration of the principles of plane coordinate geometry*, Cambridge, London, 1851; s. S. 124, 125, 226, 228

126. J. Wasteels, *Quelques propriétés des nombres de Fibonacci*, Mathesis (2) **3** (1902), 60–62; s. S. 211

127. F. W. Westaway, *Craftmanship in the teaching of elementary mathematics*, London and Glasgow 1931; s. S. 73

128. E. Ch. Wittmann, *Elementargeometrie und Wirklichkeit. Einführung in geometrisches Denken*, Vieweg 1987; s. S. 133

129. E. Ch. Wittmann, *Von den Hüllkurvenkonstruktionen der Kegelschnitte zu den Planetenbahnen. Anmerkungen zu Feynmans „lost lectures"*, Math. Semesterber. **62** (2015), 17–35; s. S. 158, 170

130. R. C. Yates, *Classification of the conics*, Amer. Math. Monthly **50** (1943), 112–115; Wiederabdruck in [3, S. 373–375]; s. S. 128

Namensverzeichnis

Sachverzeichnis

Willkommen zu den Springer Alerts

- Unser Neuerscheinungs-Service für Sie:
  aktuell *** kostenlos *** passgenau *** flexibel

Springer veröffentlicht mehr als 5.500 wissenschaftliche Bücher jährlich in gedruckter Form. Mehr als 2.200 englischsprachige Zeitschriften und mehr als 120.000 eBooks und Referenzwerke sind auf unserer Online Plattform SpringerLink verfügbar. Seit seiner Gründung 1842 arbeitet Springer weltweit mit den hervorragendsten und anerkanntesten Wissenschaftlern zusammen, eine Partnerschaft, die auf Offenheit und gegenseitigem Vertrauen beruht.

Die SpringerAlerts sind der beste Weg, um über Neuentwicklungen im eigenen Fachgebiet auf dem Laufenden zu sein. Sie sind der/die Erste, der/die über neu erschienene Bücher informiert ist oder das Inhaltsverzeichnis des neuesten Zeitschriftenheftes erhält. Unser Service ist kostenlos, schnell und vor allem flexibel. Passen Sie die SpringerAlerts genau an Ihre Interessen und Ihren Bedarf an, um nur diejenigen Information zu erhalten, die Sie wirklich benötigen.

Mehr Infos unter: springer.com/alert